"十四五"时期国家重点出版物出版专项规划项目

先进制造理论研究与工程技术系列

互换性与测量技术基础

INTERCHANGEABILITY AND MEASUREMENT TECHNOLOGY

主　编　孙全颖　唐文明

主　审　于晓东

哈尔滨工业大学出版社

HARBIN INSTITUTE OF TECHNOLOGY PRESS

内 容 提 要

本书概括了"互换性与测量技术基础"课程的主要内容,分析介绍了我国《产品几何技术规范(GPS)》方面的最新标准,阐述了测量技术的基本原理和方法。全书共 10 章,内容分为互换性的基本概念,测量技术基础,线性尺寸公差,几何公差,表面粗糙度,滚动轴承与孔、轴结合的互换性,螺纹结合的互换性,键与花键的互换性,圆柱齿轮传动的互换性和尺寸链。

本书可作为高等院校和高职高专院校机械类、近机类各专业教学用书,也可供有关行业的工程技术人员和计量、检测人员参考。

图书在版编目(CIP)数据

互换性与测量技术基础/孙全颖,唐文明主编. —
哈尔滨:哈尔滨工业大学出版社,2022.7(2024.3 重印)
ISBN 978 - 7 - 5767 - 0198 - 2

Ⅰ.①互… Ⅱ.①孙…②唐… Ⅲ.①零部件-互换
性②零部件-测量技术 Ⅳ.TG801

中国版本图书馆 CIP 数据核字(2022)第 118939 号

策划编辑 许雅莹
责任编辑 李长波 惠 晗
封面设计 刘长友
出版发行 哈尔滨工业大学出版社
社 址 哈尔滨市南岗区复华四道街 10 号 邮编 150006
传 真 0451 - 86414749
网 址 http://hitpress.hit.edu.cn
印 刷 辽宁新华印务有限公司
开 本 787 mm×1 092 mm 1/16 印张 22.25 字数 525 千字
版 次 2022 年 7 月第 1 版 2024 年 3 月第 2 次印刷
书 号 ISBN 978 - 7 - 5767 - 0198 - 2
定 价 48.00 元

前　言

　　"互换性与测量技术基础"是高等院校和高职高专院校机械类各专业的技术基础课,也是近机类相关专业的必修课,是联系机械设计类课程和机械制造工艺类课程的纽带。它包括几何量公差与误差检测两方面内容,把标准化和计量学两个领域的相关部分有机地结合在一起,与机械设计、机械制造密切相关,是机械工程技术人员和管理人员必备的基本知识和技能。

　　本书是编者在借鉴兄弟院校相同课程所选教材及教学经验的基础上,结合自身多年教学实践经验的总结。在编写过程中,突出应用特色,本着强调基础、简化理论和扩大知识面的原则,注重实用、理论和实践统一的总体思路,优化整合内容。书中采用的标准均为国家最新标准。为适应机械设计、制造的国际化要求,书中各章节加入了英文标题,同时重点章节涉及的基本术语和定义给出了英文解释。

　　本书共分 10 章,包括互换性的基本概念,测量技术基础,线性尺寸公差,几何公差,表面粗糙度,滚动轴承与孔、轴结合的互换性,螺纹结合的互换性,键与花键的互换性,圆柱齿轮传动的互换性和尺寸链。

　　参加本书编写的有:哈尔滨理工大学孙全颖(第 1 章、第 2 章)、唐文明(第 3 章、第 4章)、戴野(第 5 章、第 6 章、第 7 章)和南京工程学院张艳芹(第 8 章、第 9 章、第 10 章)。本书由孙全颖、唐文明任主编,由孙全颖统稿。

　　哈尔滨理工大学于晓东对本书进行了认真审阅,并提出了宝贵意见和建议,在此表示衷心的感谢。本书参考了大量的文献资料,在此向有关作者表示感谢。

　　由于编者水平所限,书中难免有疏漏及不足之处,请读者批评指正。

编　者

2022 年 1 月

目　录
CONTENTS

第1章 互换性的基本概念
(Basic Concept of Interchangeability)

【内容提要】 本章主要讲述互换性的概念以及互换性在机械制造中的作用,同时也简要地介绍了与互换性相关的标准化、优先数系和优先数的概念。

【课程指导】 通过本章的学习,掌握互换性的概念,深入理解互换性在机械制造中的作用;掌握优先数系和优先数构成;深入了解标准化的意义以及标准化与互换性的关系;了解检测技术的发展概况。

1.1 机械制造中的互换性
(Interchangeability in Machinery Manufacturing)

随着机械制造业的发展,机械制造已由最初的单件生产发展到批量生产,零件的加工也由原始的低效率的"试做、配作"模式发展到现今的高效率的"互换性"生产模式。

1.1.1 互换性的定义
(Definition of Interchangeability)

在机械和仪器制造中,零、部件的互换性是指在统一规格的一批零件或部件中,任取其一,不需要任何挑选、修配和调整就能装在机器上,并能满足规定的使用性能要求的特性。

互换性是机械和仪器制造乃至其他许多工业产品设计和制造中应遵循的一个重要原则,使用这一原则是上述工业部门获得最佳经济效益和社会效益的重要途径之一。

例如,在汽车部件或整车的装配作业中,随着装配流水线上输送装置的运动,汽车的各个零、部件被依次装上,而装配流水线上的操作人员在装配时,没有对所装配的零、部件进行任何的挑选、修配和调整,在装配流水的终点,所装配的汽车部件或整车仍能满足使用性能要求,这就是互换性在汽车生产制造中所起的作用。

零、部件是否具有互换性是以它们装入后产品能否满足使用性能要求为标准的。因此,具有互换性的零、部件应具备两个条件:

(1)零、部件的参数要达到零、部件结合的要求。

(2)零、部件的机械、物理和化学性能能满足产品的功能要求。

1.1.2　互换性的种类
（Types of Interchangeability）

互换性可以从不同的角度进行分类。

1. 按照互换的使用场合分类（Classification by use occasion）

按照互换的使用场合,互换性可分为内互换和外互换两类。

（1）内互换（Internal interchangeability）。

内互换是指标准部件内部各零件间的互换性。

（2）外互换（External interchangeability）。

外互换是指标准部件与其相配零、部件间的互换性。

例如,滚动轴承,其外圈外径与机座孔、内圈内径与轴颈的配合为外互换;外圈、内圈滚道直径与滚动体间的配合为内互换。

2. 按照互换的程度分类（Classification by degree）

按照互换的程度,互换性可分为完全互换和不完全互换两类。

（1）完全互换（Complete interchangeability）。

完全互换是指同一规格的零、部件在装配或更换时,不需要任何的挑选、修配和调整,安装后产品能满足规定的使用性能要求的互换性。

（2）不完全互换（Incomplete interchangeability）。

不完全互换是指零、部件在装配前进行预先分组或在装配时采用挑选、调整措施才能使装配后的产品满足规定的使用性能要求的互换性。

提出不完全互换是为了降低零件的制造成本。当装配精度要求很高时,若采用完全互换会使零件的制造公差很小,造成加工困难,成本很高。这时应采用不完全互换,将零件的制造公差适当放大,然后将生产出来的零件按照实际加工的尺寸分为若干组,使每组零件间实际尺寸的差异减小,装配时按相应组进行装配,即大孔和大轴相配,小孔和小轴相配。不完全互换的特点是同组内的各零件能实现完全互换,组与组之间的各零件不能互换。为了方便制造和降低成本,内互换零件应采用不完全互换。但是为了使用方便,外互换零件应实现完全互换。

3. 按照互换的目的分类（Classification by purpose）

按照互换的目的,互换性可分为几何互换和功能互换两类。

（1）几何互换（Geometrical interchangeability）。

几何互换是指仅规定零、部件的几何参数要达到零、部件装配要求的互换性。

（2）功能互换（Function interchangeability）。

功能互换是指不仅规定零、部件的几何参数要达到零、部件装配要求,而且还规定零、部件的机械、物理和化学性能能满足产品的功能要求的互换性。

1.1.3 互换性在机械制造生产中的作用
（Role of Interchangeability in Machinery Manufacturing）

1. 设计方面（Design aspect）

大量采用按互换性原则设计并经过实际应用考验的标准零、部件,不仅可以大幅度减少设计人员的计算、绘图的工作量,缩短产品设计周期,而且还可以采用标准化的计算方法和程序进行高效的优化设计,从而提高产品的设计质量。

2. 制造方面（Manufacture aspect）

由于零、部件具有互换性,在装配过程中不需要任何的辅助加工,这不仅能降低操作人员的劳动强度,缩短装配周期,而且便于组织流水线或自动线生产,从而提高劳动生产率,保证产品质量并降低生产成本。

3. 使用方面（Use aspect）

互换性可节省装配、维修时间,保证工作的连续性和持久性,提高产品的使用寿命,在许多情况下具有明显的效益。例如,武器弹药的互换性能保证不贻误战机;发电设备的及时修复保障供电的连续性;汽车、轮船等交通运输机械能迅速更换易损零件,均具有很大的经济效益和社会效益。

综上所述,互换性在提高劳动生产率、保证产品质量和降低生产成本等方面均具有重要意义。互换性原则已成为现代机械制造业中的重要生产手段和有效的技术措施。

1.2 标准化与优先数系
（Standardization and Series of Preferred Numbers）

现代化生产的特点是品种多、规模大、分工细、协作多。为使社会生产有序地进行,产品必须标准化,使其规格简化,使分散的、局部的生产环节相互协调和统一。在机械制造中,标准化是实现互换性生产的前提。

1.2.1 标准和标准化
（Standard and Standardization）

标准是指对重复性事物和概念进行统一规定的规范性文件。它以科学、技术和实践经验的综合成果为基础,经有关方面协商一致,由主管机构批准,以特定形式发布,作为共同遵守的准则和依据。

由于标准是科学技术的结晶,因此标准代表了先进的生产力,对社会生产具有普遍的指导意义。

标准化是指在经济、技术、科学和管理等社会实践活动中,对重复性事物和概念通过制定、发布和实施标准来达到统一,以获得最佳秩序和社会效益的全部活动过程。标准化工作包括制定标准和贯彻标准的全部活动过程,这个过程从探索标准化对象开始,经调查、实验和分析,进而起草、制定、发布和贯彻标准,而后修订标准。因此,标准化是一个不断循环而又不断提高其水平的过程。

为了促进世界各国在技术上的统一,分别于1906年3月和1947年2月成立了国际电工委员会(International Electrotechnical Commission, IEC)和国际标准化组织(International Standardization Organization, ISO),由这两个组织负责制定和发布国际标准。我国于1978年恢复参加ISO后,陆续修订了我国的标准,修订的原则是在立足于我国生产实际的基础上向ISO标准靠拢,以利于加强我国在国际的技术交流和产品互换。

1.2.2 标准的分类及其代号
(Classification and Symbol of Standard)

标准可以从不同的角度进行分类。

1. 按照标准化的对象分类(Classification by objects of standardization)

按照标准化的对象,通常把标准分为技术标准、管理标准和工作标准三大类。

(1)技术标准(Technical standard)。

技术标准是指对标准化领域中需要协调统一的技术事项所制定的标准,包括基础标准、产品标准、方法标准、安全卫生与环境保护标准等。

(2)管理标准(Administrative standard)。

管理标准是指对标准化领域中需要协调统一的管理事项所制定的标准。

(3)工作标准(Working standard)。

工作标准是指对工作的责任、权利、范围、质量要求、程序、效果、检查方法、考核办法所制定的标准。

2. 按照标准的适用范围分类(Classification by applicable scope of the standard)

按照标准的适用范围,我国的标准分为国家标准、行业标准、地方标准和企业标准四个级别。

(1)国家标准(National standard)。

国家标准是指由国务院标准化行政主管部门(现为国家质量监督检验检疫总局)制定(编制计划、组织起草、统一审批、编号、发布)的标准,代号为GB、GB/T。国家标准在全国范围内适用。

(2)行业标准(Industry standard)。

行业标准是指由国务院有关行政主管部门制定的标准。例如,化工行业标准代号为HG,石油化工行业标准代号为SH,由国家石油和化学工业局制定;建材行业标准代号为JC,由国家建筑材料工业局制定。行业标准不得与国家标准相抵触。行业标准在全国某个行业范围内适用。

(3)地方标准(Provincial standard)。

地方标准是指由省、自治区及直辖市标准化行政主管部门制定的标准,代号为DB。地方标准不得与行业标准和国家标准相抵触。地方标准在地方辖区范围内适用。

(4)企业标准(Company standard)。

企业标准是指由企业自行制定的标准,代号为QB。企业标准不得与国家标准、行业标准和地方标准相抵触。企业标准应报当地政府标准化行政主管部门和有关行政主管部门备案。企业标准在该企业内部适用。

3. 按照标准的性质分类(Classification by nature of standard)

按照标准的性质,通常把国家标准、行业标准和地方标准分为强制性标准和推荐性标准两类。

(1)强制性标准(Mandatory standard)。

强制性标准是指国家要求必须执行的标准(GB)。国家通过采用法律、行政和经济等手段来保证强制性标准的实施。

(2)推荐性标准(Recommended standard)。

推荐性标准是指国家推荐,但不要求必须执行的标准(GB/T)。国家鼓励企业在自愿的原则下采用推荐性标准。

1.2.3 优先数系和优先数
(Series of Preferred Numbers and Preferred Numbers)

在机械制造中,常常需要确定很多参数,而这些参数往往不是孤立存在的,一旦确定,就会按照一定的规律向一切与其有关的参数传播。例如,螺栓的尺寸一旦确定,将会影响与之配合的螺母(或内螺纹)的尺寸、加工螺栓的板牙(加工内螺纹的丝锥)的尺寸、螺栓孔的尺寸及加工螺栓孔所用钻头的尺寸等。这种参数的传播扩散在生产实际中是极为普遍的现象。

工程上各种参数的简化、协调和统一是标准化的重要工作内容。国家标准《优先数和优先数系》(GB/T 321—2005)就给出了制定标准数值的数值制度,这也是国际上通用的科学的数值制度。

1. 优先数系(Series of preferred numbers)

《优先数和优先数系》(GB/T 321—2005)规定的以十进制等比数列对数值进行分级的优先数和优先数系与《Preferred numbers;Series of preferred numbers》(ISO 3—1973)相同,其公比值有 q_5、q_{10}、q_{20}、q_{40} 和 q_{80} 五种,其列可分别用系列符号 R5、R10、R20、R40 和 R80 表示。五种优先数系的公比如下:

R5:$q_5 = 10^{1/5} \approx 1.584\ 9 \approx 1.60$

R10:$q_{10} = 10^{1/10} \approx 1.258\ 9 \approx 1.25$

R20:$q_{20} = 10^{1/20} \approx 1.122\ 0 \approx 1.12$

R40:$q_{40} = 10^{1/40} \approx 1.059\ 3 \approx 1.06$

R80:$q_{80} = 10^{1/80} \approx 1.029\ 4 \approx 1.03$

2. 优先数(Preferred numbers)

优先数系中的每一个数值即为优先数。

按优先数的理论公比计算所得为优先数的理论值,除 10 的整数幂外,理论值均为无理数,工程技术上不能直接应用。工程技术上实际应用的都是圆整处理后的近似值。根据圆整处理的精确程度,优先数分为计算值和常用值两种。

（1）计算值。计算值取 5 位有效数字，其相对误差小于 1/20 000，供精确计算用。

（2）常用值。常用值是经常使用的，即通常所称的优先数，取 3 位有效数字，其对计算值的最大相对误差为 1.01% ~ 1.16%。

表 1.1 中的数值为 R5、R10、R20 和 R40 优先数系从 1 到 10 的全部优先数。

表 1.1　优先数系（基本系列）（GB/T 321—2005）

R5	1.00		1.60		2.50		4.00		6.30		10.00	
R10	1.00	1.25	1.60	2.00	2.50	3.15	4.00	5.00	6.30	8.00	10.00	
R20	1.00	1.12	1.25	1.40	1.60	1.80	2.00	2.24	2.50	2.80	3.15	
	3.55	4.00	4.50	5.00	5.60	6.30	7.10	8.00	9.00	10.00		
R40	1.00	1.06	1.12	1.18	1.25	1.32	1.40	1.50	1.60	1.70	1.80	
	1.90	2.00	2.12	2.24	2.36	2.50	2.65	2.80	3.00	3.15	3.35	
	3.55	3.75	4.00	4.25	4.50	4.75	5.00	5.30	5.60	6.00	6.30	
	6.70	7.10	7.50	8.00	8.50	9.00	9.50	10.00				

3. 优先数系的分类（Classification of series of preferred numbers）

根据《优先数和优先数系》（GB/T 321—2005）的规定，优先数系分为基本系列、补充系列、派生系列和复合系列。

R5、R10、R20 和 R40 为基本系列，R80 为补充系列。基本系列是常用的系列，补充系列在参数分级很细或基本系列的优先数不适应实际情况时才考虑采用。

此外，为了满足实际生产的需要，还可以在基本系列和补充系列的基础上，产生派生系列和复合系列。$R_{r/p}$ 的派生系列是指从 R_r 系列中按一定的项差 p 取值所构成的系列。例如，$R_r = R20/3$，1.00，1.40，2.00，2.80，…。复合系列是指若干个等公比系列混合而成的公比系列，例如，1.00，1.60，2.50，3.55，5.00，7.10，10.0，12.5，16.0 就是由 R5、R20/3 和 R10 三种系列构成的复合系列。

在实际生产中，可以利用基本系列、补充系列、派生系列和复合系列满足疏、密分级不同的要求，并且系列中的数值可以方便地向两头延伸。如将表 1.1 所列优先数系中的优先数乘以 10，100，…或 0.1，0.01，…，即可求得所有大于 10 或小于 1 的优先数。

1.3　测量技术发展概述
（Overview of Measurement Technology Development）

从设计角度来看，零件的标准化为互换性提供了可能性。而要满足产品的使用性能，还必须采取相应的工艺措施，对零件进行检测，以保证整个产品的全部零件为合格，为使测量结果统一和可靠，要相应地建立完善的检测手段和计量管理系统，并制定技术法规监督实施。

从机械工业的发展角度来看，几何量检测技术的发展是和机械加工精度的提高相辅相成的。加工精度的提高，一方面要求并促进测量器具的测量精度也随之一起提高，另一方面，加工精度本身也要通过精确的测量来体现和验证。根据国际计量大会的统计，机械零件加工的精度大约每十年提高一个数量级,这是检测技术不断发展的缘故,例如,1940 年 1.5 μm→1950 年 0.2 μm→1960 年 0.1 μm→1969 年 0.01 μm。

19 世纪中叶出现了游标杆尺,当时机械加工精度可达 0.1 mm;20 世纪初,加工精度达到 0.01 mm,可用千分尺测量;20 世纪 30 年代开始成批生产光学比较仪、测长仪和万能工具显微镜等当前仍在生产实践中广泛使用的光学精密量仪,当时相应的机械加工精度提高到了 0.001 mm 左右甚至更小。近半个世纪,精密加工的水平有了更大的提高,近来精密机床主轴的跳动误差要求不超过 0.01 μm,导轨直线度要求 0.3 μm/m,空气轴承的回转精度在径向和轴向都要求 0.02 μm,这些参数的测量要用高精度的方法和仪器,如稳频激光干涉系统,各种高精度的电学量仪及声、电、光结合并配用计算机的测量系统。

几何量测量技术的发展,不仅促进了机械工业的发展,而且对其他工业部门,对科学技术,对内、外贸易乃至现代社会生活的许多方面都起着重要的推动作用。我国计量科学和检测技术经过多年来的不懈努力,已达到国际水平,有的已处于国际领先水平。目前全国已建立了比较完善的计量机构,有统一的量仪传递网,不仅可生产一般的检测仪器,还成功研制了如光电光波比长仪、双频激光干涉仪等先进量仪。

1.4　本课程的特点和任务
(Course Features and Tasks)

1.4.1　本课程的特点
(Course Features)

本课程由互换性与测量技术两大部分组成,它们分别属于标准化和计量学两个不同的范畴,本课程将它们有机地结合在一起,形成了一门极其重要的技术基础课,可使读者更便于综合分析和研究在进一步提高机械及仪器、仪表产品质量方面所必需的两个必要技术环节。

本课程是高等工科院校机械类、仪器仪表类、机械电子类各专业的技术基础课,是联系设计类课程和工艺类课程的纽带,是从基础课学习过渡到专业课学习的桥梁。本课程的特点是四多二少,即术语及定义多、代号及符号多、具体规定多、内容和经验总结多,而逻辑性和推理性较少。刚刚学完基础理论课的学生会感到枯燥、内容繁多,记不住、不会用,因此应当有充分的思想准备以完成由基础课向专业课过渡这一过程。

1.4.2　本课程的学习方法
(Learning Methode of Course)

首先应当了解本课程的主干是国家标准。国家标准就是法规,要注意其严肃性,在进行机械零件几何量精度设计时,既要满足标准规定的原则要求,又要根据不同的使用要求灵活选用。机械产品的种类繁多,使用要求各异,因此熟练地掌握国家标准的选用并非是轻而易举的一件事。

在学习中,应当了解每个术语、定义的实质,及时归纳、总结并掌握各术语及定义的区别和联系,在此基础上应当牢记它们,才能灵活运用,要认真独立完成作业和实验,以巩固并加深对所学内容的理解与记忆。要掌握正确的标注方法,熟悉国家标准的选择原则和方法。树立理论联系实际、严肃认真的科学态度,培养基本技能,重视微型计算机在检测领域的应用。只有在后续课程(设计类和工艺类课程)学习中,特别是在机械零件课程设计、专业课程设计和毕业设计中,才能加深对本课程内容的理解,初步掌握机械零件几何量精度设计的要领。而要达到正确运用本课程所学知识,熟练正确地进行机械零件精度设计的水平,还需要经过实际工作的锻炼。对学习过程中遇到的困难,应当坚持不懈地努力,反复记忆、反复练习、不断应用是达到熟练应用目的的保证。

1.4.3　本课程的任务
（Course Tasks）

读者在学习本课程时,应具有一定的理论知识和生产实践知识,即能读懂并正确绘制机械图,了解机械加工的一般知识和常用机构的原理。

读者在学完本课程后应达到下列要求:

（1）掌握标准化、互换性的基本概念及机械精度设计有关的基本术语和定义。

（2）基本掌握机械零件精度设计标准的主要内容、特点和应用原则。

（3）初步学会根据使用要求,正确地设计几何量公差并标注在图样上。

（4）了解各种典型几何量的检测方法,初步学会正确地使用常用的计量器具。

总之,本课程的任务是使读者获得机械工程师必须掌握的机械零件精度设计和检测方法的基本知识和基本技能。

思考题与习题
（Questions and Exercises）

一、思考题

1. 什么是互换性? 互换性在机械制造中有何重要意义?

2. 完全互换和不完全互换有何区别? 各应用于什么场合?

3. 为什么说互换性已成为现代机械制造业中一个普遍遵守的原则? 列举互换性应用实例。

4. 什么是标准化? 标准化在机械制造中有何重要意义?

5. 什么是优先数系? 为什么要规定优先数系? 优先数系在机械制造中有何重要意义?

6. 若按标准颁发的级别来划分标准,我国的标准有哪几种?

二、习题

1. 下列数据属于哪种系列? 公比值 q 为多少?

(1)电动机转速(单位为 r/min):375,750,1 500,3 000,…。

(2)摇臂钻床的主参数(最大钻孔直径,单位为 mm):25,40,63,80,100,125,…。

(3)表面粗糙度 Ra 的基本系列(单位为 μm):0.012,0.025,0.050,0.100,0.20,…。

2. 试写出 R10 优先数系从 1～100 的全部优先数。

3. 代号"GB 321—2005""JB 179—1983"和"ISO"各表示什么含义?

第 2 章　测量技术基础
(Foundation of Measurement Technology)

【内容提要】　本章主要讲述测量的基本概念,介绍测量单位、测量器具与测量方法、测量误差与数据处理概念。

【课程指导】　通过本章的学习,建立测量的基本概念,掌握量块的特性和使用方法;理解各种测量方法;能够对测量误差进行初步分析并对测量结果进行处理。

2.1　概　　述
(Overview)

在机械和仪器制造中,需要测量零件加工后的几何参数(尺寸、几何误差和表面粗糙度等),以确定它们是否符合技术要求和实现互换性。

2.1.1　测量的定义
(Definition of Measurement)

测量是指将被测的量与作为测量单位的标准量进行比较,从而确定被测量量值的过程。其基本测量式为

$$q = x/E \tag{2.1}$$

式中　x——被测对象的量值;

　　　E——计量单位或标准量;

　　　q——几何量的数值,即被测对象的量值与计量单位的标准量的比值。

式(2.1)表明,任何几何量的量值都由两部分组成,即表征几何量的数值和该几何量的计量单位。例如,几何量为 40 mm,这里 mm 为长度计量单位,数值 40 则是以 mm 为计量单位时该几何量的数值。

2.1.2　测量的四个基本要素
(Four Elements of Measurement)

测量过程除测量对象和计量单位外,尚需采用一定的测量方法对测量结果给出精确程度的判断,所以一个完整的测量过程应包括应四个基本要素。

1. 测量对象（Measurement object）

测量对象是指拟测量的量。

在机械和仪器制造中，测量的主要对象是几何量，即长度，角度，表面粗糙度，几何误差及螺纹、齿轮等零件的几何参数。

2. 计量单位（Measurement unit）

计量单位是指根据约定定义和采用的标准量，任何其他同类量可与其比较。两个之比用一个数值表示。

计量单位应采用我国的法定计量单位，我国法定的长度计量单位为米（m）。在机械和仪器制造中常用的长度计量单位为毫米（mm）；在几何精密测量中，长度计量单位为微米（μm），角度单位为度（°）、分（′）、秒（″）。

3. 测量方法（Measurement method）

测量方法是指测量过程中使用的操作所给出的逻辑性安排的一般性描述。即测量时所依据的测量原理以及所采用的测量器具和测量条件的综合，亦即获得测量结果的方法。

4. 测量精度（Measurement precision）

测量精度是指被测量的测得值与其真值间的一致程度，它体现了测量结果的可靠性。

测量是互换性生产过程中的重要组成部分，是保证各种标准贯彻实施的重要手段，也是实现互换性生产的重要前提之一。为了达到测量的目的，必须使用统一的标准量，采用一定的测量方法并运用适当的测量工具，而且要达到必要的测量精度，以确保零件的互换性。

2.2　测量器具与测量方法
（Measuring Instrument and Measurement Method）

2.2.1　测量器具的分类
（Types of Measuring Instrument）

测量器具（也称计量器具）是测量仪器和测量工具的总称。

通常把没有传动放大系统的以固定形式复现量值的测量器具称为量具，如量块、线纹米尺等，前者称为单值量具，后者称为多值量具；把具有传动放大系统的能将被测的量转换成可直接观测的指示值或等效信息的测量器具称为量仪，如机械式比较仪、测长仪和投影仪等。

测量器具也可按用途、结构和工作原理分类。

1. 按用途分类（Classification by application scope）

（1）标准测量器具（Standard measuring instrument）。

标准测量器具是指测量时体现标准量的测量器具，通常用来校对和调整其他测量器具，或作为标准量与被测几何量进行比较，如线纹尺、量块和多面棱体等。

（2）通用测量器具（Common measuring instrument）。

通用测量器具是指通用性大、可用来测量某一范围内各种尺寸（或其他几何量）并能获得具体读数值的测量器具，如千分尺、千分表和测长仪等。

（3）专用测量器具（Special measuring instrument）。

专用测量器具是指用于专门测量某种或某个特定几何量的测量器具，如量规、圆度仪和基节仪等。

2. 按结构和工作原理分类（Classification by structure and working principle）

（1）卡尺类量仪（Caliper class measuring instrument）。

如数显卡尺、数显高度尺和数显量角器等。

（2）微动螺旋副类量仪（Micro screw vice class measuring instrument）。

如千分尺、数显千分尺和数显内径千分尺等。

（3）机械式测量器具（Mechanical measuring instrument）。

机械式测量器具是指通过机械结构实现对被测量的感受、传递和放大的测量器具，如机械式比较仪、百分表、千分表、杠杆比较仪和扭簧比较仪等。

（4）光学式测量器具（Optical measuring instrument）。

光学式测量器具是指用光学方法实现对被测量的转换和放大的测量器具，如光学比较仪、投影仪、激光准直仪、激光干涉仪、自准量仪和工具显微镜等。

（5）气动式测量器具（Pneumatic measuring instrument）。

气动式测量器具是指靠压缩空气通过气动系统时的状态（流量或压力）变化来实现对被测量的转换的测量器具，如压力式气动量仪、流量计式气动量仪、水柱式气动量仪和浮标式气动量仪等。

（6）电动式测量器具（Electrodynamic measuring instrument）。

电动式测量器具是指将被测量通过传感器转变为电量，再经变换而获得读数的测量器具，如电动轮廓仪和电感测微仪等。

（7）光电式测量器具（Photoelectric measuring instrument）。

光电式测量器具是指利用光学方法放大或瞄准，通过光电元件再转换为电量进行检测，以实现几何量的测量的测量器具，如光电显微镜、光电测长仪等。

（8）机电光综合类量仪（Optical electro mechanical intergration measuring instrument）。

如三坐标测量仪、齿轮测量中心等。

2.2.2 测量方法的分类
（Types of Measurement Method）

1. 直接测量与间接测量（Direct measurement and indirect measurement）

（1）直接测量（Direct measurement）。

直接测量是指不需要将被测量与其他实测量进行一定函数关系的辅助计算而直接得到被测量量值的测量。例如，用数显卡尺、千分尺测量零件的直径。

（2）间接测量（Indirect measurement）。

间接测量是指通过直接测量与被测参数有已知函数关系的其他量而得到该被测量量值的测量。例如，测量图 2.1 所示的大尺寸圆弧的直径，可通过测量弦长 L 和弓形高度 H，根据圆弧的直径 D 与弦长 L 和弓形高度 H 的函数关系 $D=H+\dfrac{L^2}{4H}$，计算出直径 D。

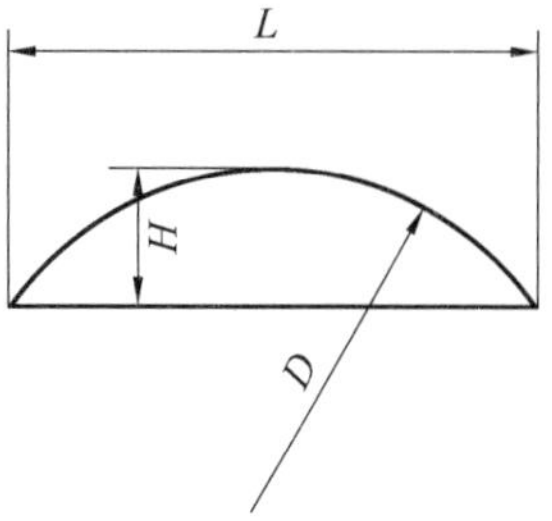

2. 绝对测量与相对测量（Absolute measurement and relative measurement）

（1）绝对测量（Absolute measurement）。

绝对测量是指能由量仪刻度尺上读出被测参数的整个量值的测量方法，例如，用数显卡尺、千分尺测量零件的直径。

（2）相对测量（Relative measurement）。

相对测量是指由量仪的刻度尺只能读出被测量相对于某一标准量的偏差值的测量方法。由于标准量是已知的，因此被测量的整个量值等于量仪所指示的偏差与标准量的代数和，例如，图 2.2 所示为用量块调整比较仪后对工件直径的测量。

图 2.1　间接测量

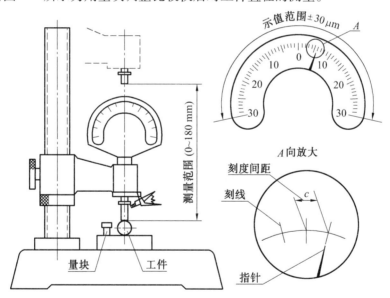

图 2.2　用比较仪进行的相对测量

3. 接触测量与非接触测量（Contact measurement and non-contact measurement）

（1）接触测量（Contact measurement）。

接触测量是指测量时测量器具的测量头与零件被测表面直接接触，并有机械作用的测量力存在的测量方法，依接触形式分为点接触测量、线接触测量和面接触测量。例如，用机械比较仪测量零件的直径。

（2）非接触测量（Non-contact measurement）。

非接触测量是指测量时测量器具的测量头与零件被测表面不直接接触的测量方法。由于测量器具的测头（传感部分）与零件被测表面不直接接触，所以没有机械的测量力存在。例如，用光切显微镜测量零件的表面粗糙度，用光学投影、气动量仪测量零件的孔径。

4. 单项测量与综合测量（**Single measurement and comprehensive measurement**）

（1）单项测量（Single measurement）。

单项测量是指单个地彼此没有联系地测量零件的每一几何量的测量方法。例如，用工具显微镜分别测量螺纹的螺距、中径和牙型半角，并分别判断它们各自的合格性。

（2）综合测量（Comprehensive measurement）。

综合测量是指同时测量零件上的几个有关几何量，综合地判断工件是否合格的测量方法。例如，用花键塞规对花键孔的测量，用齿轮动态整体误差测量仪对齿轮的测量。

5. 主动测量与被动测量（**Initiative measurement and passive measurement**）

（1）主动测量（Initiative measurement）。

主动测量是指在加工过程中对被测零件的几何量进行测量的测量方法。这种测量把测量与加工紧密结合起来，其测量结果可以反馈，从而决定了零件是否需要继续加工或对工艺过程是否需要进行调整，能及时防止废品的产生，故又称积极测量（Actively measurement）或在线测量（Online measurement）。

（2）被动测量（Passive measurement）。

被动测量是指被测零件在加工完毕之后进行几何量测量的测量方法。其测量结果仅限于通过合格品和发现并剔除废品，故又称消极测量（Negative measurement）或离线测量（Offline measurement）。

主动测量常应用在自动加工机床和自动生产线上，使检测和加工过程紧密结合，以保证产品质量。因此，主动测量是检测技术主要发展方向之一。

6. 静态测量与动态测量（**Static measurement and dynamic measurement**）

（1）静态测量（Static measurement）。

静态测量是指在测量过程中被测零件与测量器具的测量头处于相对静止状态的测量方法。例如，用千分尺测量零件的直径。

（2）动态测量（Dynamic measurement）。

动态测量是指在测量过程中被测零件与测量器具的测量头处于相对运动状态的测量方法，其目的是为了测得误差的瞬时值及其随时间变化的规律，例如，在磨削过程中，测量零件的直径。

动态测量也是检测技术主要发展方向之一。动态测量效率高，且能反映出零件接近使用状态下的情况，但对测量器具有比较高的要求。例如，要消除振动对测量结果的影响、测量头与被测零件的接触要可靠、测量头要耐磨、对测量信号的反应要灵敏等。

7. 等精度测量与不等精度测量（Equal accuracy measurement and unequal accuracy measurement）

（1）等精度测量（Equal accuracy measurement）。

等精度测量是指在测量过程中,决定测量结果的全部因素或条件都不变的测量方法。例如,由同一个人,用同一台测量器具,在同样条件下,以同样的测量方法,对同一个几何量仔细地进行测量,可以认为每一测量结果的可靠性和精确度都是相同的。在一般情况下,为了简化对测量结果的处理,大多采用等精度测量。实际上,绝对的等精度测量是不可能的。

（2）不等精度测量（Unequal accuracy measurement）。

不等精度测量是指在测量过程中,决定测量结果的全部因素或条件可能完全改变或部分改变的测量方法。例如,用不同的测量方法、不同的测量器具,在不同的条件下,由不同人员,对同一被测的几何量进行不同次数的测量,显然,其测量结果的可靠性与精确度各不相同。由于不等精度测量的数据处理比较麻烦,因此只用于重要的科研实验中的几何量的测量。

以上测量方法的分类是从不同的角度考虑的,对一个具体的测量过程,可能兼有几种测量方法的特征,例如,在内圆磨床上用两点式测量头对加工的零件内孔进行的检测,属于主动测量、直接测量及接触测量等。测量方法的选择应考虑被测零件结构特点、精度要求、生产批量、技术条件及经济效果等。

2.2.3 测量器具和测量方法的常用术语
（Basic Terminology of Measuring Instrument and Measurement Method）

下面以图 2.2 所示的比较仪为例,介绍测量器具和测量方法的常用术语。

1. 分度间距（Scale spacing）

分度间距是指测量器具刻度尺上两相邻刻线中心之间的距离或弧的长度,为了便于目视估计,一般分度间距在 1 ~ 2.5 mm 之间。

2. 分度值（Division value）

分度值是指测量器具刻度尺上每一刻度间距所代表的被测量的数值,在几何量测量器具中,常用的分度值有 0.1 mm、0.05 mm、0.02 mm、0.002 mm、0.001 mm 等几种。例如,千分表的分度值为 0.001 mm,百分表的分度值为 0.01 mm。

3. 示值范围（Indication range）

示值范围是指测量器具给定的标尺上所显示或指示的最小值到最大值（起始值到终止值）的范围。例如,图 2.2 所示比较仪的示值范围为–0.03 ~ +0.03 mm。

4. 测量范围（Measurement range）

测量范围是指测量器具允许误差限定了的所能测出被测量量值的最小到最大几何量的范围。例如,图 2.2 所示比较仪的测量范围为 0 ~ 180 mm,量程为 180 mm。

5. 示值误差(Error of indication)

示值误差是指测量器具上指示的量值与被测量几何量的真值之间的差值,可以是正值或负值。示值误差是表征测量器具精度的指标,可通过对测量器具的检定来得到,一般示值误差越小,表征测量器具的精度越高。

6. 示值变动性(Volatility of indication)

示值变动性是指在测量条件不变的情况下,对同一被测量进行多次重复(一般为2 ~ 10次)测量,其示值结果的最大差异。通常测量器具的示值误差和示值变动应小于其分度值的 1/4 ~ 1/2。

7. 灵敏度(Sensitivity)

灵敏度(S)是指测量器具对被测量变化的反应能力。若用 ΔL 表示被测观察几何量的增量,如千分表指针在度盘上移动的距离,用 ΔX 表示被测几何量值的增量,则 $S = \Delta L / \Delta X$,当分子与分母是同一类的几何量时,灵敏度又称放大比。

8. 回程误差(Hysterisis error)

回程误差是指在相同测量条件下,测量器具按正、反行程对同一被测几何量值进行测量时,量仪示值之差的绝对值。

9. 稳定度(Stability)

稳定度是指在工作条件一定的情况下,测量器具的性能随时间保持不变的能力。

10. 测量力(Measuring force)

测量力是指接触测量过程中,测量器具的测量头与被测零件表面之间的接触压力。

11. 修正值(Corrected value)

修正值是指为了消除系统误差,用代数法加到示值以得到正确测量结果的数值。它与示值误差的绝对值相等,而符号相反。例如,示值误差为 + 0.004 mm,则修正值为 −0.004 mm。

2.3 测量误差与数据处理
(Measurement Error and Date Processing)

2.3.1 测量误差的基本概念
(Basic Concept of Measurement Error)

在测量过程中,由于受到测量器具和测量条件的限制,测量误差的存在是不可避免的。测量误差是反映测量方法和测量器具(或测量仪器)的定量指标,是指测得值与被测量真值在数值上相差的程度,可以用绝对误差和相对误差来表示。

1. 绝对误差(Absolute error)

绝对误差 δ 是指测量结果 x 与被测量的真值 x_0 之差,即

$$\delta = x - x_0 \tag{2.2}$$

由于 x 可能大于、小于或等于 x_0，因此，δ 可为正值、负值或零，即绝对误差是代数值。故式(2.2)可写为

$$x_0 = x - \delta \tag{2.3}$$

式(2.3)表明，绝对误差 δ 的绝对值的大小决定了测量精确度的高低。对于尺寸相同的零件来说，误差的绝对值越大，测量精度越低，反之越高。

2. 相对误差(Relative error)

相对误差 ε 是指测量的绝对误差 δ 的绝对值与被测量的真值 x_0 之比，即

$$\varepsilon = \frac{|\delta|}{x_0} \approx \frac{|\delta|}{x} \tag{2.4}$$

由式(2.4)可知，相对误差 ε 是无量纲的数值，通常用百分数表示，适合于被测零件尺寸较大时的测量精度的比较。

2.3.2　测量误差的来源
(Reasons Causing Measurement Error)

产生测量误差的因素很多，主要有以下几个方面。

1. 测量器具的误差(Measurement instrument error)

测量器具的误差是指测量器具内在因素所引起的测量误差。它包括测量器具在设计、制造、装配调整和使用过程中的各项误差，这些误差综合表现在示值误差和示值变动量上。测量器具的误差可用更精密的量仪或量块来定期鉴定，确定其校正值，供测量时校正测量结果使用。

2. 测量方法的误差(Measurement method error)

测量方法的误差是指与所采用的测量方法有关的测量误差。它包括计算公式不准确、测量方法选择不当、零件安装与定位不正确及测量基准选择不当等，这些都会产生测量误差。测量时，应选择合理的测量方法，并对其引起的方法误差进行分析，以便加以校正或估计其精确度。

3. 测量环境的误差(Measurement environment error)

测量环境的误差是指测量时环境条件不符合标准的测量条件所引起的误差。测量环境条件包括温度、湿度、气压、振动和灰尘等，其中，温度影响最为突出。

4. 测量人员的误差(Measurement personal error)

测量人员的误差是指测量过程中，测量人员的主观因素，例如，技术熟练程度、操作经验、连续工作时间长短、思想情绪和工作责任心等，影响测量结果所引起的误差。

总之，产生测量误差的原因很多，测量时应找出主要原因，并采取相应的措施，以保证测量的精确性。

2.3.3　测量误差的分类
（Types of Measurement Error）

任何测量都不可避免地存在误差,测量误差按其性质可分为三类,即系统误差、随机误差和粗大误差。

1. 系统误差（Systematic measurement error）

系统误差是指在相同测量条件下,多次重复测量同一个量值时,误差的大小和符号均保持不变或按一定的规律变化的测量误差。前者称为定值（或常值）系统误差,例如,用千分尺测量时的零位调整误差;后者称为变值系统误差,例如,仪表的刻度盘与指针回转轴不同心所引起的按正弦周期变化的测量误差。

2. 随机误差（Random measurement error）

随机误差是指在相同测量条件下,多次重复测量同一个量值时,误差的大小和符号以不可预定的方式变化的测量误差。随机误差主要是由于测量中的一些偶然因素或不稳定因素综合引起的,是不可避免的。就某一次具体测量而言,随机误差的大小和符号是没有规律的,但如果进行大量、多次重复测量,则可发现随机误差服从统计规律。这种统计规律是通过长期的测量实践和大量的实验,对大量数据进行分析的基础上总结出来的。因此,常用概率论和统计原理对其进行处理。

3. 粗大误差（Gross measurement error）

粗大误差是指超出在规定条件下预计的测量误差。它是由某种不正常的原因造成的,例如,测量人员疏忽大意造成读数误差和记录误差,外界的突然振动引起误差等。通常情况下,这类误差的数值都比较大。在正常情况下,测量结果中不应含有粗大误差,故在分析测量误差和处理数据时应予以剔除。

系统误差和随机误差不是绝对的,它们在一定条件下可以相互转化,例如,量块的制造误差,对量块制造厂来说是随机误差,但若用一量块作为基准去成批地测量零件,则成为被测零件的系统误差。

2.3.4　测量精度
（Measurement Precision）

测量精度是指被测量的测得值与其真值的接近程度。精度是误差的相对概念,而误差是不准确、不正确的意思,是指测量结果偏离真值的程度。

由于误差分为系统误差和随机误差,因此笼统的精度概念不能反映上述误差的差异,为了反映不同性质的测量误差对测量结果的不同影响,应当明确以下概念。

1. 精密度（Precision）

精密度表示测量结果中随机误差大小的程度,它是指在一定条件下多次重复测量时,所得结果彼此之间符合的程度,简称"精度",常用随机不确定度来表示。

2. 正确度（Trueness）

正确度表示测量结果中系统误差大小的程度,它是指在规定条件下,衡量其所有系统误差的综合。理论上对已定系统误差可以用修正值来消除,对未定系统误差可用系统不确定度来估计。

3. 准确度(Accuracy)

准确度表示测量结果中系统误差和随机误差综合大小的程度,它是指在一定条件下多次重复测量时,测量结果与真值的一致程度。

一般来说,精密度高的,正确度不一定高;正确度高的,精密度也不一定高;但准确度高时,精密度和正确度必定都高。现以射击打靶为例加以说明,如图2.3所示,小圆圈表示靶心,黑点表示弹孔。图2.3(a)中随机误差小而系统误差大,表示打靶精密度高而正确度低;图2.3(b)中,系统误差小而随机误差大,表示打靶正确度高而精密度低;图2.3(c)中,系统误差和随机误差都小,表示打靶准确度高;图2.3(d)中,系统误差和随机误差都大,表示打靶准确度低。

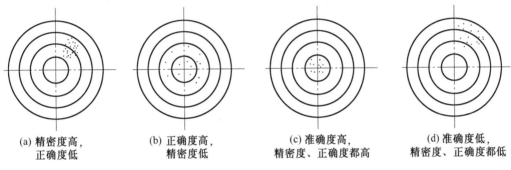

(a) 精密度高, 正确度低	(b) 正确度高, 精密度低	(c) 准确度高, 精密度、正确度都高	(d) 准确度低, 精密度、正确度都低

图2.3 精密度、正确度和准确度相互关系示意图

2.3.5 随机误差
(Random Measurement Error)

1. 随机误差的分布规律及特性(Distribution regularity of random error and characteristics of Random measurement error)

大量实验表明,绝大多数随机误差都符合正态分布规律,只有极少数随机误差以其他形式分布(三角形分布、偏态分布及 t 分布等)。这里只讨论正态分布的随机误差。

正态分布的随机误差曲线如图2.4所示(横坐标表示随机误差,纵坐标表示概率密度)。

根据概率理论,正态分布曲线可以用以下数学公式表示:

$$y = \frac{1}{\sigma\sqrt{2\pi}} e^{\frac{\delta^2}{2\sigma}} \qquad (2.5)$$

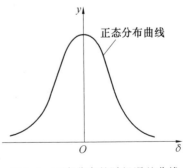

图2.4 正态分布的随机误差曲线

式中　y——概率密度;

　　　σ——标准偏差;

e——自然对数的底(e=2.718 28);

δ——随机误差。

由图 2.4 可见,随机误差的正态分布具有以下四大特性。

(1)单峰性。绝对值小的误差出现的概率比绝对值大的误差出现的概率大,随机误差为零的概率最大。

(2)对称性。绝对值相等、符号相反的误差出现的概率相等。

(3)有界性。在一定的测量条件下,绝对值很大的随机误差出现的概率接近于零,即随机误差的绝对值不会超过一定的界限。

(4)抵偿性。在同等测量条件下,随着测量次数的增加,随机误差的算术平均值趋近于零,即各次随机误差的代数和趋于零。

2. 随机误差的主要评定指标(Main evaluation index of random measurement error)

(1)算数平均值 $\bar{x}$(Arithmetic average value $\bar{x}$)。

在消除了系统误差的条件下,可用一系列测得值的算数平均值 $\bar{x}$ 代替真值,称为最近真值。

$$\bar{x} = \frac{1}{n} \sum_{i=1}^{n} x_i \tag{2.6}$$

式中　　x_i—— 第 i 次测量的测得值;

　　　　n—— 测量次数。

(2)标准偏差 σ(Standard deviation σ)。

标准偏差 σ 既能反映分布曲线的形状,又能反映测量精度的高低。

按误差理论,随机误差的标准偏差 σ 为各随机误差平方和的平方根,即

$$\sigma = \sqrt{\frac{1}{n} \sum_{i=1}^{n} \delta_i^2} \tag{2.7}$$

式中　　δ_i—— 第 i 次测量的随机误差。

由概率论可知,随机误差 $\delta = \pm 3\sigma$ 范围内的概率是 99.73%。因此,在评定随机误差时,就以 $\pm 3\sigma$ 作为单次测量的极限误差,即

$$\delta_{\text{lim}} = \pm \sigma \tag{2.8}$$

(3)残余误差 v(Residual error v)。

在实际应用中,由于真值是未知量,随机误差 δ 也无法知道,因此,一般按残余误差来计算标准偏差。第 i 次测量的残余误差是指第 i 次测量的测得值 x_i 与算数平均值 $\bar{x}$ 之差,常用 v_i 表示,即

$$v_i = x_i - \bar{x} \tag{2.9}$$

对于有限次测量时的标准偏差 σ 可用贝塞尔(Bessel)公式计算,即

$$\sigma = \sqrt{\frac{1}{n-1} \sum_{i=1}^{n} v_i^2} \tag{2.10}$$

(4)算数平均值标准偏差 $\sigma_{\bar{x}}$(Standard deviation of arithmetic average value $\sigma_{\bar{x}}$)。

由正态分布的基本性质可知,当测量次数 n 增大时,算数平均值逐渐趋于真值。因

此,一般用算数平均值作为最后的测量结果。算数平均值的标准偏差为

$$\sigma_{\bar{x}} = \frac{\sigma}{\sqrt{n}} = \sqrt{\frac{1}{n(n-1)} \sum_{i=1}^{n} v_i^2} \qquad (2.11)$$

2.3.6 测量误差的处理
(Measurement Error Processing)

1. 直接测量结果的数据处理(Data processing for direct measurement result)

直接测量结果中可能同时含有系统误差、随机误差和粗大误差。为了获得正确的测量结果,应对各类测量误差分别进行处理。下面通过实例说明直接测量结果的数据处理步骤。

【例 2.1】 在同一条件下(等精度条件下)对某一零件的同一部位进行 10 次重复测量后实际测得的数据(单位:mm)为 30.049、30.047、30.048、30.046、30.050、30.051、30.043、30.052、30.045、30.049,试求测量结果。

解 (1)判断系统误差。

首先检查是否存在系统误差。如果存在系统误差,则应采取措施加以消除后重新测量,或在现有测得值中加入修正值。根据发现系统误差的有关方法判断,测量列中无系统误差。

(2)计算算数平均值。

零件测量数据统计计算值见表 2.1。

表 2.1 零件测量数据统计计算值   mm

测量信号	测得值 x_i	残余误差 v_i	残余误差的平方 v_i^2
1	30.049	+0.001	0.000 001
2	30.047	−0.001	0.000 001
3	30.048	0.000	0.000 000
4	30.046	−0.002	0.000 004
5	30.050	+0.002	0.000 004
6	30.051	+0.003	0.000 009
7	30.043	−0.005	0.000 025
8	30.052	+0.004	0.000 016
9	30.045	−0.003	0.000 009
10	30.049	+0.001	0.000 001
	$\sum_{i=1}^{10} x_i = 300.480$	$\sum_{i=1}^{10} v_i = 0$	$\sum_{i=1}^{10} v_i^2 = 0.000\ 07$

$$\bar{x} = \frac{1}{10} \sum_{i=1}^{n} x_i = \frac{300.480}{10} \text{ mm} = 30.048 \text{ mm}$$

（3）求残余误差。

残余误差（$v_i = x_i - \bar{x}$）、残余误差之和与残余误差的平方和见表 2.1。

（4）求单次测量的标准偏差。

$$\sigma = \sqrt{\frac{1}{10-1}\sum_{i=1}^{10} v_i^2} = \sqrt{\frac{0.000\ 007}{9}}\ \text{mm} = 0.002\ 8\ \text{mm}$$

（5）判断粗大误差。

如果存在粗大误差，则应将粗大误差剔除，然后重新计算算数平均值，重复以上各步骤。粗大误差通常用 3σ 准则来判断，即当某一个测量列中的测得值 x_i 的残余误差满足 $|v_i| > 3\sigma$ 时，则认为该测量列中含有粗大误差，应予以剔除。因 $3\sigma = 0.008\ 4$ mm，故不存在粗大误差。

（6）求算数平均值标准偏差。

$$\sigma_{\bar{x}} = \frac{\sigma}{\sqrt{n}} = \frac{0.002\ 8}{\sqrt{10}}\ \text{mm} = 0.000\ 890\ \text{mm}$$

（7）测量结果的表示。

$$x = \bar{x} \pm 3\sigma_{\bar{x}} = (30.048 \pm 0.002\ 7)\,\text{mm}$$

该测量结果的置信度概率为 99.73%。

2. 间接测量结果的数据处理（Data processing for indirect measurement result）

间接测量值为各个测得值的函数。在求间接测量结果时，可按下列步骤进行。

（1）根据函数公式和各测得值计算间接测量值 x。

（2）根据函数系统误差的公式，求测量系统误差。

间接被测量 x 的系统误差 Δx 等于直接测量的各分量的已定系统误差与相应的偏导数的乘积之代数和。

设间接被测量 x 和直接测量的各独立分量 $x_1', x_2', \cdots, x_m'$ 间的函数关系为

$$x = f(x_1', x_2', \cdots, x_m') \tag{2.12}$$

则间接被测量 x 的系统误差 Δx 为

$$\Delta x = \sum_{i=1}^{m} \frac{\partial f}{\partial x_i'}\Delta x_i' \tag{2.13}$$

式中　　$\Delta x_i'$——直接测量的第 i 个独立分量 x_i' 的已定系统误差；

$\dfrac{\partial f}{\partial x_i'}$——直接测量的第 i 个独立分量 x_i' 的误差传递函数。

（3）求被测量的标准偏差。

间接被测量 x 的标准偏差 σ_x 等于各分量的标准偏差与相应偏导数的乘积的平方和的平方根，即

$$\sigma_x = \sqrt{\sum_{i=1}^{m}\left(\frac{\partial f}{\partial x_i'}\right)^2 \sigma_{x_i'}^2} \tag{2.14}$$

式中　　$\sigma_{x_i'}$——第 i 个分量直接测量的标准偏差。

（4）测量结果的表示。

测量结果为

$$x = x_0 - \Delta x \pm 3\sigma_x \qquad (2.15)$$

式中　　x—— 间接测量结果；

x_0—— 由式（2.12）得到的间接测量值。

思考题与习题
（Questions and Exercises）

一、思考题

1. 测量及其实质是什么？一个完整的测量过程包括哪几个要素？

2. 长度的基本单位是什么？机械制造和精密测量中常用的长度单位是什么？

3. 测量器具的基本度量指标有哪些？其含义是什么？

4. 什么是测量误差？其主要来源有哪些？

5. 试述测量误差的分类、特性及其处理原则。

6. 精密度、正确度和准确度分别是什么含义？分别影响哪种误差？

二、习题

1. 用比较仪对某尺寸进行 15 次等精度测量，测得值为 20.216、20.213、20.215、20.214、20.215、20.215、20.217、20.216、20.213、20.215、20.216、20.214.20.217、20.215、20.214，假设已消除了定值系统误差，试求测量结果。

2. 某仪器在示值为 20 mm 处的校正值为–0.002 mm，用它测量零件时，若读数正好为 20 mm，零件的实际尺寸为多少？

3. 用两种方法分别测两个尺寸，它们的真值为 $L_1 = 50$ mm，$L_2 = 80$ mm，若测得值分别为 50.004 mm 和 80.006 mm，试问哪种方法测量精度高。

第3章　线性尺寸公差
(Tolerances on Linear Sizes)

【内容提要】　本章主要介绍国家标准《产品几何技术规范(GPS)　线性尺寸公差 ISO 代号体系》的基本内容、构成及其原理。重点介绍如何应用《产品几何技术规范(GPS)　线性尺寸公差 ISO 代号体系》进行机械零件的线性尺寸精度设计及检测的相关知识。

【课程指导】　通过本章学习,熟练掌握《产品几何技术规范(GPS)　线性尺寸公差 ISO 代号体系》的基本术语和定义,以及构成规律和特点;能正确进行有关尺寸、公差、偏差的计算,绘制公差带图;学会对《产品几何技术规范(GPS)　线性尺寸公差 ISO 代号体系》的正确选用,并能正确标注在图样上;了解一般公差的有关规定,初步掌握量规设计方法。

3.1　术语及定义
(Terms and Definitions)

国家标准《产品几何技术规范(GPS)　线性尺寸公差 ISO 代号体系》是机械工程方面的基础性标准,它不仅用于圆柱体内、外表面的结合,也适用于其他结合中由单一尺寸确定的部分,例如,平键结合中键宽和键槽的结合,内、外花键结合中的小径、大径和键宽的结合。

本章涉及的国家标准有:《产品几何技术规范(GPS)　线性尺寸公差 ISO 代号体系第 1 部分:公差、偏差和配合的基础》(GB/T 1800.1—2020)、《产品几何技术规范(GPS) 线性尺寸公差 ISO 代号体系　第 2 部分:标准公差带代号和孔、轴极限偏差表》(GB/T 1800.2—2020)、《极限与配合　尺寸至 18 mm 孔、轴公差带》(GB/T 1803—2003)、《一般公差　未注公差的线性和角度尺寸公差》(GB/T 1804—2000)、《标准尺寸》(GB/T 2822—2005)、《产品几何技术规范(GPS)　光滑工件尺寸的检验》(GB/T 3177—2009)、《几何量技术规范(GPS)　长度标准　量块》(GB/T 6093—2001)、《光滑极限量规　技术条件》(GB/T 1957—2006)、《功能量规》(GB/T 8069—1998)等。

3.1.1　基本术语
（Basic Terminology）

1. 尺寸要素（Feature of size）

尺寸要素是指由一定大小的线性尺寸或角度尺寸确定的几何形状。

Geometrical shape defined by a linear or angular dimension which is size.

（1）线性尺寸要素（Feature of linear size）。

线性尺寸要素是指具有线性尺寸的尺寸要素。有一个或者多个本质特征的几何要素，其中只有一个可以作为变量参数，其他的参数是"单参数族"中的一员，且这些参数遵守单调抑制性。

Feature of size with linear size.

Geometrical feature, having one or more intrinsic characteristics, only one of which may be considered as a variable parameter, that additionally is a member of a "one parameter family", and obeys the monotonic containment property for that parameter.

尺寸要素可以是一个球体、一个圆、两条直线、两相对平行面、一个圆柱体、一个圆环等。

（2）角度尺寸要素（Feature of angular size）。

角度尺寸要素是指属于回转恒定类别的几何要素，其母线名义上倾斜一个不等于 0°或 90°的角度；或属于棱柱面恒定类别，两个方位要素之间的角度由具有相同形状的两个表面组成。

Geometrical feature belonging to the revolute invariance class whose genetrix is inclined nominally with an angle not equal to 0° or 90° or belonging to the prismatic invariance class and composed by two surface of same shape the angle between the two situation features.

一个圆锥和一个楔块是角度尺寸要素。

2. 公称组成要素（Nominal integral feature）

公称组成要素是指由技术制图或其他方法确定的理论正确组成要素。

Theoretically exactintegral feature as defined by a technical drawing or by other means.

（1）公称要素（Nominal feature）。

公称要素是指由设计者在技术文件中定义的理想要素。

Ideal feature defined in the technical product documentation by product designer.

（2）组成要素（Integral feature）。

组成要素是指属于工件的实际表面或表面模型的几何要素。

Geometrical feature belonging to the real surface of the workpiece or to a surface model.

3.1.2　有关孔和轴的术语
###（Terminology Relate to Hole and Shaft）

1. 孔（Hole）

孔是指工件的内尺寸要素,也包括非圆柱形的内尺寸要素。

Internal feature of size of aworkpiece,including internal features of size which are not cylindrical.

2. 基准孔（Basic hole）

基准孔是指在基孔制配合中选作基准的孔。基准孔的下极限偏差为零。

Hole chosen as a basis for a hole-basis fit system. A basis hole is a hole for which the lower limit deviation is zero.

3. 轴（Shaft）

轴是指工件的外尺寸要素,也包括非圆柱形外的尺寸要素。

External feature of size of a workpiece,including external features of size which are not cylindrical.

4. 基准轴（Basic shaft）

基准轴是指在基轴制配合中选作基准的轴。基准轴的上极限偏差为零。

Shaft chosen as a basis for a shaft-basis fit system. A basis shaft is a shaft for which the upper limit deviation is zero.

孔和轴的说明示例如图 3.1 所示。

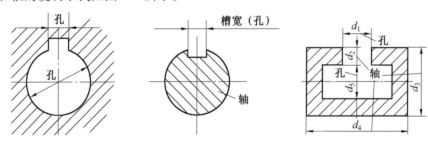

图 3.1　孔和轴的说明示例

从装配关系看,孔是包容面,在它之内无材料,且越加工尺寸越大;轴是被包容面,在它之外无材料,且越加工尺寸越小。

3.1.3　有关尺寸的术语和定义
###（Terminology Related to Sizes）

1. 公称尺寸（Nominal size）

公称尺寸是指由图样规范定义的理想形状要素的尺寸。通过公称尺寸应用上、下极限偏差可计算出极限尺寸。

Size of a feature of perfect form as defined by the drawing specification.

如图 3.2 所示,公称尺寸是设计者根据产品使用性能要求,通过计算和结构方面的考虑,或根据试验和经验而确定的。它仅表示尺寸的基本大小,而不表示零件在加工中要求得到的尺寸。

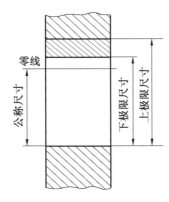

图 3.2　公称尺寸、上极限尺寸和下极限尺寸

孔的公称尺寸用 D 表示,轴的公称尺寸用 d 表示。

2. 实际尺寸(Actual size)

实际尺寸是指拟合组成要素的尺寸。实际尺寸通过测量得到。

Size of the associated integral feature. The actual size is obtained by measurement.

由于存在测量误差,所以实际尺寸并非是被测尺寸的真实值,它只是接近真实尺寸的一个随机尺寸。由于零件存在几何误差,所以同一表面不同部位的实际尺寸也不尽相同,因此,也把它称为局部实际尺寸。

孔的实际尺寸用 D_a 表示,轴的实际尺寸用 d_a 表示。

(1)提取组成要素(Extracted integral feature)。

提取组成要素是指按规定方法,由实际(组成)要素提取有限数目的点所形成的实际(组成)要素的近似替代。

Extracted representation of the real (integral) feature, obtained by extracting a finite number of points from the real (integral) feature performed in accordance with specified conventions.

(2)拟合组成要素(Associated integral feature)。

拟合组成要素是指按规定的方法由提取组成要素形成的并具有理想形状的组成要素。

Integral feature of perfect form associated with the extracted integral feature in accordance with specified conventions.

3. 极限尺寸(Limit of size)

极限尺寸是指尺寸要素的尺寸所允许的极限值。为了满足要求,实际尺寸位于上、下极限尺寸之间,含极限尺寸。

Extreme permissible sizes of a feature of size. To fulfil the requirement,the actual size shall lie between the upper and lower 。limits of size, the limits of size are also included.

(1)上极限尺寸(ULS)(Upper limit of size)。

上极限尺寸是指尺寸要素允许的最大尺寸(图3.2、图3.3)。

Largest permissible size of a feature of size.

(2)下极限尺寸(LLS)(Lower limit of size)。

下极限尺寸是指尺寸要素允许的最小尺寸(图3.2、图3.3)。

Smallest permissible size of a feature of size.

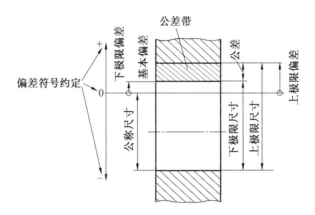

图3.3　尺寸、偏差、公差的说明(以孔为例)

3.1.4　有关偏差和公差的术语和定义
(Terminology Related to Tolerances and Deviations)

1. 偏差(Deviation)

偏差是指某值与其参考值之差。对于尺寸偏差,参考值是公称尺寸,某值是实际尺寸。

Value minus its reference value. For size deviations, the reference value is the nominal size and the value is the actual size.

2. 极限偏差(Limit deviation)

极限偏差是指公称尺寸的上极限偏差和下极限偏差。

Upper limit deviation or lower limit deviation from nominalsize.

(1)上极限偏差(ES,es)(Upper limit deviation)。

上极限偏差是指上极限尺寸减其公称尺寸所得的代数差。ES 用于内尺寸要素(孔),es 用于外尺寸要素(轴)(图3.3)。

Upper limit of size minus nominal size.

(2)下极限偏差(EI,ei)(Lower limit deviation)。

下极限偏差是指下极限尺寸减其公称尺寸所得的代数差。EI 用于内尺寸要素(孔),ei 用于外尺寸要素(轴)(图3.3)。

Lower limit of size minus nominal size.

3. 基本偏差（Fundamental deviation）

基本偏差是指确定公差带相对于公称尺寸位置的极限偏差。基本偏差是最接近公称尺寸的极限偏差。

Limit deviation that defines the placement of the tolerance interval in relation to the nominal size. The Fundamental deviation is that limit deviation, which defines that limit of size which is the nearest to the nominal size.

在如图 3.3 所示的情况下，下极限偏差 EI 也是基本偏差。

4. Δ 值（Value）

Δ 值是指为得到内尺寸要素的基本偏差，给一定值增加的变动值。

Δ Variable value added to a fixed value to obtain the fundamental deviation of an internal feature of size.

5. 公差（Tolerance）

公差是指上极限尺寸与下极限尺寸之差，也是上极限偏差与下极限偏差之差。公差是一个没有符号的绝对值。

Difference between the upper limit of size and lower limit of size. The tolerance is also the difference between the upper limit deviation and the lower limit deviation. The tolerance is an absolute quantity without sign.

6. 公差极限（Tolerance limit）

公差极限是指允许上界限和/或下界限的特定值。

Specified values of the characteristic giving upper and/ or lower bound of the permissible value.

7. 标准公差（IT）（Standard tolerance）

标准公差是指线性尺寸公差 ISO 代号体系中的任一公差。缩略语字母"IT"代表"国际公差"。

Any tolerance belong to the ISO code system for tolerance on linear sizes. The letters in the abbreviated term "IT" stand for "International Tolerance".

8. 标准公差等级（Standard tolerance grade）

标准公差等级是指用常用标识符表征的线性尺寸公差组。同一公差等级对所有公称尺寸的一组公差被认为具有同等精确程度。在线性尺寸公差 ISO 代号体系中，标准公差等级标示符由 IT 及其之后的数字组成（如 IT7）。

Group of tolerances for linear sizes characterized by a common identified. A specific tolerance grade is considered as corresponding to the same level of accuracy for all nominal sizes. In the ISO code system for tolerances on linear sizes, the standard tolerance grade identifier consists of IT followed by a number.

9. 公差带（Tolerance interval）

公差带是指公差极限之间（包括公差极限）的尺寸变动值。公差不是必须包括公称尺寸,公差极限可以是双边的(两个值位于公称尺寸两边)或单边的(两个值位于公称尺寸的一边),当一个公差极限位于一边,而另一个公差极限为零时,这种情况则是单边标示的特例。

Variable values of the size between and including the tolerance limits. The tolerance interval does not necessarily include the nominal size. Tolerance limits may be two-sided(values on both sides of the nominal size)or one-sided(both values on one side of the nominal size). The case where the one tolerance limit is on one side,the other limit value being zero,is a special case of one-sided indication.

如图 3.4 所示,公差带由公差数值和其相对于表示公称尺寸的零线位置的基本偏差来确定。零线是确定极限偏差的一条基准线,也是极限偏差的起始线,零线上方表示正极限偏差,零线下方表示负极限偏差。在绘制公差带图时,应标注相应的符号"0""+"和"−"号,在零线下方绘制带单箭头的尺寸线并标注公称尺寸数值。

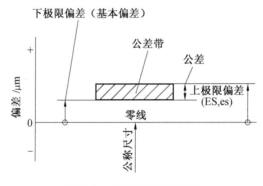

图 3.4   公差带的说明示例

公差带包括"公差带的大小"和"公差带的位置"两个参数,公差带的大小取决于公差数值的大小,公差带相对于零线的位置取决于基本偏差的大小。对同一公称尺寸的零件而言,公差带的大小相同而位置不同时,表明它们的精度要求相同,而尺寸大小的要求不同。因此,必须既要给定公差数值以确定公差带的大小,又要给定基本偏差(上极限偏差或下极限偏差)以确定公差带的位置,才能完整地描述公差带,也才能表明对零件尺寸的设计要求。

在同一公差带图中,孔、轴公差带的位置、大小应采用相同的比例绘制,而公差带沿零线方向的长度可适当选取。绘制公差带图时,公称尺寸单位采用 mm,而上、下极限偏差的单位既可以采用 mm,也可以用 μm。当公称尺寸与上、下极限偏差采用相同单位(即 mm)时,公称尺寸的单位不进行标注;当公称尺寸与上、下极限偏差采用不相同单位时,则应标注公称尺寸单位。

10. 公差带代号(Tolerance class)

公差带代号是指基本偏差和标准公差等级的组合。在线性尺寸公差 ISO 代号体系中,公差带代号由基本偏差标示符与公差等级组成(如 D13、h9 等)。

Combination of a fundamental deviation and a standard tolerance grade. In the ISO code system for tolerances on linear sizes,the tolerance class consist of the fundamental deviation identifier followed by the tolerance number.

【例 3.1】 已知孔、轴的公称尺寸、极限尺寸为 $D(d)=30$ mm，$D_{max}=30.021$ mm，$D_{min}=30$ mm，$d_{max}=29.980$ mm，$d_{min}=29.967$ mm。求孔、轴的极限偏差和公差，并绘制公差带图。

解 （1）孔的极限偏差与公差。

$$ES = D_{max}-D = 30.021-30 = +0.021(\text{mm})$$
$$EI = D_{min}-D = 30-30 = 0(\text{mm})$$
$$T_D = |D_{max}-D_{min}| = |30.021-30| = 0.021(\text{mm})$$

或

$$T_D = |ES-EI| = |+0.021-0| = 0.021(\text{mm})$$

（2）轴的极限偏差与公差。

$$es = d_{max}-d = 29.980-30 = -0.020(\text{mm})$$
$$ei = d_{min}-d = 29.967-30 = -0.033(\text{mm})$$
$$T_d = |d_{max}-d_{min}| = |29.980-29.967| = 0.013(\text{mm})$$

或

$$T_d = |es-ei| = |-0.020-(-0.033)| = 0.013(\text{mm})$$

（3）公差带图。

孔、轴的公差带绘制于同一张图上，公差带图如图 3.5 所示。

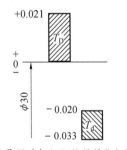
（a）公称尺寸与极限偏差单位相同

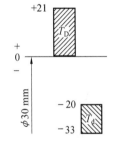
（b）公称尺寸与极限偏差单位不同

图 3.5　公差带图

3.1.5　有关配合的术语和定义
（Terminology Related to Fits）

1. 间隙（Clearance）

间隙是指当轴的直径小于孔的直径时，孔和轴的尺寸之差，如图 3.6 所示。

Difference between the size of the hole and the size of the shaft when the diameter of the shaft is smaller than the diameter of the hole.

（1）最小间隙（Minimum clearance）。

最小间隙是指在间隙配合中，孔的下极限尺寸与轴的上极限尺寸之差，如图 3.7 所示。

Difference between the lower limit of size of the hole and the upper limit of size of the shaft, in a clearance fit.

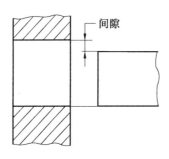

图 3.6   间隙

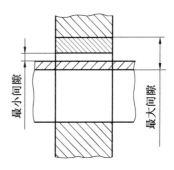

图 3.7   间隙配合

（2）最大间隙（Maximum clearance）。

最大间隙是指在间隙配合或过渡配合中，孔的上极限尺寸与轴的下极限尺寸之差，如图 3.7 和 3.10 所示。

Maximum clearance is difference between the upper limit of size of the hole and the lower limit of size of the shaft, in a clearance or transition fit

最小、最大间隙分别用 X_{min} 和 X_{max} 表示。

$$X_{min} = D_{min} - d_{max} = EI - es \tag{3.1}$$

$$X_{max} = D_{max} - d_{min} = ES - ei \tag{3.2}$$

2. 过盈（Interference）

过盈是指当轴的直径大于孔的直径时，相配孔和轴的尺寸之差，如图 3.8 所示。

Difference before mating between the size of the hole and the size of the shaft when the diameter of the shaft is larger than the diameter of the hole.

在过盈计算中，所得到的值为负值。

（1）最小过盈（Minimum interference）。

最小过盈是指在过盈配合中，孔的上极限尺寸与轴的下极限尺寸之差，如图 3.9 所示。

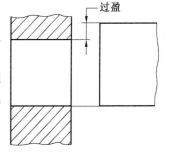

图 3.8   过盈

Difference between the upper limit of size of the hole and the lower limit of size of the shaft, in an interference fit.

（2）最大过盈（Maximum interference）。

最大过盈是指在过盈配合或过渡配合中，孔的下极限尺寸与轴的上极限尺寸之差，如图 3.9、图 3.10 所示。

Difference between the lower limit of size of the hole and the upper limit of size of the shaft, in an interference or transition fit.

最小、最大过盈分别用 Y_{min} 和 Y_{max} 表示。

$$Y_{min} = D_{max} - d_{min} = ES - ei \tag{3.3}$$

$$Y_{max} = D_{min} - d_{max} = EI - es \tag{3.4}$$

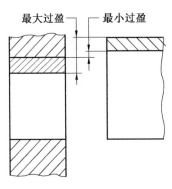

图 3.9　过盈配合

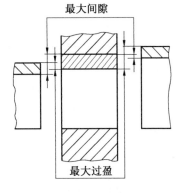

图 3.10　过渡配合

3. 配合 (Fit)

配合是指类型相同且待装配的外尺寸要素(轴)和内尺寸要素(孔)之间的关系。

Relationship between an external feature of size and an internal feature of size(the hole and shaft of the same type)which are to be assembled.

形成配合要有两个条件,一是孔和轴的公称尺寸要相同,二是必须有孔和轴的相互结合。由于配合反映的是用同一图纸加工的一批孔和用同一图纸加工的一批轴之间的装配关系,而不是指一个具体的孔和一个具体的轴的配合关系,所以用公差带来反映才是比较准确的。

(1)间隙配合(Clearance fit)。

间隙配合是指孔和轴装配时总是存在间隙的配合。此时,孔的下极限尺寸大于或在极端情况下等于轴的上极限尺寸,如图 3.11 所示。

Fit that always provides a clearance between the hole and the shaft when assembled, i. e. the lower limit of size of the hole is either larger than or, in the extreme case, equal to the up-

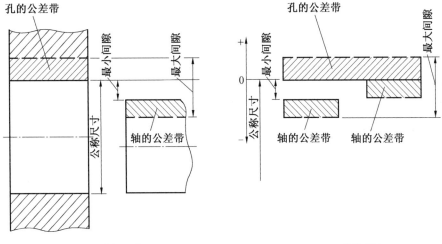

(a) 详细画法　　　　　　　　　　　　　　(b) 简化画法

图 3.11　间隙配合的示意图

per limit of size of the shaft.

（2）过盈配合（Interference fit）。

过盈配合是指孔和轴装配时总是存在过盈的配合。此时，孔的上极限尺寸小于或在极端情况下等于轴的下极限尺寸，如图 3.12 所示。

Fit that always provides an interference between the hole and the shaft when assembled, i. e. the upper limit of size of the hole is either smaller than or, in the extreme case, equal to the lower limit of size of the shaft.

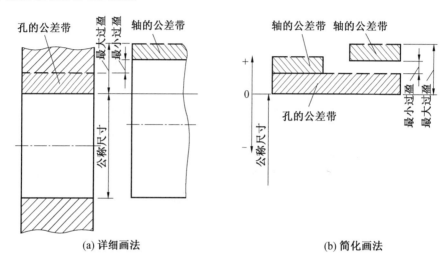

(a) 详细画法　　　　　　　　(b) 简化画法

图 3.12　过盈配合的示意图

（3）过渡配合（Transition fit）。

过渡配合是指孔和轴装配时可能具有间隙或过盈的配合，图 3.13 所示。

Fit which may provide either a clearance or an interference between the hole and the shaft when assembled.

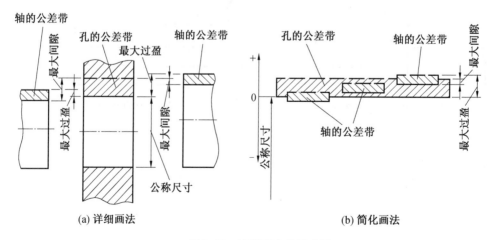

(a) 详细画法　　　　　　　　(b) 简化画法

图 3.13　过渡配合的示意图

在过渡配合中,孔和轴的公差带或完全重叠或部分重叠,因此,是否形成间隙配合或过盈配合取决于孔和轴的实际尺寸。

(4)配合公差(Span of fit)。

配合公差是指组成配合的两个尺寸要素的尺寸公差之和。

Arithmetic sum of the size tolerances on two features of size comprising the fit.

配合公差表明配合松紧程度的变化范围,反映了配合件装配后的配合精度,是评定配合质量的一个重要指标。配合公差用 T_f 表示,它是一个没有符号的绝对值。

对于间隙配合:

$$T_f = |X_{max} - X_{min}| \tag{3.5}$$

对于过盈配合:

$$T_f = |Y_{max} - Y_{min}| \tag{3.6}$$

对于过渡配合:

$$T_f = |X_{max} - Y_{max}| \tag{3.7}$$

在式(3.5)~(3.7)中,把最小、最大间隙和过盈分别用孔和轴的极限尺寸或极限偏差代入,可得三种配合的配合公差为

$$T_f = T_D + T_d \tag{3.8}$$

式(3.8)表明配合件装配后的配合精度与配合零件的加工精度有关,要提高配合精度,使装配后间隙或过盈的变动量小,必须减小配合零件的公差,即提高配合零件的加工精度。

4. ISO 配合制(ISO fit system)

ISO 配合制是指由线性尺寸公差 ISO 代号体系确定公差的孔和轴组成的一种配合制度。形成配合要素的线性尺寸公差 ISO 代号体系应用的前提条件是孔和轴的公称尺寸相同。

System of fits comprising shafts and holes toleranced by the ISO code system for tolerances on linear sizes. The pre-condition for the application of the ISO code system for tolerances on linear sizes for the features forming a fit is that the nominal sizes of the hole and the shaft are identical.

(1)基轴制配合(Shaft-basis fits system)。

基轴制配合是指轴的基本偏差为零的配合,即其上极限偏差等于零,轴的上极限尺寸与公称尺寸相同的配合制。所要求的间隙或过盈由不同公差带代号的孔与一基本偏差为零的公差带代号的基准轴相配合得到。

Fits where the fundamental deviation of the shaft is zero, i. e. the upper limit deviation is zero. A fit system in which the upper limit of size of the shaft is identical to the nominal size. The required clearances or interferences are obtained by combing holes of various tolerance classes with basic shafts of a tolerance class with a fundamental deviation of zero.

对于基轴制配合,轴是配合的基准件,称为基准轴,代号为"h",它的上极限尺寸与其

公称尺寸相等,基准轴的上极限偏差为零,即基本偏差为上极限偏差,且 es＝0。基准轴的下极限偏差为负值,即基准轴的公差带位于零线的下方。

在基轴制配合中,孔是配合的非基准件,由于不同基本偏差的孔的公差带相对于基准轴的公差带具有不同的相对位置,因而形成各种不同性质的配合。

如图 3.14 所示,当孔的基本偏差为下极限偏差且为正值或零值时,形成间隙配合;当孔的基本偏差为上极限偏差且为负值,同时轴与孔的公差带相互交叠,此时形成过渡配合;当孔的基本偏差为上极限偏差且为负值,同时轴与孔的公差带相互错开无交叠时,形成过盈配合。

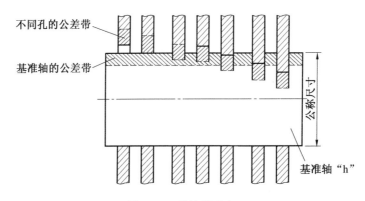

图 3.14　基轴制配合

（2）基孔制配合（Hole-basis fit system）。

基孔制配合是指孔的基本偏差为零的配合,即其下极限偏差等于零,孔的下极限尺寸与公称尺寸相同的配合制。所要求的间隙或过盈由不同公差带代号的轴与一基本偏差为零的公差带代号的基准孔相配合得到。

Fits where the fundamental deviation of the hole is zero, i. e. the lower limit deviation is zero. A fit system in which the lower limit of size of the hole is identical to the nominal size. The required dearances or interferences are obtained by combining shafts of various tolerance classes with basic holes of a tolerance class with a fundamental deviation of zero.

对于基孔制配合,孔是配合的基准件,称为基准孔,代号为"H",它的下极限尺寸与其公称尺寸相等,基准孔的下极限偏差为零,即基本偏差为下极限偏差,且 EI＝0。基准孔的上极限偏差为正值,即基准孔的公差带位于零线的上方。

在基孔制配合中,轴是配合的非基准件,由于不同基本偏差的轴的公差带相对于基准孔的公差带具有不同的相对位置,因而形成各种不同性质的配合。

如图 3.15 所示,当轴的基本偏差为上极限偏差且为负值或零值时,形成间隙配合;当轴的基本偏差为下极限偏差且为正值,同时孔与轴的公差带相互交叠,此时形成过渡配合;当轴的基本偏差为下极限偏差且为正值,同时孔与轴的公差带相互错开无交叠时,形成过盈配合。

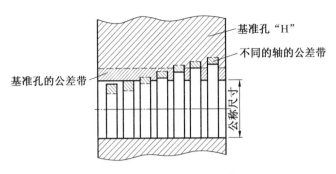

图 3.15　基孔制配合

【例3.2】　若某配合孔的尺寸为 $\phi\,30^{+0.021}_{0}$ mm,轴的尺寸为 $\phi\,30^{-0.020}_{-0.033}$ mm,试分别计算它们的极限偏差、极限尺寸、公差、极限间隙和配合公差,并绘制公差带图,说明配合的类型。

解　(1)公称尺寸。

$$D = d = 30\,(\text{mm})$$

(2)极限偏差。

$$\text{ES} = +0.021\,(\text{mm})\quad \text{EI} = 0\,(\text{mm})$$

$$\text{es} = -0.020\,(\text{mm})\quad \text{ei} = -0.033\,(\text{mm})$$

(3)极限尺寸。

$$D_{\max} = D + \text{ES} = 30 + (+0.021) = 30.021\,(\text{mm})$$

$$D_{\min} = D + \text{EI} = 30 + 0 = 30\,(\text{mm})$$

$$d_{\max} = d + \text{es} = 30 + (-0.020) = 29.980\,(\text{mm})$$

$$d_{\min} = d + \text{ei} = 30 + (-0.033) = 29.967\,(\text{mm})$$

(4)公差。

$$T_{\text{D}} = |D_{\max} - D_{\min}| = |30.021 - 30| = 0.021\,(\text{mm})$$

或

$$T_{\text{D}} = |\text{ES} - \text{EI}| = |0.021 - 0| = 0.021\,(\text{mm})$$

$$T_{\text{d}} = |d_{\max} - d_{\min}| = |28.980 - 27.967| = 0.013\,(\text{mm})$$

或

$$T_{\text{d}} = |\text{es} - \text{ei}| = |0.020 - (0.033)| = 0.013\,(\text{mm})$$

(5)极限间隙或过盈。

$$X_{\max} = D_{\max} - d_{\min} = 30.021 - 29.967 = +0.054\,(\text{mm})$$

$$X_{\min} = D_{\min} - d_{\max} = 30 - 29.980 = +0.020\,(\text{mm})$$

或

$$X_{\max} = \text{ES} - \text{ei} = +0.021 - (-0.033) = +0.054\,(\text{mm})$$

$$X_{\min} = \text{EI} - \text{es} = 0 - (0.020) = +0.020\,(\text{mm})$$

(6)配合公差。

$$T_{\text{f}} = |X_{\max} - X_{\min}| = |+0.054 - (+0.020)| = 0.034\,(\text{mm})$$

或

$$T_f = T_D + T_d = 0.021 + 0.013 = 0.034(\text{mm})$$

（7）公差带图。

绘制的该配合的公差带图如图 3.16 所示。

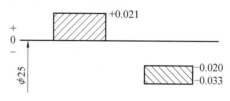

图 3.16　尺寸公差带图

（8）配合类型。

依据公差带图可以看出,该配合为间隙配合。

3.2　公差与偏差
(Tolerances and Deviations)

孔、轴的配合是否满足使用要求,主要看其是否可以达到保证极限间隙或极限过盈的要求。显然,满足同一使用要求的孔、轴公差带的大小和位置是无限多的,如果不对满足同一使用要求孔、轴公差带的大小和位置给出统一规定,将会给生产过程带来混乱,不利于工艺过程的经济性,也不便于产品的使用和维护。因此,应对孔、轴尺寸公差带的大小和位置进行标准化。

3.2.1　标准公差系列
(Standard Tolerance Series)

标准公差是国家标准规定的用以确定公差带大小的任一公差值,它既能满足各种机器所需的不同精度的要求,又可减少量具和刀具的规格。标准公差不仅适用于光滑圆柱体零件或长度单一尺寸的公差与配合,也适用于其他光滑表面和相应结合尺寸的公差以及由它们组成的配合。

标准公差系列是国家标准制定出的一系列标准公差数值,它的数值由公差等级和孔、轴公称尺寸确定。

1. 标准公差等级(Standard tolerance grades)

公差等级表明的是尺寸的精确程度。不同零件和零件上不同部位的尺寸,对精确程度的要求往往不同。为了满足生产的需要,国家标准 GB/T 1800.1—2020 对公称尺寸 ≤ 500 mm 的标准公差规定了 20 个公差等级,即 IT01,IT0,IT1,…,IT18;对于公称尺寸为 500～3 150 mm 的标准公差规定了 18 个公差等级,即 IT1,IT2,…,IT18,从 IT01 到 IT18,公差等级依次降低,标准公差值则依次增大。

2. 公差因子(Tolerance factor)

在实际生产中,对于公称尺寸相同的零件,可按公差值的大小来评定其制造精度的高低,而公称尺寸不同的零件,评定其制造精度时就不能仅看公差值的大小。实践证明,体现零件制造精度的加工误差不仅与加工方法有关,而且还与公称尺寸有关,即在相同的加工条件下,公称尺寸不同的零件加工后产生的加工误差也不同。为了合理地规定标准公差数值,需要给出公差因子的概念,公差因子是确定标准公差的基本单位,是尺寸要素公称尺寸的函数。

对于公称尺寸 ≤500 mm、公差等级为 IT5 ~ IT18 级的公差因子与公称尺寸,其关系为

$$i=0.45\sqrt[3]{D}+0.001D \tag{3.9}$$

式中　D——公称尺寸段的几何平均值,mm;

　　　i——标准公差因子,μm。

式(3.9)中第一项反映的是加工误差的影响,表明了公差因子与公称尺寸符合立方抛物线规律,如图3.17 所示;第二项反映的是测量误差的影响,主要是由于测量时偏离标准温度以及量规的变形等引起的测量误差。当尺寸很小时,第二项所占比重很小;当尺寸较大时,第二项所占比重增大。

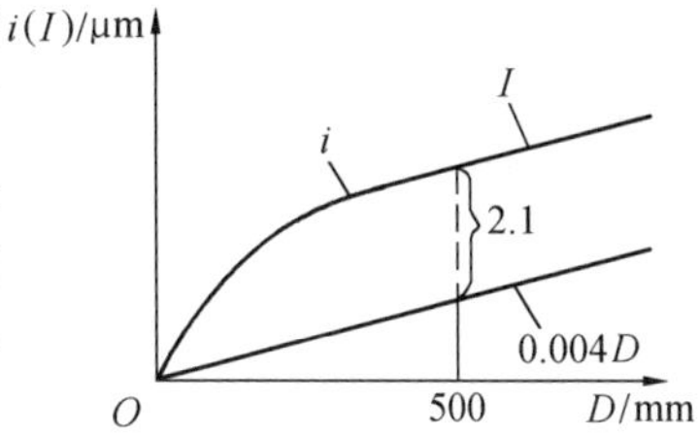

对于公称尺寸为 500 ~ 3 150 mm 公差因子与公称尺寸,其关系为

图 3.17　标准公差因子与公称尺寸的关系

$$I=f(D)=0.004D+2.1 \tag{3.10}$$

式中　I——标准公差因子,μm。

对于大尺寸而言,与公称尺寸成正比的误差因素的影响大,特别是温度变化影响大,而温度变化引起的误差随公称尺寸的增大呈线性关系,如图 3.17 所示。因此,大尺寸公差因子采用线性关系。

3. 标准公差数值(Standard tolerance value)

在公称尺寸 ≤500 mm 的范围内,IT01 级、IT0 级和 IT1 级的标准公差数值计算公式见表 3.1。对于 IT2 级、IT3 级和 IT4 级,其标准公差数值在 IT1 级和 IT5 级的数值之间大致按几何级数递增。IT5 ~ IT18 级的标准公差数值作为公差因子 i 的函数,由表 3.2 所列计算公式求得。

表 3.1　IT01 级、IT0 级和 IT1 级的标准公差数值计算公式

标准公差等级	计算公式
IT01	$0.3+0.008D$
IT0	$0.5+0.012D$
IT1	$0.8+0.02D$

注:D 为公称尺寸段的几何平均值,单位为 mm。

表 3.2 IT1 ~ IT18 级的标准公差数值计算公式

公差尺寸/mm		标准公差等级																		
		IT1	IT2	IT3	IT4	IT5	IT6	IT7	IT8	IT9	IT10	IT11	IT12	IT13	IT14	IT15	IT16	IT17	IT18
大于	至	计算公式/μm																	
0	500	—	—	—	—	$7i$	$10i$	$16i$	$25i$	$40i$	$64i$	$100i$	$160i$	$250i$	$400i$	$540i$	$1\,000i$	$1\,600i$	$2\,500i$
500	3 150	$2I$	$2.7I$	$3.7I$	$5I$	$7I$	$10I$	$16I$	$25I$	$40I$	$64I$	$100I$	$160I$	$250I$	$400I$	$640I$	$1\,000I$	$1\,600I$	$2\,500I$

在公称尺寸为 500 ~ 3 150 mm 时,IT1 ~ IT18 级的标准公差数值作为公差因子 I 的函数,由表 3.2 所列计算公式求得。

由表 3.2 可以看出,从 IT6 级起,其规律为:每增加 5 个标准公差等级,标准公差增加至 10 倍。这样的规律便于标准公差等级向更高、更低等级延伸,例如,IT19 = $4\,000i$(或 I)。需要时,在中间插入高于 IT6 和低于 IT18 的公差等级,例如 IT6.5 = $12.5i$(或 I)。

公称尺寸 ≤ 500 mm 的标准公差数值见表 3.3,公称尺寸为 500 ~ 3 150 mm 的标准公差数值见表 3.4。

表 3.3 公称尺寸 ≤ 500 mm 的标准公差数值(摘自 GB/T 1800.1—2020)

公差尺寸/mm		标准公差等级																		
		IT01	IT0	IT1	IT2	IT3	IT4	IT5	IT6	IT7	IT8	IT9	IT10	IT11	IT12	IT13	IT14	IT15	IT16	IT17	IT18
大于	至	标准公差等级																		
		μm												mm						
0	3	0.3	0.5	0.8	1.2	2	3	4	6	10	14	25	40	60	0.1	0.14	0.25	0.4	0.6	1	1.4
3	6	0.4	0.6	1	1.5	2.5	4	5	8	12	18	30	48	75	0.12	0.18	0.3	0.48	0.75	1.2	1.8
6	10	0.4	0.6	1	1.5	2.5	4	6	9	15	22	36	58	90	0.15	0.22	0.36	0.58	0.9	1.5	2.2
10	18	0.5	0.8	1.2	2	3	5	8	11	18	27	43	70	110	0.18	0.27	0.43	0.7	1.1	1.8	2.7
18	30	0.6	1	1.5	2.5	4	6	9	13	21	33	52	84	130	0.21	0.33	0.52	0.84	1.3	2.1	3.3
30	50	0.6	1	1.5	2.5	4	7	11	16	25	39	62	100	160	0.25	0.39	0.62	1	1.6	2.5	3.9
50	80	0.8	1.2	2	3	5	8	13	19	30	46	74	120	190	0.3	0.45	0.74	1.2	1.9	3	4.6
80	120	1	1.5	2.5	4	6	10	15	22	35	54	87	140	220	0.35	0.54	0.87	1.4	2.2	3.5	5.4
120	180	1.2	2	3.5	5	5	12	18	25	40	63	100	160	250	0.4	0.63	1	1.6	2.5	4	6.3
180	250	2	3	4.5	7	10	14	20	29	46	72	115	185	290	0.45	0.72	1.15	1.85	2.9	4.6	7.2
250	315	2.5	4	6	8	12	16	23	32	52	81	130	210	320	0.52	0.81	1.3	2.1	3.2	5.2	8.1
315	400	3	5	7	9	13	18	25	36	57	89	140	230	360	0.57	0.89	1.4	2.3	3.6	5.7	8.9
400	500	4	6	8	10	15	20	27	40	63	97	155	250	400	0.63	0.97	1.55	2.5	4	6.2	9.7

表 3.4　公称尺寸为 500 ～ 3 150 mm 的标准公差数值(摘自 GB/T 1800.1—2020)

公差尺寸 /mm		标准公差等级																
		IT1	IT2	IT3	IT4	IT5	IT6	IT7	IT8	IT9	IT10	IT11	IT12	IT13	IT14	IT15	IT16	IT17	IT18
大于	至	μm											mm						
500	630	9	11	16	22	32	44	70	110	175	280	440	0.7	1.1	1.75	2.8	4.4	7	11
630	800	10	13	18	25	36	50	80	125	200	320	500	0.8	1.25	2	3.2	5	8	12.5
800	1 000	11	15	21	28	40	58	90	140	230	360	580	0.9	1.4	2.3	3.6	5.6	9	14
1 000	1 250	13	18	24	33	47	56	105	185	260	420	650	1.05	1.65	2.6	4.2	6.6	10.5	16.5
1 250	1 600	15	21	29	39	55	78	125	195	310	500	780	1.25	1.95	3.1	5	7.8	12.5	19.5
1 600	2 000	18	25	35	46	65	92	150	230	370	600	920	1.5	2.3	3.7	6	9.2	15	23
2 000	2 400	22	30	41	55	78	110	175	280	440	700	1 100	1.75	2.8	4.4	7	11	17.5	28
2 500	3 150	26	36	50	68	95	135	210	330	540	860	1 350	2.1	3.3	5.4	6.6	13.6	21	33

注 1:公称尺寸大于 600 mm 的 IT1 ~ IT8 级的标准公差数值为试行。

注 2:公称尺寸小于或等于 1 mm 时,无 IT14 ~ IT18 级。

4. 公称尺寸分段(Nominal size section)

根据表 3.1、表 3.2 所列的标准公差的计算公式和公差因子的计算公式(3.9)、式(3.10)可知,对应每一个公称尺寸和标准公差等级就可计算出一个相应的公差值,这样编制的标准公差表格将会非常庞大,给生产、设计带来很多困难,同时也不利于公差值的标准化。为了减少标准公差的数目、统一公差数值、简化公差表格、便于实际应用,国家标准对公称尺寸进行了分段,对同一尺寸段内的所有公称尺寸,在相同公差等级情况下,规定相同的标准公差。

公称尺寸分段见表 3.4。国家标准 GB/T 1800.1—2020 将公称尺寸 0 ~ 500 mm 的尺寸分成 13 个尺寸段,把它称为主段落。另外还把主段落中的一段又分成 2 ~ 3 段的中间段落。在公差表格中,一般使用主段落,而在基本偏差表格中,对于过盈或间隙敏感的一些配合才使用中间段落。

在计算各公称尺寸段的标准公差和基本偏差时,公称尺寸 D 一律以所属尺寸段内的首尾两个尺寸的几何平均值进行计算,即

$$D = \sqrt{D_1 D_2} \tag{3.11}$$

式中　D_1——所属尺寸段内的首尺寸,mm;

D_2——所属尺寸段内的尾尺寸,mm。

这样,在一个尺寸段内只有一个公差数值,极大地简化了公差表格。

对于公称尺寸 ≤3 mm 的尺寸段,用 1 mm 和 3 mm 的几何平均值,即 $D = \sqrt{1 \times 3} =$ 1.732 mm 来计算标准公差和基本偏差。

3.2.2　基本偏差系列
(Fundamental Deviation Series)

基本偏差是用来确定公差带相对于零线位置的,一般情况下是指靠近零线的极限偏

差。当公差带位于零线上方时,其基本偏差为下极限偏差(孔为 EI,轴为 ei);当公差带位于零线下方时,其基本偏差为上极限偏差(孔为 ES,轴为 es)。不同的公差带位置与基准件将形成不同的配合,基本偏差的数量决定了配合种类的数量。为了满足各种不同性质和不同松紧程度的配合需要,同时尽量减少配合种类,以利于互换,国家标准 GB/T 1800.1—2020 对孔和轴分别规定了 28 个公差带位置,分别由 28 个基本偏差来确定。

1. 基本偏差代号(Symbol for fundamental deviation)

基本偏差代号用拉丁字母表示,其中孔用大写字母表示,轴用小写字母表示。28 种基本偏差代号,由 26 个拉丁字母中去掉 5 个易与其他参数相混淆的 I、L、O、Q、W(i、l、o、q、w),剩下的 21 个字母加上 7 个双写字母 CD、EF、FG、JS、ZA、ZB、ZC(cd、ef、fg、js、za、zb、zc)组成。孔和轴的这 28 种基本偏差代号反映了孔和轴的 28 种公差带位置,构成了基本偏差系列,如图 3.18 所示。

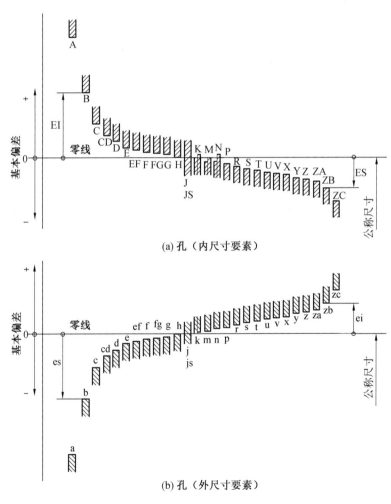

(a) 孔(内尺寸要素)

(b) 孔(外尺寸要素)

图 3.18 基本偏差系列示意图

在孔的基本偏差系列中,A～H 的基本偏差为下极限偏差 EI,除 H 的基本偏差 EI=0 外,其余均为正值,其绝对值依次减小;J～ZC 的基本偏差为上极限偏差 ES,除 J 和 K 外,其余皆为负值,其绝对值依次增大;由于由 JS 组成的公差带,在各个标准公差等级中对称于零线,因此,JS 的基本偏差为 ES=+IT/2 或 EI=-IT/2。

在轴的基本偏差系列中,a～h 的基本偏差为上极限偏差 es,除 h 的基本偏差 es=0 外,其余均为负值,其绝对值依次减小;j～zc 的基本偏差为下极限偏差 ei,除 j 和 k 外,其余皆为正值,其绝对值依次增大;由于由 js 组成的公差带,在各个标准公差等级中对称于零线,因此,js 的基本偏差为 es=+IT/2 或 ei=-IT/2。

基本偏差是确定公差带位置的唯一参数,除去 JS 和 js 以及 J、j、K、k、M、m 和 N、n 以外,原则上基本偏差与标准公差等级无关。

J、j、K、k、M、m 和 N、n 的基本偏差如图 3.19 所示。

2. 轴的基本偏差数值(Numerical value of fundamental deviation for shafts)

轴的基本偏差数值是以基孔制配合为基础,按照各种配合要求,再根据生产实践经验和统计分析结果整理出一系列公式而计算出来的。轴的基本偏差计算公式见表 3.5,计算结果要按基本偏差数值的修约规定将尾数进行圆整。

由图 3.18 和表 3.5 可知,在基孔制配合中,a～h 与基准孔形成间隙配合,基本偏差为上极限偏差 es,其绝对值正好等于最小间隙的数值。其中 a、b、c 三种用于大间隙配合,最小间隙采用与直径成正比的关系式计算;d、e、f 主要用于一般润滑条件下的旋转运动,为了保证良好的液体摩擦,最小间隙与直径成平方根关系,但考虑到表面粗糙度的影响,间隙应适当减小,所以,计算式中 D 的指数略小于 0.5;g 主要用于滑动、定心或半液体摩擦的场合,间隙可取小些,D 的指数有所减小;h 的基本偏差数值为零,它是最紧的间隙配合;至于 cd、ef 和 fg 的数值,则分别取 c 与 d、e 与 f 和 f 与 g 的基本偏差的几何平均值。

j～n 与基准孔形成过渡配合,其基本偏差为下极限偏差 ei,数值基本是根据经验与统计的方法确定。

p～zc 与基准孔形成过盈配合,其基本偏差为下极限偏差 ei,数值大小按根据一定等级的孔相配合所要求的最小过盈而定。最小过盈系数的系列符合优先数系,规律性较好,便于应用。

在实际工作中,轴的基本偏差数值不必用公式计算。为方便使用,计算结果的数值已列成表(表 3.6、表 3.7),使用时可直接查此表。

当轴的基本偏差确定后,另一个极限偏差可根据轴的基本偏差数值和标准公差值按下列关系式计算:

$$\begin{cases} ei=es-T_d & (a～h\ 公差带在零线之下) \\ es=ei+T_d & (j～zc\ 公差带在零线之上) \end{cases} \tag{3.12}$$

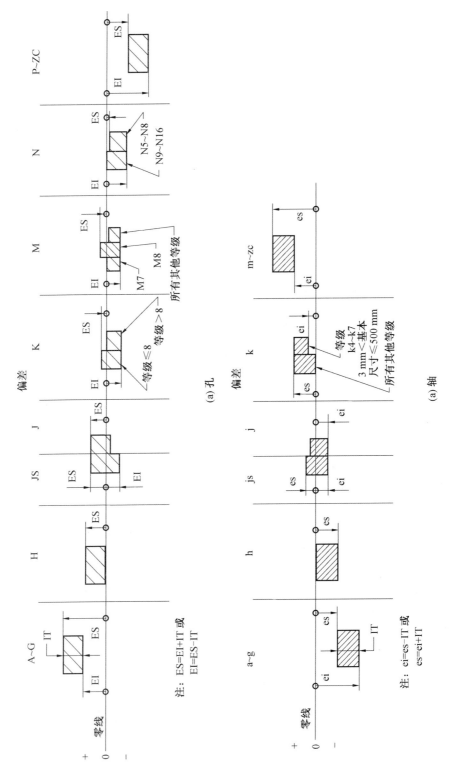

图 3.19 孔和轴的偏差

表 3.5 轴和孔的基本偏差计算公式

公称尺寸/mm		轴			公式	孔			公称尺寸/mm	
大于	至	基本偏差	符号	极限偏差		极限偏差	符号	基本偏差	大于	至
1	120	a	−	es	$255+1.3D$	EI	+	A	1	120
120	500				$3.5D$				120	500
1	160	b	−	es	$140+0.85D$	EI	+	B	1	160
160	500				$1.8D$				160	500
0	40	c	−	es	$52D^{0.2}$	EI	+	C	0	40
40	500				$95+0.8D$				40	500
0	10	cd	−	es	C,c 和 D,d 值的几何平均值	EI	+	CD	0	10
0	3 150	d	−	es	$16D^{0.41}$	EI	+	D	0	3 150
0	3 150	e	−	es	$11D^{0.41}$	EI	+	E	0	3 150
0	10	ef	−	es	E,e 和 F,f 值的几何平均值	EI	+	EF	0	10
0	3 150	f	−	es	$5.5D^{0.01}$	EI	+	F	0	3 150
0	10	fg	−	es	F,f 和 G,g 值的几何平均值	EI	+	FG	0	10
0	3 150	g	−	es	$2.5D^{0.34}$	EI	+	G	0	3 150
0	3 150	h	无符号	es	偏差＝0	EI	无符号	H	0	3 150
0	500	j			无公式			J	0	500
0	3 150	js	+ −	es ei	$0.5ITn$	EI ES	+ −	JS	0	3 150
0	500	k	+	ei	$0.6\sqrt[3]{D}$	ES	−	K	0	500
500	3 150		无符号		偏差＝0		无符号		500	3 150
0	500	m	+	ei	IT7−IT6	ES	−	M	0	500
500	3 150				$0.024D+12.6$				500	3 150
0	500	n	+	ei	$5D^{0.14}$	ES	−	N	0	500
500	3 150				$0.04D+21$				500	3 150
0	500	p	+	ei	IT7+(0～5)	ES	−	p	0	500
500	3 150				$0.072D+37.8$				500	3 150
0	3 150	r	+	ei	P,p 和 S,s 值的几何平均值	ES	−	R	0	3 150
0	500	s	+	ei	IT8+(1～4)	ES	−	S	0	500
500	3 150				IT7+$0.4D$				500	3 150

续表3.5

公称尺寸/mm		轴			公式	孔			公称尺寸/mm	
大于	至	基本偏差	符号	极限偏差		极限偏差	符号	基本偏差	大于	至
24	3 150	t	+	ei	IT7+0.63D	ES	–	T	24	3 150
0	3 150	u	+	ei	IT7+D	ES	–	U	0	3 150
14	500	v	+	ei	IT7+1.25D	ES	–	V	14	500
0	500	x	+	ei	IT7+1.6D	ES	–	X	0	500
18	500	y	+	ei	IT7+2D	ES	–	Y	18	500
0	500	z	+	ei	IT7+2.5D	ES	–	Z	0	500
0	500	za	+	ei	IT8+3.15D	ES	–	ZA	0	500
0	500	zb	+	ei	IT9+4D	ES	–	ZB	0	500
0	500	zc	+	ei	IT10+5D	ES	–	ZC	0	500

表 3.6　轴 a～j 的基本偏差数值（摘自 GB/T 1800.1—2020）　　　　　　μm

公称尺寸/mm		基本偏差数值													
		上极限偏差,es											下极限偏差,ei		
		所有公差等级											IT5 和 IT6	IT7	IT8
大于	至	a[a]	b[a]	c	cd	d	e	ef	f	fg	g	h	js	j	
0	3	−270	−140	−60	−34	−20	−14	−10	−6	−4	−2	0	偏差=±ITn/2，式中，n是标准公差等级数	−2	−4	−6
3	6	−270	−140	−70	−46	−30	−20	−14	−10	−6	−4	0		−2	−4	
6	10	−280	−150	−80	−56	−40	−25	−18	−13	−8	−5	0		−2	−5	
10	14	−290	−150	−95	−70	−50	−32	−23	−16	−10	−6	0		−3	−6	
11	18															
18	24	−300	−160	−110	−85	−65	−40	−25	−20	−12	−7	0		−4	−8	
24	30															
30	40	−310	−170	−120	−100	−80	−50	−35	−25	−15	−9	0		−5	−10	
40	50	−320	−180	−130												
50	65	−340	−190	−140		−100	−60		−30		−10	0		−7	−12	
65	80	−360	−200	−150												
80	100	−380	−220	−170		−120	−72		−36		−12	0		−9	−15	
100	120	−410	−240	−180												
120	140	−460	−260	−200		−145	−85		−43		−14	0		−11	−18	
140	160	−520	−280	−210												
160	180	−580	−310	−230												

续表 3.6

公称尺寸 /mm		基本偏差数值														
		上极限偏差,es											下极限偏差,ei			
		所有公差等级											js	IT5 和 IT6	IT7	IT8
大于	至	a	b	c	cd	d	e	ef	f	fg	g	h		j		
180	200	−660	−340	−240												
200	225	−740	−380	−260		−170	−100		−50		−15	0	偏差=±IT n/2，式中，n 是标准公差等级数	−13	−21	
225	250	−820	−420	−280												
250	280	−920	−480	−300		−190	−110		−56		−17	0		−16	−26	
280	315	−1 050	−540	−330												
315	355	−1 200	−600	−360		−210	−125		−62		−18	0		−18	−28	
355	400	−1 350	−680	−400												
400	450	−1 500	−760	−440		−230	−135		−68		−20	0		−20	−32	
450	500	−1 650	−840	−480												
500	560					−260	−145		−76		−22	0				
560	630															
630	710					−290	−160		−80		−24	0				
710	800															
800	900					−320	−170		−86		−26	0				
900	1 000															
1 000	1 120					−350	−195		−98		−28	0				
1 120	1 250															
1 250	1 400					−390	−220		−110		−30	0				
1 400	1 600															
1 600	1 800					−430	−240		−120		−32	0				
1 800	2 000															
2 000	2 240					−480	−260		−130		−34	0				
2 240	2 500															
2 500	2 800					−520	−290		−145		−38	0				
2 800	3 150															

a 公称尺寸≤1 mm 时,不使用基本偏差 a 和 b。

表3.7　轴 k～zc 的基本偏差数值(摘自 GB/T 1800.1—2020)　　　　　μm

公称尺寸/mm		基本偏差数值															
大于	至	下极限偏差,ei															
		IT4~IT7	≤IT3,>IT7	所有公差等级													
		k	k	m	n	p	r	s	t	u	v	x	y	z	za	zb	zc
0	3	0	0	+2	+4	+6	+10	+14		+18		+20		+26	+32	+40	+60
3	6	+1	0	+4	+8	+12	+15	+19		+23		+28		+35	+42	+50	+80
6	10	+1	0	+6	+10	+15	+19	+23		+28		+34		+42	+52	+67	+97
10	14	+1	0	+7	+12	+18	+23	+28		+33		+40		+50	+64	+90	+130
14	18	+1	0	+7	+12	+18	+23	+28		+33	+39	+45		+60	+77	+108	+150
18	24	+2	0	+8	+15	+22	+28	+35		+41	+47	+54	+63	+73	+98	+136	+188
24	30	+2	0	+8	+15	+22	+28	+35	+41	+48	+55	+64	+75	+88	+118	+160	+218
30	40	+2	0	+9	+17	+26	+34	+43	+48	+60	+68	+80	+94	+112	+148	+200	+274
40	50	+2	0	+9	+17	+26	+34	+43	+54	+70	+81	+97	+114	+136	+180	+242	+325
50	65	+2	0	+11	+20	+32	+41	+53	+66	+87	+102	+122	+144	+172	+226	+300	+405
65	80	+2	0	+11	+20	+32	+43	+59	+75	+102	+120	+146	+174	+210	+274	+360	+480
80	100	+3	0	+13	+23	+37	+51	+71	+91	+124	+146	+178	+214	+258	+335	+445	+585
100	120	+3	0	+13	+23	+37	+54	+79	+104	+144	+172	+210	+254	+310	+400	+525	+690
120	140	+3	0	+15	+27	+43	+63	+92	+122	+170	+202	+248	+300	+365	+470	+620	+800
140	160	+3	0	+15	+27	+43	+65	+100	+134	+190	+228	+280	+340	+415	+535	+700	+900
160	180	+3	0	+15	+27	+43	+68	+108	+146	+210	+252	+310	+380	+464	+600	+780	+1 000
180	200	+4	0	+17	+31	+50	+77	+122	+166	+236	+284	+350	+425	+520	+670	+880	+1 150
200	225	+4	0	+17	+31	+50	+80	+130	+180	+258	+310	+385	+470	+575	+740	+960	+1 250
225	250	+4	0	+17	+31	+50	+84	+140	+196	+284	+340	+425	+520	+640	+820	+1 050	+1 350
250	280	+4	0	+20	+34	+56	+94	+158	+218	+315	+385	+475	+580	+710	+920	+1 200	+1 550
280	315	+4	0	+20	+34	+56	+98	+170	+240	+350	+425	+525	+650	+790	+1 000	+1 300	+1 700
315	355	+4	0	+21	+37	+62	+108	+190	+268	+390	+475	+590	+730	+900	+1 150	+1 500	+1 900
355	400	+4	0	+21	+37	+62	+114	+208	+294	+435	+530	+660	+820	+1 000	+1 300	+1 650	+2 100
400	450	+5	0	+23	+40	+68	+126	+232	+330	+490	+595	+740	+920	+1 100	+1 450	+1 850	+2 400
450	500	+5	0	+23	+40	+68	+132	+252	+360	+540	+660	+820	+1 000	+1 250	+1 600	+2 100	+2 600

续表 3.7

公称尺寸 /mm		基本偏差数值															
		下极限偏差, ei															
大于	至	IT4 ~ IT7	≤IT3, >IT7	所有公差等级													
		k		m	n	p	r	s	t	u	v	x	y	z	za	zb	zc
500	560	0	0	+26	+44	+78	+150	+280	+400	+600							
560	630						+155	+310	+450	+660							
630	710	0	0	+30	+50	+88	+175	+340	+500	+740							
710	800						+185	+380	+560	+840							
800	900	0	0	+34	+56	+100	+210	+430	+620	+940							
900	1 000						+220	+470	+680	+1 050							
1 000	1 120	0	0	+40	+66	+120	+250	+520	+780	+1 150							
1 120	1 250						+260	+580	+810	+1 300							
1 250	1 400	0	0	+48	+78	+140	+300	+640	+960	+1 450							
1 400	1 600						+330	+720	+1 050	+1 600							
1 600	1 800	0	0	+58	+92	+170	+370	+820	+1 200	+1 850							
1 800	2 000						+400	+920	+1 350	+2 000							
2 000	2 240	0	0	+68	+110	+195	+440	+1 000	+1 500	+2 300							
2 240	2 500						+460	+1 100	+1 650	+2 500							
2 500	2 800	0	0	+76	+135	+240	+500	+1 250	+1 900	+2 900							
2 800	3 150						+580	+1 400	+2 100	+3 200							

3. 孔的基本偏差数值(Numerical value of fundamental deviation for holes)

由表 3.5 可知,孔的基本偏差计算公式是从同名代号轴的基本偏差计算公式换算得来的。换算的原则是:基本偏差字母代号同名代号的孔和轴,分别构成的基轴制与基孔制的配合,在相应标准公差等级的条件下,其配合性质必须相同,即具有相同的极限间隙或极限过盈。

根据上述原则,当公称尺寸≤3 150 mm 时,孔的基本偏差按以下两种规则进行换算。

(1)通用规则(Common rule)。

采用通用规则换算时,同名代号的孔和轴的基本偏差的绝对值相等,而符号相反,计算公式见表 3.5。孔的基本偏差实质上就是轴的基本偏差相对于零线的镜像,如图 3.20 所示。采用这一规则时,孔的基本偏差换算公式为

$$\begin{cases} EI = -es & (适用于 A \sim H) \\ ES = -ei & (适用于同级配合的 J \sim ZC) \end{cases} \tag{3.13}$$

通用规则适用于公称尺寸≥500 mm 的所有标准公差等级的 A ~ H,标准公差等级> IT8 的 K、M、N 和标准公差等级>IT7 的 P ~ ZC。但也有例外,对于公称尺寸为 3 ~ 500 mm、标

准公差等级>IT8 的基本偏差代号 N,其基本偏差 ES＝0。当公称尺寸为 500 ~ 3 150 mm 时,通用规则适用于任何标准公差等级的 A ~ ZC。

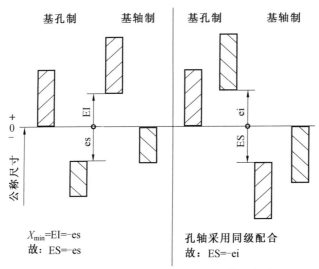

$$X_{min}=EI=-es$$
故：ES＝-es

孔轴采用同级配合
故：ES＝-ei

图 3.20　通用规则孔的基本偏差换算示意图

（2）特殊规则（Special rule）。

对于公称尺寸≤500mm 且标准公差等级≤IT8 的 J、K、M、N 和标准公差等级≤IT7 的 P ~ ZC 的孔,其基本偏差 ES 采用特殊规则换算,即 ES 与同名轴的基本偏差 ei 的符号相反,而绝对值相差一个 Δ 值。这是因为在较高的标准公差等级（≥IT8 级）中,同一公差等级的孔比轴加工困难,为使孔和轴在加工工艺上等价,常采用孔比轴低一级的配合,并要求两种配合制所形成的配合性质相同,如图 3.21 所示。

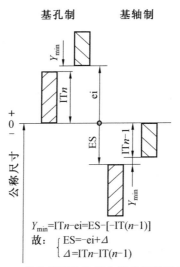

$$Y_{min}=ITn-ei=ES-[-IT(n-1)]$$
故：$\begin{cases} ES=-ei+\Delta \\ \Delta=ITn-IT(n-1) \end{cases}$

图 3.21　特殊规则孔的基本偏差换算示意图

基孔制配合时的最小过盈为

$$Y_{min(基孔制)} = ES_{(基孔制)} - ei_{(基孔制)} = +ITn - ei_{(基孔制)}$$

基轴制配合时的最小过盈为

$$Y_{\min(\text{基轴制})} = \mathrm{ES}_{(\text{基轴制})} - \mathrm{ei}_{(\text{基轴制})} = \mathrm{ES}_{(\text{基轴制})} - \left[-\mathrm{IT}(n-1) \right]$$

因为要求两种配合制的配合性质不变,即最小过盈保持不变,所以

$$+\mathrm{IT}n - \mathrm{ei}_{(\text{基孔制})} = \mathrm{ES}_{(\text{基轴制})} - \left[-\mathrm{IT}(n-1) \right]$$

故,得出孔的基本偏差为

$$\begin{cases} \mathrm{ES} = -\mathrm{ei} + \Delta \\ \Delta = \mathrm{IT}n - \mathrm{IT}(n-1) \end{cases} \tag{3.14}$$

式中　$\mathrm{IT}n$——n 级孔的标准公差数值,$\mu\mathrm{m}$;

　　$\mathrm{IT}(n-1)$——比 n 级孔高一级的轴的标准公差数值,$\mu\mathrm{m}$。

当孔的基本偏差确定后,另一个极限偏差可根据孔的基本偏差数值和标准公差值按下列关系式计算:

$$\begin{cases} \mathrm{EI} = \mathrm{ES} - T_{\mathrm{D}} & (\mathrm{J} \sim \mathrm{ZC}\ \text{公差带在零线之下}) \\ \mathrm{ES} = \mathrm{EI} + T_{\mathrm{D}} & (\mathrm{A} \sim \mathrm{H}\ \text{公差带在零线之上}) \end{cases} \tag{3.15}$$

根据式(3.13)、式(3.14)计算出的孔的基本偏差数值,经偏差数值的修约规则化整,可编制出孔的基本偏差数值表,见表 3.8 和表 3.9。实际使用时,可直接查表,不必计算。

表 3.8　孔 A ~ M 的基本偏差数值　　　　　$\mu\mathrm{m}$

公称尺寸 /mm		基本偏差数值																		
		下极限偏差,EI											上极限偏差,ES							
		所有公差等级											IT6	IT7	IT8	≤IT8	>IT8	≤IT8	>IT8	
大于	至	$\mathrm{A^a}$	$\mathrm{B^a}$	C	CD	D	E	EF	F	FG	G	H	JS	J			$\mathrm{K^{c,d}}$		$\mathrm{M^{b,c,d}}$	
0	3	+270	+140	+60	34	+20	+14	+10	+6	+4	+2	0		+2	+4	+6	0	0	−2	−2
3	6	+270	+140	+70	+46	+30	+20	+14	+10	+6	+4	0		+5	+6	+10	−1+Δ		−4+Δ	−4
6	10	+280	+150	+80	+56	+40	+25	+18	+13	+8	+5	0		+5	+8	+12	−1+Δ		−6+Δ	−6
10	14	+290	+150	+95	+70	+50	+32	+23	+16	+10	+6	0		+6	+10	+15	−1+Δ		−7+Δ	−7
14	18																			
18	24	+300	+160	+110	+85	+65	+40	+25	+20	+12	+7	0		+8	+12	+20	−2+Δ		−8+Δ	−8
24	30																			
30	40	+310	+170	+120	+100	+80	+50	+35	+25	+15	+9	0		+10	+14	+24	−2+Δ		−9+Δ	−9
40	50	+320	+180	+130																
50	65	+340	+190	+140	+100	+60		+30		+10	0		+13	+18	+28	−2+Δ		−11+Δ	−11	
65	80	+360	+200	+150																
80	100	+380	+220	+170	+120	+72		+36		+12	0		+16	+22	+34	−3+Δ		−13+Δ	−13	
100	120	+410	+240	+180																
120	140	+460	+260	+200	+145	+85		+43		+14	0		+18	+26	+41	−3+Δ		−15+Δ	−15	
140	160	+520	+280	+210																
160	180	+580	+310	+230																

注:JS 列　偏差 ± IT n/2,式中,n 是标准公差等级数

续表 3.8

公称尺寸 /mm		基本偏差数值																	
		下极限偏差,EI											上极限偏差,ES						
		所有公差等级											IT6	IT7	IT8	≤IT8	>IT8	≤IT8	>IT8
大于	至	A[a]	B[a]	C	CD	D	E	EF	F	FG	G	H	JS	J			K[c,d]		M[b,c,d]	
180	200	+660	+340	+240		+170	+100		+50		+15	0		+22	+30	+47	−4+Δ		−17+Δ	−17
200	225	+740	+380	+260																
225	250	+820	+420	+280																
250	280	+920	+480	+300		+190	+110		+56		+17	0		+25	+36	+55	−4+Δ		−20+Δ	−20
280	315	+1 050	+540	+330																
315	355	+1 200	+600	+360		+210	+125		+62		+18	0		+29	+39	+60	−4+Δ		−21+Δ	−21
355	400	+1 350	+680	+400																
400	450	+1 500	+760	+440		+230	+135		+68		+20	0		+33	+43	+66	−5+Δ		−23+Δ	−23
450	500	+1 650	+840	+480																
500	560					+260	+145		+76		+22	0					0		−26	
560	630																			
630	710					+290	+160		+80		+24	0					0		−30	
710	800																			
800	900					+320	+170		+86		+26	0					0		−34	
900	1 000																			
1 000	1 120					+350	+195		+98		+28	0					0		−40	
1 120	1 250																			
1 250	1 400					+390	+220		+110		+30	0					0		−48	
1 400	1 600																			
1 600	1 800					+430	+240		+120		+32	0					0		−58	
1 800	2 000																			
2 000	2 240					+480	+260		+130		+34	0					0		−68	
2 240	2 500																			
2 500	2 800					+520	+290		+145		+38	0					0		−76	
2 800	3 150																			

偏差=±IT n/2,式中,n 是标准公差等级数

a 公称尺寸≤1 mm 时,不适用基本偏差 A 和 B。

b 特例:对于公称尺寸为 250~315 mm 的公差带代号 M6,ES=−9 μm(计算结果不是−11 μm)。

c 为确定 K 和 M 的值。

d 对于 Δ 值,见表 3.9。

表3.9 孔 N～ZC 的基本偏差数值（摘自 GB/T 1800.1—2020）

μm

公称尺寸/mm		基本偏差数值 上极限偏差,ES														Δ值 标准公差等级					
		≤IT7		>IT7 的标准公差等级																	
大于	至	N^{a,b} ≤IT8	N^{a,b} >IT8	P~ZC^a	R	S	T	U	V	X	Y	Z	ZA	ZB	ZC	IT3	IT4	IT5	IT6	IT7	IT8
				P																	
0	3	-4	-4	-6	-10	-14		-18		-20		-26	-32	-40	-60	0	0	0	0	0	0
3	6	-8+Δ	0	-12	-15	-19		-23		-28		-35	-42	-50	-80	1	1.5	1	3	4	6
6	10	-10+Δ	0	-15	-19	-23		-28		-34		-42	-52	-67	-97	1	1.5	2	3	6	7
10	14	-12+Δ	0	-18	-23	-28		-33		-40		-50	-64	-90	-130	1	2	3	3	7	9
14	18	-12+Δ	0	-18	-23	-28		-33	-39	-45		-60	-77	-108	-150	1	2	3	3	7	9
18	24	-15+Δ	0	-22	-28	-35		-41	-47	-54	-63	-73	-98	-136	-188	1.5	2	3	4	8	12
24	30	-15+Δ	0	-22	-28	-35	-41	-48	-55	-64	-75	-88	-118	-160	-218	1.5	2	3	4	8	12
30	40	-17+Δ	0	-26	-34	-43	-48	-60	-68	-80	-94	-112	-148	-200	-274	1.5	3	4	5	9	14
40	50	-17+Δ	0	-26	-34	-43	-54	-70	-81	-97	-114	-136	-180	-242	-325	1.5	3	4	5	9	14
50	65	-20+Δ	0	-32	-41	-53	-66	-87	-102	-122	-144	-172	-226	-300	-405	2	3	5	6	11	16
65	80	-20+Δ	0	-32	-43	-59	-75	-102	-120	-146	-174	-210	-274	-360	-480	2	3	5	6	11	16
80	100	-23+Δ	0	-37	-51	-71	-91	-124	-146	-178	-214	-258	-335	-445	-585	2	4	5	7	13	19
100	120	-23+Δ	0	-37	-54	-79	-104	-144	-172	-210	-254	-310	-400	-525	-690	2	4	5	7	13	19
120	140	-27+Δ	0	-43	-63	-92	-122	-170	-202	-248	-300	-365	-470	-620	-800	3	4	6	7	15	23
140	160	-27+Δ	0	-43	-65	-100	-134	-190	-228	-280	-340	-415	-535	-700	-900	3	4	6	7	15	23
160	180	-27+Δ	0	-43	-68	-108	-146	-210	-252	-310	-380	-465	-600	-780	-1 000	3	4	6	7	15	23
180	200	-31+Δ	0	-50	-77	-122	-166	-236	-284	-350	-425	-520	-670	-880	-1 150	3	4	6	9	17	26
200	225	-31+Δ	0	-50	-80	-130	-180	-258	-310	-385	-470	-575	-740	-960	-1 250	3	4	6	9	17	26
225	250	-31+Δ	0	-50	-84	-140	-196	-284	-340	-425	-520	-640	-820	-1 050	-1 350	3	4	6	9	17	26
250	280	-34+Δ	0	-56	-94	-158	-218	-315	-385	-475	-580	-710	-920	-1 200	-1 550	4	4	7	9	20	29
280	315	-34+Δ	0	-56	-98	-170	-240	-350	-425	-525	-650	-790	-1 000	-1 300	-1 700	4	4	7	9	20	29
315	355	-37+Δ	0	-62	-108	-190	-268	-390	-475	-590	-730	-900	-1 150	-1 500	-1 900	4	5	7	11	21	32
355	400	-37+Δ	0	-62	-114	-208	-294	-435	-530	-660	-820	-1 000	-1 300	-1 650	-2 100	4	5	7	11	21	32
400	450	-40+Δ	0	-68	-126	-232	-330	-490	-595	-740	-920	-1 100	-1 450	-1 850	-2 400	5	5	7	13	23	34
450	500	-40+Δ	0	-68	-132	-252	-360	-540	-660	-820	-1 000	-1 250	-1 600	-2 100	-2 600	5	5	7	13	23	34

P~ZC^a（≤IT7）：在 > IT7 的标准公差等级的基本偏差数值上增加一个Δ值

续表 3.9

公称尺寸/mm		基本偏差数值 上极限偏差,ES								Δ值 标准公差等级					
		N[a,b]		P~ZC[a]	>IT7 的标准公差等级										
大于	至	≤IT8	>IT8	≤IT7	P	R	S	T	U	IT3	IT4	IT5	IT6	IT7	IT8
500	560	-44		在 > IT7 的标准公差等级的基本偏差数值上增加一个Δ值	-78	-150	-280	-400	-600						
560	630					-155	-310	-450	-660						
630	710	-50			-88	-175	-340	-500	-740						
710	800					-185	-380	-560	-840						
800	900	-56			-100	-210	-430	-620	-940						
900	1 000					-220	-470	-680	-1 050						
1 000	1 120	-66			-120	-250	-520	-780	-1 150						
1 120	1 250					-260	-580	-840	-1 300						
1 250	1 400	-78			-140	-300	-640	-960	-1 450						
1 400	1 600					-330	-720	-1 050	-1 600						
1 600	1 800	-92			-170	-370	-820	-1 200	-1 850						
1 800	2 000					-400	-920	-1 350	-2 000						
2 000	2 240	-100			-195	-440	-1 000	-1 500	-2 300						
2 240	2 500					-460	-1 100	-1 650	-2 500						
2 500	2 800	-135			-240	-550	-1 250	-1 900	-2 900						
2 800	3 150					-580	-1 400	-2 100	-3 200						

a 为确定 N 和 P~ZC 的值。

b 公称尺寸≤1 mm 时,不使用标准公差等级>IT8 的基本偏差 N。

3.2.3　一般公差
（General Tolerance）

一般公差(线性和角度尺寸的未注公差)是指在车间普通工艺条件下,机床设备的一般加工能力可保证的公差。在正常维护和操作情况下,它代表车间的一般加工的经济加工精度。

国家标准《一般公差　未注公差的线性和角度尺寸公差》(GB/T 1804—2000)对线性和角度尺寸的一般公差规定了精密级、中等级、粗糙级和最粗级四个公差等级,分别用字母 f、m、c 和 v 表示,对尺寸也采用了大的分段,具体数据见表 3.10。这四个公差等级相当于标准公差等级的 IT12、IT14、IT16 和 IT17。

表 3.10　线性尺寸的极限偏差数值(摘自 GB/T 1804—2000)　　　　mm

公差等级	尺寸分段							
	0.5～3	3～6	6～30	30～120	120～400	400～1 000	1 000～2 000	2 000～4 000
f(精密级)	±0.05	±0.05	±0.1	±0.15	±0.2	±0.3	±0.5	—
m(中等级)	±0.1	±0.1	±0.2	±0.3	±0.5	±0.8	±1.2	±2
e(粗糙级)	±0.2	±0.3	±0.5	±0.8	±1.2	±2	±3	±4
v(最粗级)	—	±0.5	±1	±1.5	±2.5	±4	±6	±8

国家标准 GB/T 1804—2000 在规定了线性尺寸极限偏差数值的同时,也对倒圆半径与倒角高度尺寸的极限偏差的数值做了规定,见表 3.11。

表 3.11　倒圆半径与倒角高度尺寸的极限偏差数值(摘自 GB/T 1804—2000)　　　　mm

公差等级	尺寸分段			
	0.5～3	3～6	6～30	>30
f(精密级)	±0.2	±0.5	±1	±2
m(中等级)				
e(粗糙级)	±0.4	±1	±2	±4
v(最粗级)				

由表 3.9 和表 3.10 可见,不论孔、轴还是长度尺寸,其极限偏差的取值都采用对称分布的公差带,这样使用更方便、概念更清晰、数值更合理。

当采用一般公差时,在图样上仅标注公称尺寸,不标注极限偏差,而应在图样的技术要求或有关技术文件中,用标准号和公差等级代号做出总的表示。例如,当选用中等级 m 时,则表示为 GB/T 1804-m。

一般公差主要用于精度较低的非配合尺寸。当零件的功能要求允许一个比一般公差大的公差,而该公差比一般公差更经济时,应在公称尺寸后直接标注出具体的极限偏差数值。

一般公差是在保证车间加工精度的情况下加工出来的,一般可以不做检验。但当生产方和使用方有争议时,应以表3.9和表3.10中查得的极限偏差作为依据来判断其合格性。

3.2.4 公差带代号标示
(Designation of the Tolerance Class(Writing Rules))

1. 总则(General)

对于孔和轴,公差带代号分别由代表孔的基本偏差的大写字母和轴的基本偏差的小写字母与代表标准公差等级的数字的组合标示。例如,H7、F7、K7、P6 等为孔的公差带代号,h7、s6、m6、r7 等为轴的公差带代号。

2. 尺寸及其公差(Size and its tolerarce)

尺寸及其公差由公称尺寸及所要求的公差带代号标示,或由公称尺寸及+和/或−极限偏差标示。

用极限偏差标注与用公差带代号标注等同。例如,$\phi32H7$ 等同于 $\phi32^{+0.023}_{0}$,$\phi80js15$ 等同于 $\phi80\pm0.6$,$\phi100g6Ⓔ$等同于 $\phi100^{-0.012}_{-0.034}Ⓔ$。

当采用由公差带代号确定的+或−公差标注时,为提供辅助信息目的等,可以括号的形式增加公差带代号,反之亦然。例如,$32H7(^{+0.025}_{0})32^{+0.025}_{0}(H7)$。

3. 一般和优先公差带(General and preferred tolerance interral)

对于公称尺寸≤500 mm 范围内的孔和轴,按照国家标准 GB/T 1800.1—2020 规定的 20 个标准公差等级和28 种基本偏差,如将任一基本偏差与任一标准公差组合,可以得到孔的公差带有

$$20\times27+3(J6、J7、J8)=543(种)$$

轴的公差带有

$$20\times27+4(j5、j6、j7、j8)=544(种)$$

对于公称尺寸为500 ~ 3 150 mm 的孔和轴,按照国家标准 GB/T 1800.1—2020 的规定,孔有242 种公差带,轴有252 种公差带。

在实际生产中,若这么多的公差带都使用将会使标准繁杂,也不利于简化生产,因为这必将导致定值刀具和量规规格繁多,所以也是不经济的。为结合实际生产以及生产技术发展的需要,国家标准 GB/T 1800.1—2020 规定了一般和优先选用的轴的公差带 50 种,如图 3.22 所示,图中方框内的 17 种为轴的优先选用公差带。同时也规定了一般和优先选用孔的公差带45 种,如图 3.23 所示,图中方框内的 17 种为孔的优先选用公差带。

对于公称尺寸为500 ~ 3 150 mm 孔和轴,按国家标准 GB/T 1800.1—2020 的规定选用。国家标准 GB/T 1800.1—2020 规定了常用的轴的公差带41 种,如图 3.24 所示;同时也规定了常用的孔的公差带31 种,如图 3.25 所示。

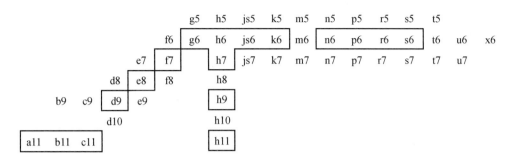

图 3.22　一般和优先选用的轴的公差带（摘自 GB/T 1800.1—2020）

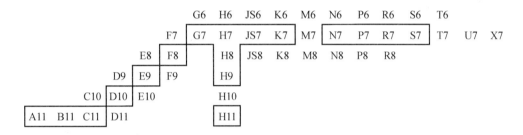

图 3.23　一般和优先选用孔的公差带（摘自 GB/T 1800.1—2020）

			g6	h6	js6	k6	m6	n6	p6	r6	s6	t6	u6
		f7	g7	h7	js7	k7	m7	n7	p7	r7	s7	t7	u7
d8	e8	f8		h8	js8								
d9	e9	f9		h9	js9								
d10				h10	js10								
d11				h11	js11								
				h12	js12								

图 3.24　公称尺寸为 500～3 150 mm 的常用的轴的公差带（摘自 GB/T 1800.1—2020）

			G6	H6	JS6	K6	M6	N6
		F7	G7	H7	JS7	K7	M7	N7
D8	E8	F8		H8	JS8			
D9	E9	F9		H9	JS9			
D10				H10	JS10			
D11				H11	JS11			
				H12	JS12			

图 3.25　公称尺寸为 500～3 150 mm 的常用的孔的公差带（摘自 GB/T 1800.1—2020）

由图 3.24、图 3.25 中可以看出,标准规定的公差带集中在 IT6～IT12 级范围内,这是因为相对于常用尺寸来讲,大尺寸零件的加工和测量都要困难得多,特别是测量就更加困难,同时测量外径要比测量内径困难。

对于公称尺寸≤18 mm 的孔和轴,除按国家标准 GB/T 1800.1—2020 的规定选用外,也可参考国家标准 GB/T 1803—2003 的规定进行选用。其中规定了常用的轴的公差带

169 种,如图 3.26 所示;同时也规定了常用的孔的公差带 154 种,如图 3.27 所示。

```
                              h1        js1
                              h2        js2
                  ef3 f3 fg3 g3 h3      js3 k3 m3 n3 p3 r3
                  ef4 f4 fg4 g4 h4      js4 k4 m4 n4 p4 r4 s4
       c5 cd5 d5 e5 ef5 f5 fg5 g5 h5 j5 js5 k5 m5 n5 p5 r5 s5 v5 x5 z5
       c6 cd6 d6 e6 ef6 f6 fg6 g6 h6 j6 js6 k6 m6 n6 p6 r6 s6 v6 x6 z6 za6
       c7 cd7 d7 e7 ef7 f7 fg7 g7 h7 j7 js7 k7 m7 n7 p7 r7 s7 v7 x7 z7 za7 zb7 zc7
    b8 c8 cd8 d8 e8 ef8 f8 fg8 g8 h8 j8 js8 k8 m8 n8 p8 r8 s8 v8 x8 z8 za8 zb8 zc8
 a9 b9 c9 cd9 d9 e9 ef9 f9 fg9 g9 h9 j9 js9 k9 m9 n9 p9 r9 s9 v9 x9 z9 za9 zb9 zc9
 a10 b10 c10cd10d10 e10 ef10 f10       h10 j10 js10 k10
 a11 b11 c11      d11                  h11     js11
 a12 b12 c12                          h12     js12
 a13 b13 c13                          h13     js13
```

图 3.26 公称尺寸≤18 mm 的常用的轴的公差带(摘自 GB/T 1803—2003)

```
                              H1        JS1
                              H2        JS2
                  EF3 F3 FG3 g3 H3      JS3 K3 M3 N3 P3 R3
                  EF4 F4 FG4 G4 H4      JS4 K4 M4 N4 P4 R4 S4
       C5 CD5 D5 E5 EF5 F5 FG5 G5 H5 J5 JS5 K5 M5 N5 P5 R5 S5 V5 X5 Z5
       C6 CD6 D6 E6 EF6 F6 FG6 G6 H6 J6 JS6 K6 M6 N6 P6 R6 S6 V6 X6 Z6 ZA6
       C7 CD7 D7 E7 EF7 F7 FG7 G7 H7 J7 JS7 K7 M7 N7 P7 R7 S7 V7 X7 Z7 ZA7 ZB7 ZC7
    B8 C8 CD8 D8 E8 EF8 F8 FG8 G8 H8 J8 JS8 K8 M8 N8 P8 R8 S8 V8 X8 Z8 ZA8 ZB8 ZC8
 A9 B9 C9 CD9 D9 E9 EF9 F9 FG9 G9 H9 J9 JS9 K9 M9 N9 P9 R9 S9 V9 X9 Z9 ZA9 ZB9 ZC9
 A10 B10 C10CD10D10 E10EF10F10         H10 J10 JS10 K10
 A11 B11 C11      D11                  H11     JS11
 A12 B12 C12                          H12     JS12
 A13 B13 C13                          H13     JS13
```

图 3.27 公称尺寸≤18 mm 的常用的孔的公差带(摘自 GB/T 1803—2003)

3.2.5 ISO 配合制
(ISO Fit System)

1. 配合的标注(写规则)(Designation of fits(writing rules))

相配要素间的配合由相同的公称尺寸、孔的公差带代号和轴的公差带代号三种元素标示。例如,$52H7/g6$Ⓔ或 $52\dfrac{H7}{g6}$Ⓔ。

2. 一般和优先配合(General and preferred fit)

国家标准 GB/T 1800.1—2020 依据通常的工程目的,给出了可满足工程需要的基孔制一般配合 45 种,其中优先配合 16 种,见表 3.12。

表 3.12　基孔制一般和优先配合(摘自 GB/T 1800.1—2020)

基准孔	轴公差带代号														
	间隙配合						过渡配合				过盈配合					
H6					g5	h5	js5	k5	m5		n5	p5				
H7				f6	g6	h6	js6	k6	m6	n6		p6	r6	s6	t6	u6	x6
H8			e7	f7		g7	js7	k7	m7					s7		u7
		d8	e8	f8		h8										
H9		d8	e8	f8		h8										
H10	b9	c9	d9	e9		h9										
H11	b11	c11	d10			h10										

注:框格内为优先配合。

同时,也给出了基轴制一般配合 38 种,其中优先配合 18 种,见表 3.13。

表 3.13　基轴制一般和优先配合(摘自 GB/T 1800.1—2020)

基准轴	孔公差带代号														
	间隙配合						过渡配合			过盈配合						
h5					G6	H6	JS6	K6	M6		N6	P6				
h6				F7	G7	H7	JS7	K7	M7	N7		P7	R7	S7	T7	U7	X7
h7			E8	F8		H8										
h8		D9	E9	F9		H9										
			E8	F8		H8										
h9		D9	E9	F9		H9										
	B11	C10	D10			H10										

注:框格内为优先配合。

3. 标准公差与基本偏差应用举例(Application examples of standard tolerance and fundamental deviation)

【例 3.3】　查表确定 $\phi30H8/f7$、$\phi30F8/h7$ 孔与轴的极限偏差,计算这两个配合的极限间隙(或过盈),绘制出公差带图。

解　(1)查表确定孔和轴的标准公差数值。

公称尺寸 $\phi30$ 属于 18~30 尺寸段,由表 3.4 查得 IT7 = 21 μm,IT8 = 33 μm。

(2)查表确定孔和轴的基本偏差数值。

由表 3.6 查得 f 的基本偏差为上极限偏差 es = −20 μm,h 的基本偏差为上极限偏差 es = 0 μm。

由表 3.8 查得 H 的基本偏差为下极限偏差 EI = 0 μm,F 的基本偏差为下极限偏差 EI = +20 μm。

(3)计算孔和轴的另一个极限偏差。

f7 轴的另一个极限偏差为下极限偏差 ei,ei = es−IT7 = −20−21 = −41(μm)

h7 轴的另一个极限偏差为下极限偏差 ei，ei=es–IT7=0–21=–21（μm）

H8 孔的另一个极限偏差为上极限偏差 ES，ES=EI+IT8=0+33=+33（μm）

F8 孔的另一个极限偏差为上极限偏差 ES，ES=EI+IT8=+20++33=+53（μm）

（4）极限与配合的表示。

$$\phi30\ \frac{H8}{f7}\ 或\ \phi30\ \frac{H8\binom{+0.033}{0}}{f7\binom{-0.020}{-0.041}}，\phi30\ \frac{F8}{h7}\ 或\ \phi30\ \frac{F8\binom{+0.053}{+0.020}}{h7\binom{0}{-0.021}}$$

也可写成

$\phi30H8/f7$ 或 $\phi30H8\binom{+0.033}{0}/f7\binom{-0.020}{-0.041}$，$\phi30F8/h7$ 或 $\phi30F8\binom{+0.053}{+0.020}/h7\binom{0}{-0.021}$

（5）计算极限间隙（或过盈）。

对于 $\phi30\ \dfrac{H8\binom{+0.033}{0}}{f7\binom{-0.020}{-0.041}}$，

$$X_{min}=EI-es=0-(-20)=+20（μm）$$
$$X_{max}=ES-ei=+33-(-41)=+74（μm）$$

对于 $\phi30\ \dfrac{F8\binom{+0.053}{+0.020}}{h7\binom{0}{-0.021}}$，

$$X_{min}=EI-es=+0.020-0=+20（μm）$$
$$X_{max}=ES-ei=+53-(-21)=+74（μm）$$

可见，$\phi30H8/f7$ 与 $\phi30F8/h7$ 的配合性质相同。

（6）绘制公差带图。

两个配合的公差带图如图 3.28 所示。

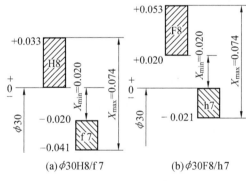

图 3.28　例 3.3 公差带图

【例 3.4】　查表确定 $\phi26H7/p6$、$\phi26P7/h6$ 孔与轴的极限偏差，计算这两个配合的极限间隙（或过盈），绘制出公差带图。

解　（1）查表确定孔和轴的标准公差数值。

公称尺寸 $\phi26$ 属于 18~30 尺寸段，由表 3.4 查得 IT7=21 μm，IT6=13 μm。

（2）查表确定孔和轴的基本偏差数值。

由表 3.7 查得 p 的基本偏差为下极限偏差 ei=+22 μm，h 的基本偏差为上极限偏差 es=0 μm。

由表 3.8 查得 H 的基本偏差为下极限偏差 EI=0 μm，P 的基本偏差为上极限偏差

$ES = -14\ \mu m$,在进行 P 的基本偏差查找时应注意 Δ 的应用。

(3)计算孔和轴的另一个极限偏差。

p6 轴的另一个极限偏差为上极限偏差 es,$es = ei + IT6 = +22 + 13 = +35(\mu m)$

h6 轴的另一个极限偏差为下极限偏差 ei,$ei = es - IT6 = 0 - 13 = -13(\mu m)$

H7 孔的另一个极限偏差为上极限偏差 ES,$ES = EI + IT7 = 0 + 21 = +21(\mu m)$

P7 孔的另一个极限偏差为下极限偏差 EI,$EI = ES + IT7 = -14 - 21 = -35(\mu m)$

(4)极限与配合的表示。

$$\phi 26\ \frac{H7}{p6}\ 或\ \phi 26\ \frac{H7\binom{+0.021}{0}}{p6\binom{+0.035}{+0.022}},\phi 26\ \frac{P7}{h6}\ 或\ \phi 26\ \frac{P7\binom{-0.014}{-0.035}}{h6\binom{0}{-0.013}}$$

也可写成

$\phi 26H7/p6$ 或 $\phi 26H7\binom{+0.021}{0}$,$p6\binom{+0.035}{+0.022}$ $\phi 26P7/h6$ 或 $\phi 26P7\binom{-0.014}{-0.035}/h6\binom{0}{-0.013}$

(5)计算极限间隙(或过盈)。

对于 $\phi 26\ \dfrac{H7\binom{+0.021}{0}}{p6\binom{+0.035}{+0.022}}$

$$Y_{\min} = ES - ei = +21 - (+22) = -1(\mu m)$$
$$Y_{\max} = EI - es = 0 - (+35) = -35(\mu m)$$

对于 $\phi 26\ \dfrac{P7\binom{-0.014}{-0.035}}{h6\binom{0}{-0.013}}$

$$Y_{\min} = ES - ei = -14 - (-13) = -1(\mu m)$$
$$Y_{\max} = EI - es = -35 - 0 = -35(\mu m)$$

可见,$\phi 26H7/p6$ 与 $\phi 26P7/h6$ 的配合性质相同。

(6)绘制公差带图。

两个配合的公差带图如图 3.29 所示。

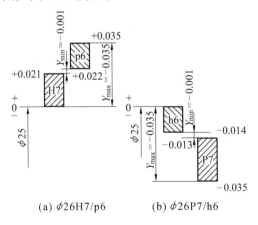

(a) $\phi 26H7/p6$ (b) $\phi 26P7/h6$

图 3.29 例 3.4 公差带图

3.3　公差、偏差和配合的选用
(Selection of Tolerances Deviations and Fits)

公差、偏差和配合的选用是机械设计与制造中非常重要的一个环节。它对提高产品的性能、质量以及降低成本都有非常重要的影响。要正确地选择公差、偏差和配合,既要深入地掌握相关国家标准,又要对产品的技术要求、工作条件以及生产制造条件进行全面的分析,同时还要通过生产实践和科学实验不断积累经验,这样才能逐步提高工作能力。

公差、偏差和配合的选用实质上是在公称尺寸已经确定的情况下所进行的机械产品和零件的尺寸精度设计,其内容包括选择配合制、公差等级和配合种类三个方面。选择的基本原则是经济地满足使用性能要求,并获得最佳技术经济效益。满足使用性能要求是第一位,这是产品质量的保证,在满足产品使用性能要求的基础上,充分考虑生产、使用、维护过程的经济性。

3.3.1　配合制的选用
(Selection of Fit System)

配合制有基轴制和基孔制两种,由于同名配合的基轴制和基孔制的配合性质相同,因此配合制的选择和使用要求无关。在选择配合制时,应主要从零件的结构、工艺性和经济性等几方面综合分析考虑。

1. 一般情况下,优先选用基孔制(Under normal circumstances,preferred plan is hole-basis system of fits)

优先选用基孔制,这主要是从工艺性和经济性方面来考虑的。

孔通常用定值刀具(如钻头、铰刀和拉刀等)加工,用极限量规(塞规)检验,当孔的公称尺寸和公差等级相同而基本偏差改变时,就需更换刀具、量具,而一种规格的磨轮或车刀,可以加工不同基本偏差的轴,轴还可以用通用量具进行测量。所以,为了减少定值刀具、量具的规格和数量,利于生产,提高经济性,应优先选用基孔制。

2. 下列情况下,应选用基轴制(Shaft-basis system of fits should be applied for following circumstances)

下列特殊情况下选用基轴制,也主要是从零件的工艺性和经济性方面来考虑的。

(1)当在机械设计与制造中采用具有一定公差等级的冷拉钢材(标准公差等级为IT8级),其外径不经切削加工即能满足使用要求时,应选择基轴制,再按配合要求选用适当的孔公差带加工孔即可,这在技术上、经济上都是合理的。

(2)由于结构上的特点,宜采用基轴制。例如,图3.30(a)所示的发动机的活塞销轴与连杆铜套孔和活塞孔之间的配合,根据工作要求,活塞销轴与活塞孔应为过渡配合,而活塞销与连杆之间由于有相对运动应为间隙配合。若采用基孔制配合,如图3.30(b)所示,销轴将做成阶梯状,这样既不便于加工,又不利于装配。若采用基轴制,如图3.30(c)所示,销轴做成光轴,则既方便加工,又利于装配。

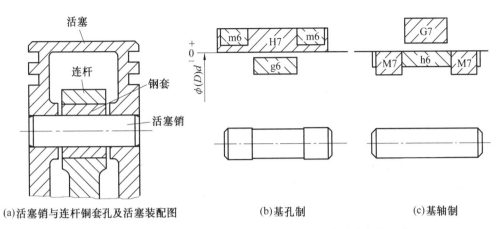

(a)活塞销与连杆铜套孔及活塞装配图　　　(b)基孔制　　　(c)基轴制

图 3.30　发动机的活塞销与连杆铜套孔和活塞孔之间的配合

(3)加工尺寸小于 1 mm 的精密轴比加工相同标准公差等级的孔要困难,因此在仪器制造、钟表生产及无线电工程中,常使用经过光轧成形的钢丝直接做轴,这种情况采用基轴制比较经济。

3. 与标准件配合时,应以标准件为基准件来确定配合制(Fit system should be determined based on the standard part when combined with the standard part)

标准件通常由专业工厂大量生产,在制造时其配合部位的配合制已确定,所以与其配合的轴和孔一定要服从标准件既定的配合制。例如,如图 3.31 所示,与滚动轴承内圈相配合的轴应选用基孔制,而与滚动轴承外圈相配合的箱体孔应选用基轴制。

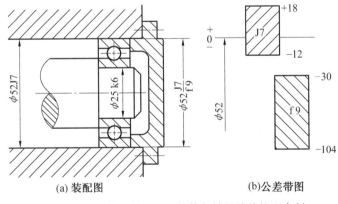

(a) 装配图　　　(b)公差带图

图 3.31　轴、箱体与轴承以及箱体与轴承端盖的配合制

4. 在某些特殊情况下,可采用非配合制(Non-fit system can be considered for other special circumstances)

非配合制是指采用不包含基本偏差 H、h 的任一孔、轴公差带组成的配合。例如,如图 3.31 所示,箱体孔同时与滚动轴承外圈和端盖的配合,滚动轴承是标准件,它与箱体孔的配合应为基轴制过渡配合,选箱体孔公差带为 φ52J7。而箱体孔与轴承端盖的配合应为较低精度的间隙配合,箱体孔公差带已定为 J7,现在只能对端盖选定一个位于 J7 下方的公差带,形成所要求的间隙配合。考虑到轴承端盖的性能要求和加工的经济性,采用 f9

的公差带,最后确定端盖与箱体孔之间的配合为 $\phi52J7/f9$。

3.3.2　公差等级的选用
(Selection of Standard Tolerance Grades)

公差等级的选用就是为了解决机械零部件的使用要求与加工工艺之间的矛盾,即确定机械零部件尺寸的制造精度。由于机械零部件尺寸的制造精度与加工的难易程度、加工的成本以及零部件的工作质量有关,所以在选择公差等级时,要正确处理使用要求、加工工艺及成本之间的关系。公差和加工成本之间的关系如图 3.32 所示,从图 3.32 中可以看出,在高精度区,加工精度稍有提高,加工成本急剧上升,所以,高的公差等级的选用要特别谨慎。

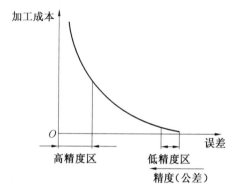

图 3.32　公差与加工成本之间的关系

选择公差等级的基本原则是:在满足使用要求的前提下,应尽量选择低的公差等级,以便取得较好的经济效益,这是很重要的,但是准确合理地选定公差等级却十分困难。公差等级过低,就不能满足使用性能要求,不能保证产品质量;公差等级过高,生产成本将成倍增加,又不符合经济性要求。因此,应综合考虑各方面的因素,才能正确合理地确定公差等级。

由于目前机械零部件尺寸的精度设计尚处于以经验设计为主的阶段,故一般公差等级的选用主要采用类比法,也就是参考从生产实践中总结出来的经验资料,进行比较选用。

对于某些特别重要的配合,在有条件根据相应的因素确定所需的公差等级时,可以用计算法来确定孔、轴的公差等级。

在选择公差等级时,应考虑以下几个方面:

(1)在公称尺寸≤500 mm 范围内,对于较高精度等级的配合(间隙和过渡配合中,孔的标准公差等级≤IT8 级;过盈配合中,孔的标准公差等级≤IT7 级),由于孔比轴加工困难,国家标准 GB/T 1800.1—2020 推荐选用孔比轴低一级配合。但当孔的标准公差等级>IT8 级或公称尺寸>500 mm 时,国家标准 GB/T 1800.1—2020 推荐选用相同的标准公差等级。

(2)各种加工方法所能达到的合理标准公差等级见表 3.14,供选用标准公差等级时参考。

表 3.14　各种加工方法所能达到的合理标准公差等级

加工方法	公差等级（IT）																	
	01	0	1	2	3	4	5	6	7	8	9	10	11	12	13	14	15	16
研磨	▬	▬	▬	▬	▬	▬	▬											
珩						▬	▬	▬	▬									
圆磨							▬	▬	▬	▬								
平磨							▬	▬	▬	▬								
金刚石车							▬	▬	▬	▬								
金刚石镗							▬	▬	▬	▬								
拉削							▬	▬	▬	▬								
铰孔								▬	▬	▬	▬							
车									▬	▬	▬	▬						
镗									▬	▬	▬	▬						
铣										▬	▬	▬	▬					
刨、插												▬	▬					
钻孔												▬	▬	▬	▬			
滚压、挤压												▬	▬					
冲压												▬	▬	▬	▬	▬		
压铸													▬	▬	▬	▬		
粉末冶金成型								▬	▬	▬								
粉末冶金烧结									▬	▬	▬							
砂型铸造、气割																▬	▬	▬
锻造																	▬	▬

（3）各标准公差等级的应用范围见表 3.15，供选用标准公差等级时参考。

表 3.15　各标准公差等级的应用范围

公差等级	应用范围及举例
IT01	用于特别精密的尺寸传递基准,例如特别精密的标准量块
IT0	用于特别精密的尺寸传递基准及宇航中特别重要的精密配合尺寸。例如,特别精密的标准量块,个别特别重要的精密机械零件尺寸,校对检验 IT6 级轴用量规的校对量规
IT1	用于精密的尺寸传递基准、高精密测量工具以及特别重要的极个别精密配合尺寸。例如,高精密标准量规,校对检验 IT7～IT9 级轴用量规的校对量规,个别特别重要的精密机械零件尺寸
IT2	用于高精密的测量工具及特别重要的精密配合尺寸。例如,检验 IT6～IT7 级工件用量规的尺寸制造公差,校对检验 IT8～IT11 级轴用量规的校对量规,个别特别重要的精密机械零件尺寸
IT3	用于精密测量工具、小尺寸零件的高精度的精密配合,以及和 4 级滚动轴承配合的轴径与外壳孔径。例如,检验 IT8～IT11 级工件用量规和校对检验 IT9～IT13 级轴用量规的校对量规,与特别精密的 4 级滚动轴承内圆直径(直径≥100 mm)相配的机床主轴,精密机械和高速机械的轴颈,与 4 级深沟球轴承外圈直径相配合的壳体孔径,航空及航海工业中导航仪器上特别精密的个别小尺寸零件的精密配合
IT4	用于精密测量工具,高精度的精密配合和与 4 级、5 级滚动轴承配合的轴径和外壳孔径。例如,检验 IT9～IT12 级工件用量规和校对 IT12～IT14 级轴用量规的校对量规,与 4 级轴承内径(直径>100 mm)及与 5 级轴承内径相配的机床主轴,精密机械和高速机械的轴颈,与 4 级轴承相配的机床外壳孔,柴油机活塞销及活塞销座孔径,高精度(1 级～4 级)齿轮的基准孔或轴径,航空及航海工业用仪器的特别精密的孔径
IT5	用于配合公差要求很小、形状公差要求很高的条件下,这类公差等级能使配合性质比较稳定,用于机床、发动机和仪表中特别重要的配合尺寸,一般机械中应用较少。例如,检验 IT11～IT14 级工件用量规和校对 IT14～IT15 级轴用量规的校对量规,与 5 级滚动轴承相配的机床箱体孔,与 4 级滚动轴承孔相配的机床主轴,精密机械及高速机械的轴颈,机床尾架套筒,高精度分度盘轴颈,分度头主轴,精密丝杠基准轴颈,高精度镗套的外径等;发动机中主轴仪表中精密孔的配合,5 级精度齿轮的基准孔及 5 级、6 级精度齿轮的基准轴
IT6	配合表面有较高均匀性的要求,能保证相当高的配合性质,使用稳定可靠,广泛地应用于机械中的重要配合。例如,检验 IT12～IT15 级工件用量规和校对 IT15～IT16 级轴用量规的校对量规;与 4 级轴承相配的外壳孔及与滚子轴承相配的机床主轴轴颈,机床制造中装配式青铜蜗轮的轮毂外径,安装齿轮、蜗轮、联轴器、带轮和凸轮的轴颈;机床丝杠支承轴颈、矩形花键的定义直径及摇臂钻床的立柱等;机床夹具的导向件的外径尺寸,精密仪器中的精密轴,航空及航海仪表中的精密轴,自动化仪表和手表中特别重要的轴,发动机中气缸套外径,曲轴主轴颈、活塞销、连杆衬套、连杆和轴瓦外径;6 级精度齿轮的基准孔和 7 级、8 级精度齿轮的基准轴颈,特别精密如 1 级或 2 级精度齿轮的顶圆直径
IT7	在一般机械中广泛应用,应用条件与 IT6 级相似,但精度稍低。例如,检验 IT14～IT16 级工件用量规和校对 IT16 级轴用量规的校对量规;机床中装配式青铜蜗轮轮缘孔径,发动机中连杆孔、活塞孔,铰制螺柱定位孔;纺织机械中的重要零件,印染机械中要求较高的零件,精密仪表中精密配合的内孔,计算机、电子仪器、仪表中重要内径,自动化仪表中重要内径,7 级、8 级精度齿轮的基准孔和 9 级、10 级精密齿轮的基准轴

续表3.15

公差等级	应用范围及举例
IT8	在机械制造中属于中等精度,在仪器、仪表及钟表制造中,由于公称尺寸较小,所以属于较高精度范围,在农业机械、纺织机械、印染机械、自行车、缝纫机和医疗器械中应用最广。例如,检验 IT16 级工件用量规,轴承座衬套沿宽度方向的尺寸配合,手表中跨齿轴、棘爪拨针轮等与夹板的配合,无线电仪表中的一般配合
IT9	应用条件与 IT8 级相类似,但精度低于 IT8 级时采用。例如,机床中轴套外径与孔、操纵件与轴、空转带轮与轴以及操纵系统的轴与轴承等的配合,纺织机械、印染机械中一般配合零件,发动机中机油泵体内孔、气门导管内孔、孔轮与飞轮套的配合,自动化仪表中的一般配合尺寸,手表中要求较高零件的未注公差的尺寸,单键联接中键宽配合尺寸,打字机中运动件的配合尺寸
IT10	应用条件与 IT9 级相类似,但要求精度低于 IT9 级时采用。例如,电子仪器、仪表中支架上的配合,导航仪器中绝缘衬套孔与集电环衬套轴,打字机中铸合件的配合尺寸,手表中公称尺寸<18 mm 时要求一般的未注公差的尺寸及>18 mm 要求较高的未注公差尺寸,发动机中油封挡圈孔与曲轴带轮毂配合的尺寸

（4）相配零件或部件的精度要匹配。例如,与滚动轴承相配合的轴和孔的公差等级与轴承的精度有关,如图 3.31 所示；与齿轮相配合的轴的标准公差等级直接受齿轮的精度影响。

（5）过盈、过渡配合的公差等级不能太低,一般孔的标准公差等级要高于或等于 IT8 级,轴的标准公差等级要高于或等于 IT7 级。间隙配合则不受此限制,但间隙小的配合标准公差等级应较高,而间隙大的标准公差等级可以低些,例如,可以选用 H6/g5 和 H11/a11,而选用 H11/g11 和 H6/a5 则不合适。

（6）在非配合制的配合中,有的零件精度要求不高,可与相配合零件的标准公差等级差 2~3 级。

3.3.3 配合的选用
（Selection of Fits）

选择配合的目的是合理确定结合件——孔与轴工作中的状态,也就是合理确定孔与轴的配合性质,以保证机械产品在正常工作条件下具有良好的性能、质量和使用寿命。配合性质主要取决于基本偏差,同时也与标准公差等级及公称尺寸有关。所以,在配合制和标准公差等级确定后,选择配合实质上就是非基准件的基本偏差选用。

1. 确定配合性质（Selection of the type of fits）

配合性质应根据机械产品零部件的具体使用要求来确定。例如,孔与轴有相对运动要求时,必须选择间隙配合；当孔与轴没有相对运动时,应根据具体工作条件的不同确定选用过盈、过渡还是间隙配合。在配合性质确定后,首先应尽可能地选用优先公差带及优先配合,其次是选用常用公差带及常用配合,再次是一般用途的公差带。只有在一般公差带也不能满足要求时,才允许按标准公差和基本偏差组成任意公差带及配合。

表 3.16 给出了确定配合性质的一般方法,可供确定配合性质时参考。

表 3.16　确定配合性质的一般方法

无相对运动	需传递转矩	精度定心	不可拆卸	过盈配合
			可拆卸	过渡配合或基本偏差为 H(h)的间隙配合加键或销紧固件
		不需精确定心		间隙配合加键或销紧固件
	不需传递转矩			过渡配合或过盈量较小的过盈配合
有相对运动	缓慢转动或移动			基本偏差为 H(h)、G(g)等间隙配合
	转动、移动或复合运动			基本偏差为 A～F(a～f)等间隙配合

2. 选用配合的方法(Method of choosing fits)

配合的选用方法有计算法、试验法和类比法三种。

(1)计算法(Calculation method)。

计算法就是根据一定的理论和公式,计算出所需的间隙或过盈,根据计算结果,对照国家标准 GB/T 1800.1—2020 选择合适的配合方法。例如,对于间隙配合中的滑动轴承,可以用流体润滑理论来计算保证滑动轴承处于液体摩擦状态所需的间隙;对于依靠过盈来传递运动和负载的过盈配合,可以按弹塑性变形理论,计算出能保证传递一定负载所需的最小过盈和不使零件破损的最大过盈。由于影响配合间隙量和过盈量的因素很多,理论的计算往往也只是近似的,所以,在实际应用中还需经过试验来确定。一般情况下,很少使用计算法。

(2)试验法(Test method)。

试验法就是对选定的配合进行多次试验,根据试验结果,对照国家标准 GB/T 1800.1—2020 找到最合理的间隙或过盈,从而确定配合的一种方法。对产品性能影响大而又缺乏经验的一些配合,往往采用试验法来确定产品最佳工作性能的间隙或过盈。试验法需要进行大量试验,结果比较可靠,但周期长、成本较高,所以应用也较少。

(3)类比法(Analogy method)。

类比法就是参考现有同类机器或类似结构中经生产实践验证的配合的实际情况,再结合所设计产品的使用要求和应用条件来确定配合的一种方法,该方法应用最广。

应用类比法选择配合,首先必须分析产品的功能、工作条件和技术要求,进而研究结合件的工作条件及使用要求,还要掌握各种配合的特征和应用场合,特别是对国家标准所规定的常用与优先配合要更加熟悉。表 3.17 给出了各种基本偏差的特征及应用,表3.18给出了公称尺寸≤500 mm基孔制常用和优先配合的特征及应用,供选择配合时参考。

表 3.17 各种基本偏差的特征及应用

配合类别	基本偏差	配合特性及应用
间隙配合	a、b (A、B)	可得到特别大的间隙,应用很少
间隙配合	c (C)	可得到很大的间隙,一般用于缓慢、松弛的可动配合,用于工作条件较差(如农业机械)、受力变形,或为了便于装配而必须保证有较大的间隙。推荐优先配合为 H11/c11。较高等级的配合,例如,H8/c7 适用于轴在高温工作的紧密滑动配合,如内燃机排气阀导管配合
间隙配合	d (D)	一般用于 IT7～IT11 级。适用于松的传动配合,如密封盖、滑轮及空转皮带轮等与轴的配合,也适用大直径滑动轴承配合,例如透平机、球磨机、轧滚成型和重型弯曲机及其他重型机械中的一些滑动支承配合
间隙配合	e (E)	多用于 IT7～IT9 级。通常适用于要求有明显间隙,易于转动的支承用的配合,如大跨距支承、多支点支承等配合。高等级的 e 适用于大的、高速、重载支承,如涡轮发电机、大电动机的支承,也适用于内燃机主要轴承、凸轮轴支承及摇臂支承等配合
间隙配合	f (F)	多用于 IT6～IT8 级的一般转动配合。当温度影响不大时,被广泛用于普通的润滑油(或润滑脂)润滑的支承,如齿轮箱、小电动机和泵等的转轴与滑动支承的配合
间隙配合	g (G)	多用于 IT5～IT7 级。配合间隙很小,制造成本高,除负荷很轻的精密装置外,不推荐用于转动配合。最适合不回转的精密滑动配合,也用于插销等定位配合。如精密连杆轴承、活塞及滑阀和连杆销等
间隙配合	h (H)	多用于 IT4～IT11 级。广泛用于无相对转动的零件,作为一般的定位配合。若没有温度、变形影响,也用于精密滑动配合
过渡配合	js (JS)	为完全对称偏差$\left(\pm\dfrac{\mathrm{IT}n}{2}\right)$,平均起来稍有间隙的配合,多用于 IT4～IT7 级,要求间隙比 h 轴配合时小,并允许略有过盈的定位配合,如联轴节。要用手或木槌装配
过渡配合	k (K)	平均起来是没有间隙的配合,适用于 IT4～IT7 级。推荐用于要求稍有过盈的定位配合,如为了消除振动用的定位配合。一般用木槌装配
过渡配合	m (M)	平均起来具有不大过盈的过渡配合,适用于 IT4～IT7 级。用于精度较高的定位配合。一般可用木槌装配,但在最大过盈时,要求相当的压入力
过渡配合	n (N)	平均过盈比较大的配合,很少得到间隙,适用于 IT4～IT7 级。用槌或压力机装配。通常推荐用于紧密的组件配合。H6 和 n5 配合时为过盈配合
过盈配合	p (P)	与 H6 或 H7 孔配合时是过盈配合,而与 H8 孔配合时则为过渡配合;对非铁类零件,为较小的过盈配合,当需要时易于拆卸;对钢、铸铁或铜、钢组件装配是标准的过盈配合
过盈配合	r (R)	对铁类零件为中等过盈配合;对非铁类零件为较轻过盈配合,当需要时可以拆卸;与 H8 孔配合,直径在 100 mm 以上时为过盈配合,直径小为过渡配合
过盈配合	s (S)	用于钢和铁制零件的永久性和半永久性装配,可产生相当大的结合力。当用弹性材料,如轻合金时,配合性质与铁类零件的 p 轴相当。例如套环压装在轴上、阀座等配合。尺寸较大时,为避免损伤配合表面,需用热胀冷缩法装配
过盈配合	t (T)	是过盈量较大的配合,对于钢和铸铁件适于做永久性结合,不用键可传递扭矩,需用热胀冷缩法装配
过盈配合	u (U)	这种配合过盈量大,一般应经过验算在最大过盈时工件材料是否会损坏,需用热胀冷缩法装配。例如,火车轮毂与轴的配合
过盈配合	v、x (V、X) y、z (Y、Z)	这些基本偏差所组成的配合过盈量更大,目前使用的经验和资料还很少,须经试验后才应用。一般不推荐采用

表 3.18 公称尺寸≤500 mm 基孔制常用和优先配合的特征及应用

配合类别	配合特征	配合代号	应用
间隙配合	特大间隙	$\dfrac{H11}{a11}$ $\dfrac{H11}{b11}$ $\dfrac{H12}{b12}$	用于高温或工作时要求大间隙的配合
	很大间隙	$\left(\dfrac{H11}{c11}\right)$ $\dfrac{H11}{d11}$	用于工作条件较差、受力变形或为了便于装配而需要大间隙的配合和高温工作的配合
	较大间隙	$\dfrac{H9}{c9}$ $\dfrac{H10}{c10}$ $\dfrac{H8}{d8}\left(\dfrac{H9}{d9}\right)$ $\dfrac{H10}{d10}$ $\dfrac{H8}{e7}$ $\dfrac{H8}{e8}$ $\dfrac{H9}{e9}$	用于高速重载的滑动轴承或大直径的滑动轴承,也可用于大跨距或多支点支承的配合
	一般间隙	$\dfrac{H6}{f5}$ $\dfrac{H7}{f6}\left(\dfrac{H8}{f7}\right)$ $\dfrac{H8}{f8}$ $\dfrac{H9}{f9}$	用于一般转速的间隙配合,温度影响不大时,广泛应用于普通润滑油润滑的支承处
	较小间隙	$\left(\dfrac{H7}{g6}\right)$ $\dfrac{H8}{g7}$	用于精密滑动零件或缓慢间隙回转的零件的配合部位
	很小间隙和零间隙	$\dfrac{H6}{g5}$ $\dfrac{H6}{h5}\left(\dfrac{H7}{h6}\right)$ $\dfrac{H8}{h7}\left(\dfrac{H8}{h8}\right.$ $\dfrac{H9}{h9}\left)\dfrac{H10}{h10}\right.$ $\left(\dfrac{H11}{h11}\right)$ $\dfrac{H12}{h12}$	用于不同精度要求的一般定位件的配合和缓慢移动和摆动零件的配合
过渡配合	绝大部分有微小间隙	$\dfrac{H6}{js5}$ $\dfrac{H7}{js6}$ $\dfrac{H8}{js7}$	用于易于装拆的定位配合或加紧固件后可传递一定静载荷的配合
	大部分有微小间隙	$\dfrac{H6}{k5}\left(\dfrac{H7}{k6}\right)$ $\dfrac{H8}{k7}$	用于稍有振动的定位配合。加紧固件可传递一定载荷,装拆方便,可用木锤敲入
	大部分有微小过盈	$\dfrac{H6}{m5}$ $\dfrac{H7}{m6}$ $\dfrac{H8}{m7}$	用于定位精度较高且能抗震的定位配合。加键可传递较大载荷,可用铜锤敲入或小压力压入
	绝大部分有微小过盈	$\left(\dfrac{H7}{n6}\right)$ $\dfrac{H8}{n7}$	用于精确定位或紧密组合件的配合。加键能传递大力矩或冲击性载荷,只在大修时拆卸
	绝大部分有较小过盈	$\dfrac{H8}{p7}$	加键后能传递很大力矩,且承受振动和冲击的配合。装配后不再拆卸
过盈配合	轻型	$\dfrac{H6}{n5}$ $\dfrac{H6}{p5}\left(\dfrac{H7}{p6}\right)$ $\dfrac{H6}{r5}$ $\dfrac{H7}{r6}$ $\dfrac{H8}{r7}$	用于精确的定位配合,一般不能靠过盈传递力矩,要传递力矩尚需加紧固件
	中型	$\dfrac{H6}{s5}\left(\dfrac{H7}{s6}\right)$ $\dfrac{H8}{s7}$ $\dfrac{H6}{t5}$ $\dfrac{H7}{t6}$ $\dfrac{H8}{t7}$	不需加紧固件就可传递较小力矩和进给力,加紧固件后可承受较大载荷或动载荷的配合
	重型	$\left(\dfrac{H7}{u6}\right)$ $\dfrac{H8}{u7}$ $\dfrac{H7}{v6}$	不需加紧固件就可传递和承受大的力矩和动载荷的配合,要求零件材料有高强度
	特重型	$\dfrac{H7}{x6}$ $\dfrac{H7}{y6}$ $\dfrac{H7}{z6}$	能传递和承受很大力矩和动载荷的配合,须经试验后方可应用

注:①括号内的配合为优先配合。
　　②国家标准规定的 44 种基轴制配合的应用与本表中的同名配合相同。

在选择配合时,还应考虑以下一些因素:

(1)孔和轴的定心精度。

当相互配合的孔、轴定心精度要求高时,不宜用间隙配合,多用过渡配合,过盈配合也能保证定心精度,但过盈量不能过大,以避免造成装配困难。

（2）受载荷情况。

若载荷较大,对过盈配合过盈量要增大;对于间隙配合要减小间隙;对过渡配合要选用过盈概率大的过渡配合。

（3）拆装情况。

经常拆装的孔和轴的配合比不经常拆装的配合要松些,有时零件虽然不经常拆装,但受结构限制装配困难的配合,也要选松一些的配合。

（4）配合件的材料。

当配合件中有一件是铜或铝等塑性材料时,考虑到它们容易变形,选择配合时可适当增大过盈或减小间隙。

（5）装配变形。

装配变形主要针对的是一些薄壁零件的装配。如图 3.33 所示,套筒外表面与机座孔的配合为过盈配合（$\phi 80H7/u6$）,套筒内孔与轴的配合为间隙配合（$\phi 60H7/f6$）。当套筒压入机座孔后,套筒内孔会收缩,使内孔变小,因而无法满足 $\phi 60H7/f6$ 预定的间隙要求。在选择套筒内孔与轴的配合时,此变形量应给予考虑。具体办法有两个:一是将内孔做大些（例如,将孔按 $\phi 60G7$ 进行加工）,以补偿装配变形;二是用工艺措施来保证,将套筒压入机座孔后,再按 $\phi 60H7/f6$ 加工套筒内孔。

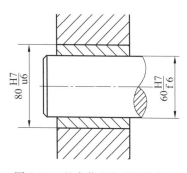

图 3.33　具有装配变形的结构

（6）配合件的结合长度和几何公差。

若零件上有配合要求的部位结合面较长,由于受到几何误差的影响,实际形成的配合比结合面短的配合要紧些,所以在选择配合时应适当减小过盈或增大间隙。

（7）工作温度。

当工作温度与装配温度相差较大时,要考虑到热变形的影响。

（8）生产类型。

在大批量生产时,加工后的尺寸通常按正态分布。但在单件小批生产时,所加工孔的尺寸多偏向下极限尺寸,所加工轴的尺寸多偏向上极限尺寸,即所谓的偏态分布,如图 3.34 所示。这样,对同一配合,单件小批生产比大批量生产从总体上看就显得紧一些。因此,在选择配合时,对同一使用要求,单件小批生产时采用的配合应比大批量生产时要松一些。例如,大批量生产时的配合为 $\phi 50H7/js6$,则在单件小批生产时应选择 $\phi 50H7/h6$。

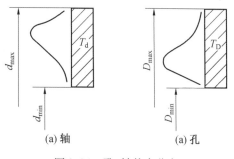

图 3.34　孔、轴偏态分布

在选择配合时,应根据结合件的工作条件,综合考虑以上各因素的影响,对配合的间隙或过盈的大小进行适当的调整,见表 3.19。

表 3.19　不同工作情况对过盈或间隙的影响趋势

具体情况	过盈增或减	间隙增或减
材料强度低	减	—
经常拆卸	减	—
有冲击载荷	增	减
工作时孔温高于轴温	增	减
工作时孔温低于轴温	减	增
配合长度增大	减	增
配合面几何误差增大	减	增
装配时可能歪斜	减	增
旋转速度增高	增	增
有轴向运动	—	增
润滑油黏度增大	—	增
表面趋向粗糙	增	减
单件生产相对于成批生产	减	增

3.3.4　公差、偏差和配合选用实例
（Example of Selection of Tolerances, Deviations and Fits）

如果两结合零件配合面间的过盈或间隙量给定,则可以通过计算和查表确定其配合。

【例 3.5】　有一孔、轴配合,公称尺寸为 $\phi40$ mm,要求配合的间隙在 0.022 ~ 0.066 mm之间。试确定此配合的孔、轴公差带和配合代号。

解　(1)选择配合制。

由于没有特殊要求,因此应优先选择基孔制配合。

(2)确定孔和轴的标准公差等级。

由给定条件可知,此孔、轴配合为间隙配合,其允许的配合公差为

$$T_f = |X_{max} - X_{min}| = |0.066 - 0.022| = 0.044(mm)$$

因为 $T_f = T_D + T_d = 0.044$ mm,假设孔、轴为同级配合,则

$$T_D + T_d = T_f/2 = 0.044/2 = 0.022(mm) = 22(\mu m)$$

由表 3.4 查得,22 μm 介于 IT6 = 16 μm 和 IT7 = 25 μm 之间,而在这个标准公差等级范围内的配合件,国家标准要求孔的标准公差等级要比轴的标准公差等级低一级,因此,取孔的标准公差等级为 IT7 级,轴的标准公差等级为 IT6 级,于是

$$T_D + T_d = 0.025 + 0.016 = 0.041(mm) \leqslant 0.044(mm) = T_f$$

(3)确定孔和轴的基本偏差代号。

由于采用的是基孔制配合,故孔的基本偏差代号为 H,其基本偏差 EI = 0。

孔的另一个极限偏差为

$$ES = EI + T_D = 0 + 0.025 = +0.025 \, (mm)$$

则孔为 $\phi 40H7 \left(^{+0.025}_{0} \right)$。

由于是间隙配合,因此,轴的基本偏差应该为上极限偏差 es。根据 $X_{min} = EI - es$,于是有

$$es = EI - X_{min} = 0 - (+0.022) = -0.022 \, (mm)$$

由表 3.6 查得,最接近于 -0.022 mm 的 es 所对应的基本偏差代号为 f,其基本偏差 es = -0.025 mm。

轴的另一个极限偏差为

$$ei = es - T_d = -0.025 - 0.016 = -0.041 \, (mm)$$

则轴为 $\phi 40f6 \left(^{-0.025}_{-0.041} \right)$。

(4)选择配合。

根据上述分析计算,选择的配合为

$$\phi 40 \frac{H7 \left(^{+0.025}_{0} \right)}{f6 \left(^{-0.025}_{-0.041} \right)}$$

查表 3.12 可知,$\dfrac{H7}{f6}$ 为一般配合。

(5)验算。

配合 $\phi 40H7 \left(^{+0.025}_{0} \right) / f6 \left(^{-0.025}_{-0.041} \right)$ 的极限间隙为

$$X_{min} = EI - es = 0 - (-0.025) = +0.025 \, (mm)$$
$$X_{max} = ES - ei = +0.025 - (-0.041) = +0.066 \, (mm)$$

因此,满足要求。

实际应用时,由于计算出的公差值和基本偏差值不一定与表中的数据刚好一致,应按照实际的精度要求,适当选取。

3.4 尺寸的检测
(Test of Sizes)

在各种几何量的测量中,尺寸的测量最基本的。因为在形状、位置和表面粗糙度等的测量中,其误差大都是以长度值来表示的。这些几何量的测量,虽然在方法、器具以及数据的处理方面各有特点,但实质上仍然是以尺寸测量为基础的。因此,许多通用性的尺寸测量器具并不只限于测量简单的尺寸,它们也常在几何误差等的测量中使用。

由于被测零件的形状、大小、精度要求和适用场合不同,采用的测量器具也不尽相同。对于大批量生产的车间,为了提高检测效率,多采用量规来检验,对于单件或小批量生产,则采用通用测量器具来测量。

3.4.1 用通用测量器具测量
（Measurement by Common Measuring Instrument）

1. 验收极限及其方式的选择（Selection of acceptance limit and its type）

通过测量可以测得零件的实际尺寸，但由于存在着各种测量误差，测量所得到的实际尺寸并非真实尺寸。在实际生产过程中，特别是在批量生产时，一般不可能采用多次测量取平均值的办法来减小随机误差以提高测量精度，也不会对温度、湿度等环境因素引起的测量误差进行修正，通常只进行一次测量来判断零件尺寸是否合格。因此，若根据实际尺寸是否超出极限尺寸来判断其合格性，则当测得值在零件的上、下极限尺寸附近时，就有可能将真实尺寸处于公差带之内的合格品判定为废品（称为误废），或将真实尺寸处于公差带之外的废品判定为合格品（称为误收）。虽然误废不会影响产品质量，但会提高产品生产成本，经济性差，而误收则会影响产品质量。

（1）验收极限（Acceptance limit）。

为了保证产品质量，国家标准《产品几何技术规范（GPS）　光滑工件尺寸的检验》（GB/T 3177—2009）对验收原则、验收极限和测量器具的选择等做出了规定，以确保验收合格的尺寸位于根据零件功能要求而确定的尺寸极限内。国家标准 GB/T 3177—2009 适用于生产车间使用的普通测量器具（例如，各种千分尺、游标卡尺、比较仪、投影仪等），标准公差等级为 IT6 ~ IT8 级、公称尺寸 ≤500 mm 的光滑零件尺寸的检验，也适用于对一般公差尺寸的检验。

国家标准 GB/T 3177—2009 规定的验收原则是：所用验收方法应只接收位于规定的尺寸极限之内的零件，即允许有误废而不允许有误收。为了保证这个验收原则的实现，保证零件既满足互换性要求，又将误废减至最小，国家标准 GB/T 3177—2009 规定了验收极限。

验收极限是指检验零件尺寸时判断其尺寸合格与否的尺寸界限。国家标准 GB/T 3177—2009 给出了两种确定验收极限的方式，应用时选取其中之一。

①方式一：内缩的验收极限。

内缩的验收极限是从规定的最大实体尺寸（MMS）和最小实体尺寸（LMS）分别向零件公差带内移动一个安全裕度（A）来确定，如图 3.35 所示。所计算出的两个极限值为零件的验收极限（上验收极限和下验收极限），其计算式如下：

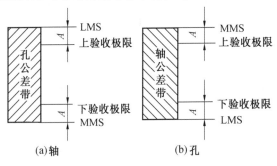

(a)轴　　　　　　　　　(b)孔

图 3.35　内缩的验收极限

孔尺寸的验收极限：

$$\begin{cases} 上验收极限＝最小实体尺寸（LMS）－安全裕度（A） \\ 下验收极限＝最大实体尺寸（MMS）＋安全裕度（A） \end{cases} \quad (3.16)$$

轴尺寸的验收极限：

$$\begin{cases} 上验收极限＝最大实体尺寸（MMS）－安全裕度（A） \\ 下验收极限＝最小实体尺寸（LMS）＋安全裕度（A） \end{cases} \quad (3.17)$$

由于验收极限向零件的公差带内移动，为了保证验收时合格，在零件生产时就不能按原来的极限尺寸来加工了，而应该按验收极限所确定的尺寸范围生产，这个范围称为"生产公差"，即

$$生产公差＝|上验收极限－下验收极限| \quad (3.18)$$

A 值的大小直接影响产品质量和产品生产成本。若 A 值过大，易于保证产品质量，但由于占用了较多的零件公差，减少了留给零件的生产公差，加工成本增大，经济性差；若 A 值过小，不易于保证产品质量，但由于占用了较少的零件公差，增大了留给零件的生产公差，加工成本降低，经济性好。为此，国家标准 GB/T 3177—2009 规定 A 值按被测零件公差的大小来确定，一般取零件公差的 1/10，见表 3.20。

表 3.20　安全裕度（A）与测量器具的测量不确定度允许值（u_1）（摘自 GB/T 3177—2009）　　μm

公差等级		7					8					9					10				
公称尺寸/mm		T	A	u_1			T	A	u_1			T	A	u_1			T	A	u_1		
大于	至			Ⅰ	Ⅱ	Ⅲ			Ⅰ	Ⅱ	Ⅲ			Ⅰ	Ⅱ	Ⅲ			Ⅰ	Ⅱ	Ⅲ
0	3	10	1.0	0.9	1.5	2.3	14	1.4	1.3	2.1	3.2	25	2.5	2.3	3.8	5.6	40	4.0	3.6	6.0	9.0
3	6	12	1.2	1.1	1.8	2.7	18	1.8	1.6	2.7	4.1	30	3.0	2.7	4.5	6.8	48	4.8	4.3	7.2	11
6	10	15	1.5	1.4	2.3	3.4	22	2.2	2.0	3.3	5.0	36	3.6	3.3	5.4	8.1	58	5.8	5.2	8.7	13
10	18	18	1.8	1.7	2.7	4.1	27	2.7	2.4	4.1	6.1	43	4.3	3.9	6.5	9.7	70	7.0	6.3	11	16
18	30	21	2.1	1.9	3.2	4.7	33	3.3	3.0	5.0	7.4	52	5.2	4.7	7.8	12	84	8.4	7.6	13	19
30	50	25	2.5	2.3	3.8	5.6	39	3.9	3.5	5.9	8.8	62	6.2	5.6	9.3	14	100	10	9.0	15	23
50	80	30	3.0	2.7	4.5	6.8	46	4.6	4.1	6.9	10	74	7.4	6.7	11	17	120	12	11	18	27
80	120	35	3.5	3.2	5.3	7.9	54	5.4	4.9	8.1	12	87	8.7	7.8	13	20	140	14	13	21	32
120	180	40	4.0	3.6	6.0	9.0	63	6.3	5.7	9.5	14	100	10	9.0	15	23	160	16	15	24	36
180	250	46	4.6	4.1	6.9	10	72	7.2	6.5	11	16	115	12	10	17	26	185	18	17	28	42

②方式二：不内缩的验收极限。

不内缩的验收极限等于规定的最大实体尺寸（MMS）和最小实体尺寸（LMS），即安全裕度（A）值等于零，如图 3.36 所示。

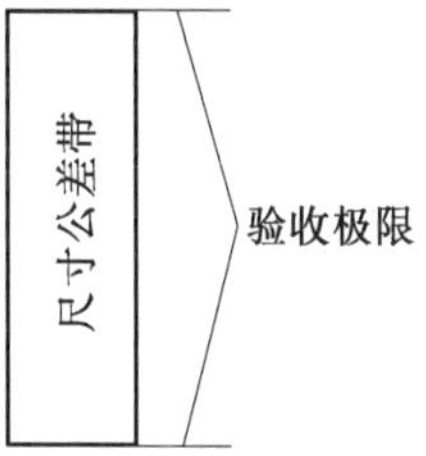

（2）验收极限方式的选择（Selection of acceptance limit type）。

验收极限方式的选择要结合尺寸功能要求及其重要程度、尺寸公差等级、测量不确定度和工艺过程能力等因素综合考虑，具体原则如下：

图 3.36　不内缩的验收极限

①对遵循包容要求的尺寸、标准公差等级高的尺寸，其验收极限按方式一确定。

②当工艺过程能力指数 $C_p \geq 1$ 时，其验收极限可以按方式二确定，但对遵循包容要求

的尺寸,其最大实体尺寸一边的验收极限仍按方式一确定。

工艺过程能力指数 C_p 是零件公差值 T 与加工设备工艺过程能力 $C\sigma$ 之比值。C 是常数,零件尺寸遵循正态分布时,$C=6$,σ 是加工设备的标准偏差,即 $C_p = T/(6\sigma)$。

③对偏态分布的尺寸,其验收极限可以仅对尺寸偏向的一边按方式一确定。

④对非配合和一般公差的尺寸,其验收极限按方式二确定。

2. 测量器具的选择(Selection of measuring instrument)

测量器具的精度既影响检验工作的可靠程度,又决定了检验工作的经济性。因此,在选择测量器具时,要综合考虑测量器具的技术指标和经济指标,在保证零件性能质量的前提下,还要综合考虑加工和检验的经济性。具体选择时应考虑以下两点:

(1)选择的测量器具应与被测零件的外形、位置、尺寸的大小及被测参数的特性相适应,使所选测量器具的测量范围能满足零件的测量要求。

(2)选择的测量器具应与零件的尺寸公差相适应,使所选测量器具的测量不确定度值既能保证测量精度要求,又能符合经济性要求。

为了保证测量的可靠性和量值的统一,国家标准 GB/T 3177—2009 规定按测量器具的测量不确定度允许值 u_1 选择测量器具。u_1 值见表 3.19,其大小分为Ⅰ、Ⅱ、Ⅲ挡,分别约为零件公差的 1/10、1/6 和 1/4。对于 IT6~IT11 级,u_1 值分为Ⅰ、Ⅱ、Ⅲ挡,对于 IT12~IT18 级,u_1 值只有Ⅰ、Ⅱ两挡。一般情况下,优先选择Ⅰ挡,其次为Ⅱ挡、Ⅲ挡。这是因为,检测能力越高,测量不确定度 u 与零件公差值 T 的比值 (u/T) 越小,其验收产生的误判率就越小,验收质量也越高。

表 3.21~3.23 分别给出了在车间条件下常用的千分尺和游标卡尺、比较仪和指示表的测量不确定度。

表 3.21 千分尺和游标卡尺的测量不确定度 mm

尺寸范围		测量器具类型			
		分度值为 0.01 的外径千分尺	分度值为 0.01 的内径千分尺	分度值为 0.02 的游标卡尺	分度值为 0.05 的游标卡尺
大于	至	测量不确定度			
0	50	0.004	0.008	0.020	0.050
50	100	0.005			
100	150	0.006			
150	200	0.007	0.013		
200	250	0.008			
250	300	0.009			
300	350	0.010	0.020		0.100
350	400	0.011			
400	450	0.012			
450	500	0.013	0.025		
500	600		0.030		
600	700				
700	1 000				0.150

表 3.22 比较仪的测量不确定度　　　　　　　　　　　　　　mm

尺寸范围		测量器具类型			
		分度值为0.0005(相当于放大倍数2000倍)的比较仪	分度值为0.001(相当于放大倍数1000倍)的比较仪	分度值为0.002(相当于放大倍数400倍)的比较仪	分度值为0.005(相当于放大倍数250倍)的比较仪
大于	至	测量不确定度			
0	25	0.0006	0.0010	0.0017	
25	40	0.0007			0.0030
40	65	0.0008	0.0011	0.0018	
65	90	0.0008			
90	115	0.0009	0.0012	0.0019	
115	165	0.0010	0.0013		
165	215	0.0012	0.0014	0.0020	
215	265	0.0014	0.0016	0.0021	0.0035
265	315	0.0016	0.0017	0.0022	

注:测量时,使用的标准器由 4 块 1 级(或 4 等)量块组成。

表 3.23 指示表的测量不确定度　　　　　　　　　　　　　　mm

尺寸范围		测量器具类型			
		分度值为0.001的千分表(0 级在全程范围内,1 级在0.2 mm内),分度值为0.002的千分表(在 1 转范围内)	分度值为0.001、0.002、0.005的千分表(1级在全程范围内),分度值为0.01的百分表(0级在任意1 mm范围内)	分度值为0.01的百分表(0 级在全程范围内,1 级在任意1 mm内)	分度值为0.01的百分表(1 级在全程范围内)
大于	至	测量不确定度			
0	25	0.005	0.010	0.018	0.030
25	40				
40	65				
65	90				
90	115				
115	165	0.006			
165	215				
215	265				
265	315				

【例3.6】 被检测零件为尺寸为 $\phi30h8(^{\ 0}_{-0.033})$ 时,遵守包容要求的轴,试确定其验收极限并选择适当的测量器具。

解 (1)选择验收方式、确定验收极限。

因为 $\phi30h8(^{\ 0}_{-0.033})$ 尺寸的精度等级为8级,且遵守包容要求,所以选用方式一(内缩的验收极限)进行验收。由表3.18查得安全裕度 $A=3.3$ μm,则验收极限为

$$上验收极限 = \phi30-0.003\ 3 = \phi29.996\ 7\ mm$$
$$下验收极限 = \phi29.967+0.003\ 3 = \phi29.970\ 3\ mm$$

尺寸公差带和验收极限如图3.37所示。

(2)确定测量器具。

由表3.20,按优先选择Ⅰ档的原则,查得测量器具的测量不确定度允许值为 $u_1=3.0$ μm。由表3.22查得分度值为0.002 mm的比较仪,在尺寸为25~40 mm范围内,不确定度数值为0.001 7 mm。

因为分度值为0.002 mm的比较仪的不确定度数值为0.001 7 mm,小于测量器具的测量不确定度允许值为 $u_1=3.0$ μm=0.003 0 mm,所以,选用分度值为0.002 mm的比较仪对该尺寸进行检验较为合理。

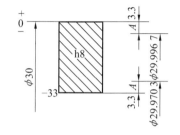

图3.37 公差带和验收极限图

3.4.2 量块
(Gauge Blocks)

量块是指用耐磨材料制造,横截面为矩形,并具有一对相互平行测量面的实物量具。量块的测量面可以和另一量块的测量面相研合而组合使用,也可以和具有类似表面质量的辅助体表面相研合而用于量块长度的测量。

量块主要是作为长度标准用于对测量器具的长度尺寸的检定、校对和调整,也可用于高精度零件长度尺寸的测量、精密划线和精密机床调整。

1. 量块的性能参数(Performance parameters of gauge block)

(1)量块长度(Length of a gauge block)。

量块长度是指量块一个测量面的任意点(不包括距测量面边缘为0.8 mm区域内的点)与其相对应的另一测量面相研合的辅助体之间的垂直距离,用符号 l 表示,辅助体材料和表面质量应与量块相同,如图3.38所示。

(2)量块中心长度(Central length of a gauge block)。

量块中心长度是指对应于量块未研合测量面中心点的量块长度,用符号 lc 表示,如图3.38所示。量块中心长度 lc 是量块长度 l 的一种特殊情况。

(3)量块标称长度(Nominal length of a gauge block)。

量块标称长度是指标记在量块上,用以表明其与主单位(m)之间关系的量值,也称为量块长度的示值,用符号 ln 表示。

(4)任意点的量块长度相对于标称长度的偏差(Deviation of the length at any point from nominal length)。

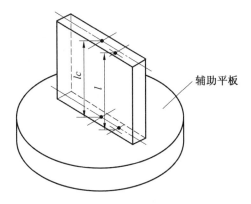

图 3.38　量块长度 l 和量块中心长度 lc

任意点的量块长度相对于标称长度的偏差是指量块长度与量块标称长度的代数差,用符号 e 表示,即

$$e = l - ln \tag{3.19}$$

(5)量块长度变动量(Variation in length of a gauge block)。

量块长度变动量是指量块测量面上任意点(不包括距测量面边缘为 0.8 mm 区域内的点)中的最大长度 $l_{\max}$ 与最小长度 $l_{\min}$ 之差,用符号 V 表示,如图 3.39 所示。

如果在测量面中(不同点)对量块长度 l 进行了 m 次测量,得到 $l_i(i=1,2,\cdots,m)$,则

$$V = l_{\max} - l_{\min} = \max_{1 \le i \le m}(l_1, l_2, \cdots, l_m) - \min_{1 \le i \le m}(l_1, l_2, \cdots, l_m) \tag{3.20}$$

图 3.39 中的 $+t_c$ 和 $-t_c$ 分别为量块测量面上任意点长度相对于标称长度 ln 的上极限偏差和下极限偏差,lc 为量块中心长度。

(6)平面度误差(Deviation from flatness)。

平面度误差是指包容测量面且距离为最小的两个相互平行平面之间的距离,用符号 f_d 表示。如图 3.40 所示。

在评定量块测量面的平面度误差时,评定范围不包括距测量面边缘为 0.8 mm 的区域,包容测量面的两平行平面应符合最小包容区域(见第 4 章)。

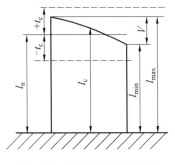

图 3.39　量块长度变动量 V

图 3.40　平面度误差的评定

2. 量块的研合性(Wringing of gauge block)

量块的研合性是指量块的一个测量面与另一量块的测量面或与另一经精加工的类似量块测量面的表面,通过分子力的作用而相互黏合的性能。

在量块测量面之间研合之前,应将测量面用酒精或汽油擦洗,并用干净的软布或不致擦伤表面的纤维将量块测量面擦干净,测量面上不允许有污物和液体存在。研合时以大尺寸量块为基础,顺次将小量块研合上去,研合方法如图3.41所示,将量块沿着其测量面长边方向,先将两量块测量面的边缘部分接触并研合,然后稍加推力,将一量块沿着另一量块推进,使两量块的测量面全部接触,并研合在一起。

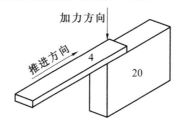

图 3.41　量块的研合方法

3. 成套量块及应用(Complete sets of gage block and its application)

(1)成套量块(Complete sets of gage block)。

国家标准《几何量技术规范(GPS)　长度标准　量块》(GB/T 6093—2001)给出了17组量块规格,见表3.24,可根据需要自行选用。

表 3.24　成套量块规格(摘自 GB/T 6093—2001)

序号	总块数	级别	尺寸系列/mm	间隔/mm	块数/块
1	91	0,1	0.5	—	1
			1	—	1
			1.001,1.002,…,1.009	0.001	9
			1.01,1.02,…,1.49	0.01	49
			1.5,1.6,…,1.9	0.1	5
			2.0,2.5,…,9.5	0.5	16
			10,20,…,100	10	10
2	83	0,1,2,(3)	0.5	—	1
			1	—	1
			1.005	—	1
			1.01,1.02,…,1.49	0.01	49
			1.5,1.6,…,1.9	0.1	5
			2.0,2.5,…,9.5	0.5	16
			10,20,…,100	10	10

续表3.24

序号	总块数	级别	尺寸系列/mm	间隔/mm	块数/块
3	46	0,1,2	1	—	1
			1.001,1.002,…,1.009	0.001	9
			1.01,1.02,…,1.09	0.01	9
			1.1,1.2,…,1.9	0.1	9
			2,3,…,9	1	8
4	38	0,1,2	1	—	1
			1.005	—	1
			1.01,1.02,…,1.49	0.01	9
			1.1,1.2,…,1.9	0.1	9
			2,3,…,9	1	8
			10,20,…,100	10	10
5	10	0,1	0.991,0.992,…,1	0.001	10
6	10^+	0,1	1,1.001,…,1.009	0.001	10
7	10^-	0,1	1.991,1.992,…,2	0.001	10
8	10^+	0,1	2,2.001,2.002,…,2.009	0.001	10
9	8	0,1,2	125,150,175,200,250,300, 400,500	—	8
10	5	0,1,2	600,700,800,900,1 000	—	5
11	10	0,1,2	2.5,5.1,7.7,10.3,12.9,15,17.6, 20.2,22.8,25	—	10
12	10	0,1,2	27.5,30.1,32.7,35.3,37.9,40, 42.6,45.2,47.8,50	—	10
13	10	0,1,2	52.5,55.1,57.7,60.3,62.9,65, 67.6,70.2,72.8,75	—	10

国家标准 GB/T 6093—2001 对量块长度要求进行了规定,量块长度相对于量块标称长度的极限偏差$\pm t_c$和量块长度变动量最大允许值t_v的要求见表 3.25。

表 3.25　量块长度的极限偏差 ±t_c 和变动量最大允许值 t_v（摘自 GB/T 6093—2001）　　μm

标称长度 ln/mm	K 级		0 级		1 级		2 级		3 级	
	量块测量面上任意点长度相对于标称长度的极限偏差 ±t_c	量块长度变动量最大允许值 t_v	量块测量面上任意点长度相对于标称长度的极限偏差 ±t_c	量块长度变动量最大允许值 t_v	量块测量面上任意点长度相对于标称长度的极限偏差 ±t_c	量块长度变动量最大允许值 t_v	量块测量面上任意点长度相对于标称长度的极限偏差 ±t_c	量块长度变动量最大允许值 t_v	量块测量面上任意点长度相对于标称长度的极限偏差 ±t_c	量块长度变动量最大允许值 t_v
	μm									
$ln \leqslant 10$	0.20	0.05	0.12	0.10	0.20	0.16	0.45	0.30	1.00	0.50
$10 < ln \leqslant 25$	0.30	0.05	0.14	0.10	0.30	0.16	0.60	0.30	1.20	0.50
$25 < ln \leqslant 50$	0.40	0.06	0.20	0.10	0.40	0.18	0.80	0.30	1.60	0.55
$50 < ln \leqslant 75$	0.50	0.06	0.25	0.12	0.50	0.18	1.00	0.35	2.00	0.55
$75 < ln \leqslant 100$	0.60	0.07	0.30	0.12	0.60	0.20	1.20	0.35	2.50	0.60
$100 < ln \leqslant 150$	0.80	0.08	0.40	0.14	0.80	0.20	1.60	0.40	3.00	0.65
$150 < ln \leqslant 200$	1.00	0.09	0.50	0.16	1.00	0.25	2.0	0.40	4.00	0.70
$200 < ln \leqslant 250$	1.20	0.10	0.60	0.16	1.20	0.25	2.4	0.45	5.00	0.75
$250 < ln \leqslant 300$	1.40	0.10	0.70	0.18	1.40	0.25	2.80	0.50	6.00	0.80
$300 < ln \leqslant 400$	1.80	0.12	0.90	0.20	1.80	0.30	3.60	0.50	7.00	0.90
$400 < ln \leqslant 500$	2.20	0.14	1.10	0.25	2.20	0.35	4.40	0.60	9.00	1.00
$500 < ln \leqslant 600$	2.60	0.16	1.30	0.25	2.60	0.40	5.00	0.70	11.00	1.10
$600 < ln \leqslant 700$	3.00	0.18	1.50	0.30	3.00	0.45	6.00	0.70	12.00	1.20
$700 < ln \leqslant 800$	3.40	0.20	1.70	0.30	3.40	0.50	6.50	0.80	14.00	1.30
$800 < ln \leqslant 900$	3.80	0.20	1.90	0.35	3.80	0.50	7.50	0.90	15.00	1.40
$900 < ln \leqslant 1\,000$	4.20	0.25	2.00	0.40	4.20	0.60	8.00	1.00	17.00	1.50

注：距离量块测量面边缘 0.8 mm 范围内不计。

（2）量块等级的选用（Selection sets of gage block）。

国家标准 GB/T 6093—2001 依据量块长度的极限偏差 ±t_c 和变动量最大允许值 t_v 对量块规定了 K、0、1、2、3 五级，K 级精度最高，3 级精度最低。

使用量块时，可参考表 3.26 选用量块的级别。

表 3.26　量块的应用场合及用途　　　　μm

应用场合	用途	量块级别
车间	安装工具和刀具	2
	生产计量器具,校准仪器	1 或 2
检验	检验机械零件、工具等	1 或 2
	检查计量仪器精度,校准仪器	0 或 1
校准	检查车间用量块精度,检查检测量块精度,检查仪器精度	K 或 0
基准	检查校准量块精度,用于学术研究	K

（3）量块长度的组合（Combination of the length of the gauge block）。

在使用量块时,常常用几个量块组合成所需要的尺寸,如图 3.42 所示。组合量块时,为减少量块组合的积累误差,应力求用最少的块数获得所需要的尺寸,一般不超过 4 块,可以从消去尺寸的最末位开始,逐一选取。

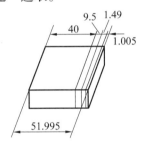

图 3.42　组合量块

【例 3.7】　用量块组合成 51.995 mm 的尺寸。

解　由表 3.23 选择由 83 块组成的第 2 套量块作为组合用量块。

按下列步骤,从最末位开始,逐一选取。

$$
\begin{array}{ll}
51.995 & \text{量块要组合的尺寸} \\
-1.005 & \text{第一块量块尺寸} \\
\hline
50.99 & \\
-1.49 & \text{第二块量块尺寸} \\
\hline
49.5 & \\
-9.5 & \text{第三块量块尺寸} \\
\hline
40 & \text{第四块量块尺寸}
\end{array}
$$

组合如图 3.42 所示。

3.4.3　用光滑极限量规检验
（Inspection Using Plain Limit Gauge）

光滑极限量规是一种没有划线的专用量具,它不能确定工件的实际尺寸,只能确定工件尺寸是否处于规定的极限尺寸范围内。因量规结构简单、制造容易、使用方便,因此广泛应用于成批大量生产中。常用量规如图 3.43 所示。

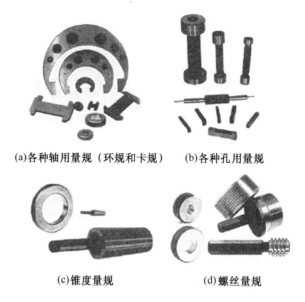

(a)各种轴用量规（环规和卡规）　(b)各种孔用量规

(c)锥度量规　(d)螺丝量规

图 3.43　常用量规

光滑极限量规有塞规和卡规（或环规）。其中，塞规是孔用极限量规，它的通规是根据孔的下极限尺寸确定的，作用是防止孔的作用尺寸小于孔的下极限尺寸；止规是按孔的上极限尺寸设计的，作用是防止孔的实际尺寸大于孔的上极限尺寸。卡规是轴用量规，它的通规是按轴的上极限尺寸设计的，其作用是防止轴的作用尺寸大于轴的上极限尺寸；止规是按轴的下极限尺寸设计的，其作用是防止轴的实际尺寸小于轴的下极限尺寸，轴用量规也可以用环规，如图 3.44 所示。

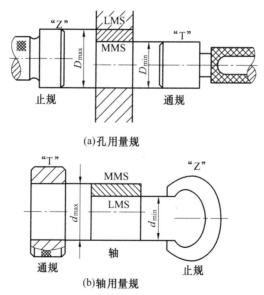

(a)孔用量规

(b)轴用量规

图 3.44　孔用量规和轴用量规

光滑极限量规的标准是《光滑极限量规　技术条件》（GB/T 1957—2006），仍适用于检测国家标准规定的公称尺寸≤500 mm、公差等级为 IT6~IT16 级的采用包容要求的孔与轴。

1. 量规分类(Gauge class)

极限量规按其用途不同进行分类如下:

(1)工作量规(Working gauge)。

工作量规是指工件在加工中,操作工人检验时所使用的量规。通常应使用新的或磨损量较少的量规,其代号分别为通规"T",止规"Z"。

(2)验收量规(Reception gauge)。

验收量规是指检验部门或用户代表在验收产品时所使用的量规。在我国量规标准中,没有单独规定验收量规的公差带。主要规定:检验部门应使用磨损较多(但未超出磨损极限)的通规;用户代表应使用接近工件最大实体尺寸的通规,以及接近工件最小实体尺寸的止规。

(3)校对量规(Checking gauge)。

校对量规是指检验轴用工作量规在制造过程中是否符合制造公差要求和在使用过程中是否超出磨损极限所用的量规,分为以下三种:

①校通-通。校通-通的代号是"TT",用在轴用通规制造时,以防止通规尺寸小于其下极限尺寸(等于轴的最大实体尺寸)。检验时,这个校对量规应通过轴用通规,否则应判断该轴用通规不合格。

②校止-通。校止-通的代号是"ZT",用在轴用止规制造时,以防止止规尺寸小于其下极限尺寸(等于轴的最小实体尺寸)。检验时,这个校对量规应通过轴用止规,否则应判断该轴用止规不合格。

③校通-损。校通-损的代号是"TS",用来检查使用中的轴用通规是否磨损,以防止通规超过工件的最大实体尺寸。检验时,如果轴用通规磨损到能被校对量规通过,此时轴用通规应予报废;若不被通过,则仍可继续使用。

三种校对量规的尺寸公差均为被校对轴用量规尺寸公差的 50%。由于校对量规精度高、制造困难,而目前测量技术又有了提高,因此在实际生产中逐步用量块或计量仪器代替校对量规。

2. 泰勒原则(Taylor Principle)

由于工件存在形状误差,因此虽然某工件实际尺寸位于上与下极限尺寸范围之内,但该工件在装配时仍可能发生困难或装配后达不到规定的配合要求。为了准确地评定孔和轴是否合格,设计光滑极限量规时应遵守泰勒原则(极限尺寸判断原则)的规定。泰勒原则(图 3.45)是指孔或轴的实际尺寸和形状误差不允许超出最大实体尺寸(MMS),在孔或轴任何位置上的实际尺寸(D_a 或 d_a)不允许超出最小实体尺寸(LMS),即

对于孔:

$$D_a - f \geqslant D_{min} \text{ 且 } D_a \leqslant D_{max}$$

对于轴:

$$d_a + f \leqslant d_{max} \text{ 且 } d_a \geqslant d_{min}$$

式中　D_{max}、D_{min}——孔的上极限尺寸与下极限尺寸；

　　　d_{max}、d_{min}——轴的上极限尺寸与下极限尺寸；

　　　f——形状误差。

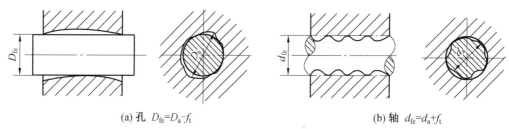

(a) 孔 $D_{fe}=D_a-f_t$　　　　　　　　　　(b) 轴 $d_{fe}=d_a+f_t$

图 3.45　孔、轴体外作用尺寸和实际尺寸

　　而泰勒原则是从验收的角度出发，反映对孔、轴的验收要求。从保证孔与轴的配合性质的要求来看，两者是一致的。

　　当用光滑极限量规检验工件时，对符合泰勒原则的量规要求如下：

　　通规应设计成全形的，即其测量面应具有与被测孔或轴相对应的完整表面；其尺寸应等于被测孔或轴的最大实体尺寸，其长度应与被测孔或轴的配合长度一致；止规应设计成两点式的，其尺寸应等于被测孔或轴的最小实体尺寸。

　　选用量规结构形式时，必须考虑工件结构、大小、产量和检验效率等，图 3.46 给出了孔、轴用量规的形式。

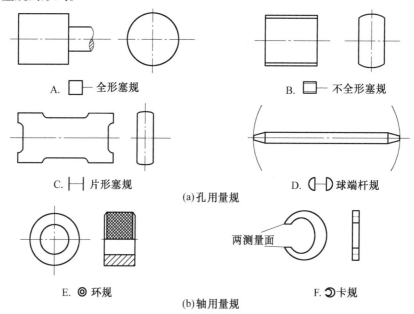

A. ▢ 全形塞规　　　　　　　B. ▢ 不全形塞规

C. ⊢ 片形塞规　　　　　　　D. ◖◗ 球端杆规

(a) 孔用量规

E. ◎ 环规　　　　　　　　　F. ⊃ 卡规

(b) 轴用量规

图 3.46　孔、轴用量规的形式

　　但在实际应用中，极限量规常偏离上述原则。例如，为了用标准化的量规，允许通规的长度小于结合面的全长；对于尺寸大于 100 mm 的孔，用全形量规通规很笨重，不便使用，允许用不全形量规；环规通规不能检验正在顶尖上加工的工件及曲轴，允许用卡规代替检验小孔的塞规止规，常用便于制造的全形量规；刚性差的工件，考虑到受力变形，也常

用全形量规或环规。必须指出,只有在保证被检验工件的形状误差不致影响配合性质的前提下,才允许使用偏离极限尺寸判断原则的量规。

3. 工作量规公差带(tolerance zone of working gauge)

(1)工作量规公差带的大小——制造公差、磨损公差(Size of Working Gauge Tolerance Zone-manufacturing tolerance and wearing tolerance)。

量规是一种精密检验工具,制造量规和工件一样,会不可避免地产生误差,故必须规定制造公差。量规制造公差的大小决定了量规制造的难易程度。

工作量规通规在工作时,要经常通过被检验工件,其工作表面会不可避免地产生磨损,为了使通规具有一定的使用寿命,需要留出适当的磨损储量,因此,工作量规通规除规定制造公差外,还需规定磨损公差,磨损公差的大小决定了量规的使用寿命。

对于工作量规止规,由于它工作时不通过工件,磨损很少,因此不留磨损储量,即止规不规定磨损公差。

综上所述,工作量规通规公差由制造公差 T_1 和磨损公差两部分组成,而工作量规止规公差只由制造公差组成,如图 3.47 所示。

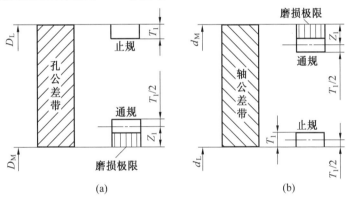

图 3.47　工作量规公差带图

(2)工作量规公差带的位置配置(Position configuration of working gauge tolerance zone)。

我国量规国家标准 GB/T 1957—2006 规定,量规公差带采用"内缩方案",即将量规的公差带全部限制在被测孔、轴公差之内,它能有效地控制误收,从而保证产品质量与互换性,如图 3.47 所示。

在图 3.47 中,T_1 为量规制造公差,Z_1 为通规尺寸公差带中心到工件最大实体尺寸间的距离,称为位置要素。工作量规通规的制造公差带对称于 Z_1 值,其磨损极限与工件的最大实体尺寸重合。工作量规止规的制造公差带从工件的最小实体尺寸起始,向工件公差带内分布。

测量极限误差一般取被测孔、轴尺寸公差的 1/10 ~ 1/6。对于标准公差等级相同而公称尺寸不同的孔、轴,这个比值基本上相同。随着孔、抽标准公差等级的降低,这个比值逐渐减小。量规尺寸公差带的大小和位置就是按照这一原则规定的。

GB/T 1957—2006 规定了公称尺寸≤500 mm、公差等级为 IT6 ~ IT14 级的孔与轴所用的工作量规的制造公差 T_1 和通规位置要素 Z_1 值,见表 3.27。

表 3.27　IT6～IT14 级工作量规制造公差和通规位置要素值（摘自 GB/T 1957—2006）

μm

工件基本尺寸 D、d/mm	IT6			IT7			IT8			IT9			IT10			IT11			IT12			IT13			IT14		
	IT6	T_1	Z_1	IT7	T_1	Z_1	IT8	T_1	Z_1	IT9	T_1	Z_1	IT10	T_1	Z_1	IT11	T_1	Z_1	IT12	T_1	Z_1	IT13	T_1	Z_1	IT14	T_1	Z_1
≤3	6	1	1	10	1.2	1.6	14	1.6	2	25	2	3	40	2.4	4	60	3	6	100	4	9	140	6	14	250	9	20
3～6	8	1.2	1.4	12	1.4	2	18	2	2.6	30	2.4	4	48	3	5	75	4	8	120	5	11	180	7	16	300	11	25
6～10	9	1.4	1.6	15	1.8	2.4	22	2.4	3.2	36	2.8	5	58	3.6	6	90	5	9	150	6	13	220	8	20	360	13	30
10～18	11	1.6	2	18	2	2.8	27	2.8	4	43	3.4	6	70	4	8	110	6	11	180	7	15	270	10	24	430	15	35
18～30	13	2	2.4	21	2.4	3.4	33	3.4	5	52	4	7	84	5	9	130	7	13	210	8	18	330	12	28	520	18	40
30～50	16	2.4	2.8	25	3	4	39	4	6	62	5	8	100	6	11	160	8	16	250	10	22	390	14	34	620	22	50
50～80	19	2.8	3.4	30	3.6	4.6	46	4.6	7	74	6	9	120	7	13	190	9	19	300	12	26	460	16	40	740	26	60
80～120	22	3.2	3.8	35	4.2	5.4	54	5.4	8	87	7	10	140	8	15	220	10	22	350	14	30	540	20	46	870	30	70
120～180	25	3.8	4.4	40	4.8	6	63	6	9	100	8	12	160	9	18	250	12	25	400	16	35	630	22	52	1 000	35	80
180～250	29	4.4	5	46	5.4	7	72	7	10	115	9	14	185	10	20	290	14	29	460	18	40	720	26	60	1 150	40	90
250～315	32	4.8	5.6	52	6	8	81	8	11	130	10	16	210	12	22	320	16	32	520	20	45	810	28	66	1 300	45	100
315～400	36	5.4	6.2	57	7	9	89	9	12	140	11	18	230	14	25	360	18	36	570	22	50	890	32	74	1 400	50	110
400～500	40	6	7	63	8	10	97	10	14	155	12	20	250	16	28	400	20	40	630	24	55	970	36	80	1 550	55	120

（3）工作量规的几何公差（Geometrical tolerance of working gauges）。

量规的几何公差与量规的尺寸公差之间的关系应遵守包容要求，即量规的几何公差应在量规的尺寸公差范围内，并规定量规几何公差为量规尺寸公差的 50%。考虑到制造和测量的困难，当量规尺寸公差<0.002 mm 时，其几何公差取为 0.001 mm。

根据工件尺寸公差等级的高低和公称尺寸的大小，工作量规测量面的表面粗糙度参数 Ra 通常为 0.025 ~ 0.4 μm，具体见表 3.28。

表 3.28　工作量规测量面的表面粗糙度 Ra 值

工作量规	工件量规的公称尺寸/mm		
	≤120	>120,≤315	>315,≤500
	Ra 最大允许值/μm		
IT6 级孔用工作量规	0.04	0.08	0.16
IT6 ~ IT9 级轴用工作量规	0.08	0.16	0.32
IT7 ~ IT9 级孔用工作量规			
IT10 ~ IT12 级孔、轴用工作量规	0.16	0.32	0.63
IT13 ~ IT16 级孔、轴用工作量规	0.32	0.63	0.63

注：校对工作量规测量面的表面粗糙度值比被校对的工作量规测量面的粗糙度值小 50%。

4. 工作量规设计计算（Design and calculation of working gauge）

（1）工作量规设计计算步骤（Design and calculation steps of working gauge）。

①查出被检验工件的极限偏差。

②查出工作量规的制造公差（T_1）和通规制造公差带中心到工件最大实体尺寸的距离 Z_1 值。

③确定校对量规的制造公差（T_P）。

④画量规公差带图，计算和标注各种量规的工作尺寸。

（2）工作量规的技术要求（Technical requirements for working gauges）。

国家标准规定了 IT6 ~ IT12 级工件的工作量规公差。工作量规的几何公差一般为量规尺寸公差的 50%。考虑到制造和测量的困难，当量规尺寸公差<0.002 mm 时，其几何公差为 0.001 mm。

工作量规可用合金工具钢（如 Cr、CrMn、CrMnW 和 CrMoV）、碳素工具钢（如 T10A、T12A）、渗碳钢（如 15#、20#）及其他耐磨材料（如硬质合金）等材料制造。手柄一般用 Q235 钢、2A11 铝等材料制造。

工作量规测量表面的硬度为 HRC 58 ~ 63。工作量规测量面不应有锈迹、毛刺、黑斑和划痕等明显影响外观和使用质量的缺陷，其他表面也不应有锈蚀和裂纹。

【**例 3.8**】　计算 $\phi25H8/f7$ 配合中，检验孔与轴的各种量规的极限尺寸，并将其转换成图样标注尺寸。

解　（1）查出孔、轴的标准公差和基本偏差及极限偏差。

（2）由表 3.25 查出量规制造公差 T_1 和位置要素 Z_1。

（3）画量规公差带图，如图 3.48 所示。

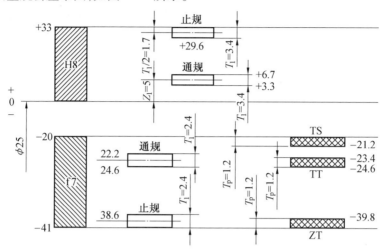

图 3.48　量规公差带

（4）计算各种量规的极限尺寸。

按此步骤进行，列于表 3.29。

表 3.29　量规尺寸计算表

零件	量规	量规公差 /μm	Z_1 /μm	量规极限尺寸/mm		量规尺寸图样
				最大	最小	标注/mm
$\phi25H8^{+0.033}_{0}$	通规	3.4	5	$\phi25.0067$	$\phi25.0033$	$\phi25^{+0.0067}_{+0.0033}$
	止规	3.4	—	$\phi25.0330$	$\phi25.0296$	$\phi25^{+0.0330}_{+0.0096}$
$\phi25f7^{-0.020}_{-0.041}$	通规	2.4	3.4	$\phi24.9778$	$\phi24.9754$	$\phi25^{-0.0222}_{-0.0246}$
	止规	2.4	—	$\phi24.9614$	$\phi24.9590$	$\phi25^{-0.0386}_{-0.0410}$
校对量规	TT	1.2	—	$\phi24.9766$	$\phi24.9754$	$\phi25^{-0.0234}_{-0.0246}$
	ZT	1.2	—	$\phi24.9602$	$\phi24.9590$	$\phi25^{-0.0398}_{-0.0410}$
	TS	1.2	—	$\phi24.9800$	$\phi24.9788$	$\phi25^{-0.0200}_{-0.0212}$

5. 位置量规（Position gauge）

位置量规（又称综合量规）是检验被测要素相应的实际轮廓是否超越规定边界的通过件量规，位置量规只有通规没有止规。虽然它不能测量实际尺寸和几何误差的具体数值，但能直接、准确、迅速地反映被测实际轮廓上的尺寸和几何误差的综合效应，判断是否满足设计要求，并能有效地保证零件的装配互换性。测量量规的检验原型通过模拟零件最大实体状态或实效状态下的理想边界，来控制零件实际几何参数误差，以满足零件装配互换性的要求。

位置量规是用来检验采用相关要求的零件的，此类量规检验零件的几何公差要求是否合格，有时也同时检验尺寸公差要求，所以通常又称它为综合量规。在几何公差标注中，若采用了相关要求，则检测时应按控制边界原则进行，位置量规可起一个边界作用，适用于平行度、垂直度、倾斜度、同轴度、对称度和位置度等位置公差项目且采用了相关要求的情形。

位置量规是量规的一种,也是一种定值量具。根据位置量规能否通过零件可以判定零件是否合格,但不能确定零件几何误差的大小,不能测出局部实际尺寸的大小,更无法把两者区分开来,只能确认它们的综合影响是否满足设计要求。

某一端盖类零件,其零件图及其公差要求如图 3.49(a)所示,由于采用了相关要求,要用位置量规检验,图 3.49(b)即为检验该零件位置度要求的量规。由图 3.49 可见,量规上有测量部位和定位部位,为了便于测量或定位,有时还设有导向部位。其外形与零件的被测要素和基准要素相对应,测量部位是检验零件被测要素的部位,定位部位是模拟体现零件基准的部位,导向部位就是为了便于测量(或定位)所设置的引导部位,这三部分又统称为量规的工作部位。

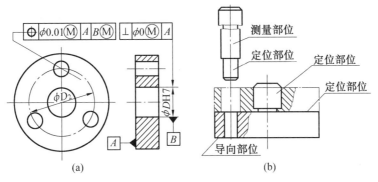

图 3.49　端盖零件图与位置量规

位置量规按其是否具有导向部位,分为活动式量规和固定式量规两种。具有导向部位的为活动式量规,它又可按导向部位的尺寸与测量(或定位)部位尺寸是否一致分为无台阶式和台阶式两种。

位置量规各工作部位的设计原则如下:

(1)测量部位的形状和尺寸应和被测要素的形状和尺寸相对应。如图 3.49(b)中测量部位相对被测孔为一圆柱销,其公称尺寸是被测要素的最大实体实效尺寸 MMVS 或最大实体尺寸 MMS。

(2)定位部位的形状和尺寸应和基准要素的形状和尺寸相对应。如图 3.49 中模拟 A 基准平面的定位部位为平面,模拟 B 基准的定位面为一圆柱销,该定位销的公称尺寸为基准要素的最大实体实效尺寸 MMVS 或最大实体尺寸 MMS。

(3)导向部位的形状和尺寸是按量规结构的类型确定的。形状一般与测量(或定位)部位完全一致;对无台阶式,其尺寸等于测量(或定位)部位的尺寸;对台阶式,则由设计者按量规结构确定,一般比测量(或定位)部位尺寸小(或大)2~4 mm。

思考题与习题
(Questions and Exercises)

一、思考题

1. 公称尺寸、极限尺寸、极限偏差和尺寸公差的含义是什么？它们之间的相互关系如何？在公差带图上怎样表示？

2. 什么是公差因子？在公称尺寸≤500 mm 范围内，IT5~IT8 级的标准公差因子是如何规定的？

3. 什么是标准公差？国家标准中规定了多少个公差等级？怎样表达？

4. 怎样解释偏差和基本偏差？为什么要规定基本偏差？国家标准中规定了哪些基本偏差？如何表示？孔、轴的基本偏差是如何规定的？

5. 什么是基孔制？什么是基轴制？它们各用什么代号表示？选用不同的基准制对使用要求有无影响？为什么？

6. 什么是配合？有哪几类配合？各类配合是如何定义的？各用于什么场合？

7. 选用公差与配合主要应解决哪三方面的问题？解决各问题的基本方法和原则是什么？

8. 为什么要规定一般、常用和优先公差带及常用和优先配合？设计时应如何选用？

9. 什么叫一般公差？线性尺寸的一般公差规定几级精度？在图样上如何表示？

10. 量块主要有哪些用途？其结构上有何特点？

11. 用量规检验工件时，为什么总是成对使用，被检工件合格的标志是什么？

二、习题

1. 根据习题 1 表中的已知数据填表。

习题 1 表　　　　　　　　　　　　　　　　　mm

公称尺寸	上极限尺寸	下极限尺寸	上极限偏差	下极限偏差	公差
孔 $\phi 8$	8.040	8.025			
轴 $\phi 60$			−0.060		0.046
孔 $\phi 30$		30.020			0.130
轴 $\phi 50$			−0.050	−0.112	

2. 根据习题 2 表中的已知数据填表。

习题 2 表　　　　　　　　　　　　　　　　　mm

公称尺寸	孔			轴			X_{max} 或 Y_{min}	X_{min} 或 Y_{max}	X_{av} 或 Y_{av}	T_f
	ES	EI	T_D	es	ei	T_d				
$\phi 25$		0			0.021		+0.074		+0.057	
$\phi 14$		0			0.010			−0.012	+0.002 5	
$\phi 45$			0.025	0				−0.050	−0.029 5	

3.已知两根轴,第一根轴直径为 $\phi10$ mm,公差值为 22 μm,第二根轴直径为 $\phi70$ mm,公差值为 30 μm,试比较两根轴加工的难易程度。

4.用查表法确定下列各配合的孔、轴的极限偏差,计算极限间隙或过盈、平均间隙或过盈、配合公差和配合类别,画出公差带图。

(1) $\phi20$H8/f7;(2) $\phi14$H7/r6;(3) $\phi30$M8/h7;(4) $\phi45$JS6/h5。

5.有一孔、轴配合,公称尺寸为 $\phi40$ mm,要求配合的间隙为(+0.025~+0.066)mm,试用计算法确定孔、轴的公差带代号。

6.已知公称尺寸为 $\phi80$ mm 的一对孔、轴配合,要求过盈为(-0.025~-0.110)mm,采用基孔制配合,试确定孔、轴的公差带代号。

7.习题7图所示为钻床夹具简图,1 为钻模板,2 为钻头,3 为定位套,4 为钻套,5 为工件。根据习题7表列的已知条件选择配合种类,并填入表中。

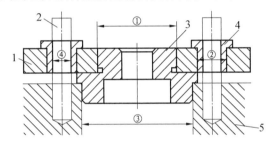

习题7图

习题7表

配合部位	已知条件	配合种类
①	有定心要求,不可拆连接	
②	有定心要求,可拆连接(钻套磨损后可更换)	
③	有定心要求,安装和取出定位套时有轴向移动	
④	有导向要求,且钻头能在转动状态下进入钻套	

8.习题8图为一机床传动轴配合图,齿轮1与轴2用键连接,与轴承4内圈配合的轴采用 $\phi50$k6,与轴承外径配合的基座6采用 $\phi110$J7,试选用①、②、③处的配合代号,填入习题8表中(3 为挡环,5 为端盖)。

习题8表

配合部位	配合代号	选择理由简述
①		
②		
③		

9.习题9图为车床溜板箱手动机构的部分结构图。转动手轮3通过键带动轴4及轴4上的小齿轮,再通过轴7右端的齿轮1、轴7以及其左端的齿轮与床身齿条(未画出)啮合,使溜板箱沿导轨做纵向移动,各配合面的公称尺寸(单位为 mm):① $\phi40$;② $\phi28$;③

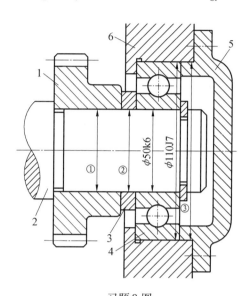

习题 8 图

1—齿轮;2—轴;3—挡环;4—轴承;5—端盖;6—基座

$\phi28$;④$\phi46$;⑤$\phi32$;⑥$\phi32$;⑦$\phi18$。试选择它们的基准制、公差等级及配合种类。

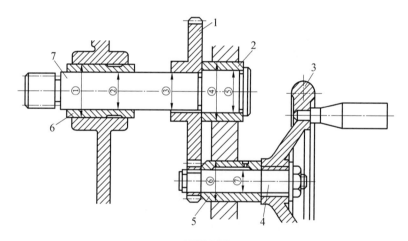

习题 9 图

1—齿轮;2、5、6—套;3—手轮;4、7—轴

10. 轴类零件 $\phi60f9$ 包容要求,试确定验收极限和选择测量器具。

11. 孔类零件 $\phi100H9$ 包容要求,工艺能力指数 $C_p=1.3$,试确定验收极限和选择测量器具。

12. 设计 $\phi40G7/h6$ 配合孔、轴用工作量规及其校对量规的工作尺寸及其偏差,并画出量规公差带图。

13. 试从 83 块一套的量块中组合下列尺寸:48.98 mm,10.56 mm,65.365 mm。

第4章 几何公差
(Geometrical Tolerance)

【内容提要】 本章主要介绍国家标准《产品几何技术规范(GPS) 几何公差》的基本内容。重点介绍如何应用《产品几何技术规范(GPS) 几何公差》进行机械零件的几何精度设计及检测的相关知识。

【课程指导】 通过本章的学习,熟练掌握《产品几何技术规范(GPS) 几何公差》的基本术语和定义;掌握《产品几何技术规范(GPS) 几何公差》的特征项目、公差带特点、公差原则与公差要求;学会对《产品几何技术规范(GPS) 几何公差》的正确选用,掌握几何公差的标注方法,并能正确标注在图样上;了解一般几何公差的有关规定,初步了解几何误差的检测和评定方法。

4.1 概　　述
(Overview)

任何机械零件,其几何特征都是由若干点、线、面所构成的,这些点、线、面在《产品几何技术规范(GPS) 几何公差》标准中称为几何要素。在机械加工中,由机床、夹具和被加工零件构成的工艺系统存在种种误差,使得被加工零件的各几何要素不可避免地产生加工误差(尺寸误差、几何误差及表面粗糙度等)。几何误差对机械产品的装配性能和使用都有很大影响。例如,图4.1(a)所示的间隙配合的圆柱表面 ϕd_1 有几何误差(外圆不圆),会影响间隙的均匀性,导致局部磨损加快,零件的运动精度降低,工作寿命缩短,ϕd_2 有几何误差(轴线不直)会造成与配合孔的装配困难甚至无法装配;图4.1(b)中滑块的上、下工作表面是否平行会影响滑块的摩擦寿命等。因此有必要对机械零件的几何误差进行限制。

在机械产品设计时,为了限制零件的几何误差,需要给出零件的几何公差,即进行机械零件的几何精度设计,对此我国发布了一系列几何精度标准。本章涉及的国家标准有:《产品几何量技术规范(GPS) 几何要素 第1部分:基本术语和定义》(GB/T 18780.1—2002)、《产品几何技术规范(GPS) 几何公差 基准和基准体系》(GB/T 17851—2010)、《产品几何技术规范(GPS) 几何公差 形状、方向、位置和跳动公差标注》(GB/T 1182—2018)、《形状和位置公差 未注公差值》(GB/T 1184—1996)、《产品几何技术规范(GPS) 基础 概念、原则和规则》(GB/T 4249—2018)、《产品几何技术规范(GPS)

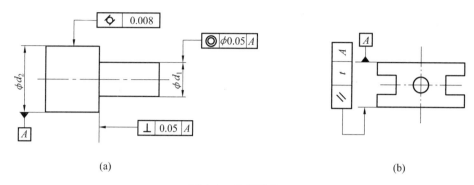

图 4.1　几何误差

几何公差　最大实体要求（MMR）、最小实体要求（LMR）和可逆要求（RPR）》（GB/T 16671—2018）、《产品几何技术规范（GPS）　几何公差　检测与验证》（GB/T 1958—2017）、《产品几何技术规范（GPS）　几何公差　轮廓度公差注》（GB/T 17852—2018）、《产品几何技术规范（GPS）　几何公差　成组（要素）与组合几何规范》（GB/T 13319—2020）、《产品几何技术规范（GPS）　平面度　第 2 部分　规范操作集》（GB/T 24630.2—2009）、《产品几何技术规范（GPS）　圆柱度　第 2 部分　规范操作集》（GB/T 24633.2—2009）等。

4.1.1　术语和定义
（Terms and Definitions）

1. 要素（Feature）

要素是指几何要素，点、线或面。

Geometrical feature, point, line or surface.

（1）组成要素（Integral feature）。

组成要素是指面或面上的线。组成要素是实有定义的，例如，图 4.2 中的球面、端平面、圆锥面、圆柱面和圆锥面、圆柱面的素线。

Surface or line on a surface. An integral feature is intrinsically defined. An integral feature is intrinsically defined.

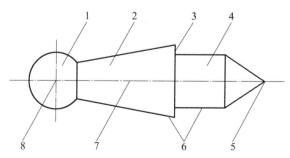

图 4.2　几何要素

1—球面；2—圆锥面；3—端平面；4—圆柱面；5—锥顶；6—素线；7—轴线；8—球心

（2）导出要素（Derived）。

导出要素是指由一个或几个组成要素得到的中心点、中心线或中心面。

Centre point, median line or median surface from one or more integral feature.

例如，图 4.2 中的球心是由球面得到的导出要素，该球面为组成要素；圆柱面、圆锥面的中心线是由圆柱面、圆锥面得到的导出要素，该圆柱面、圆锥面为组成要素。

（3）公称组成要素（Nominal Integral feature）。

公称组成要素是指由技术制图或其他方法确定的理论正确组成要素（图 4.4（a））。

Theoretically exactintegral feature as defined by a technical drawing or by other means.

（4）公称导出要素（Nominal derived feature）。

公称导出要素是指由一个或几个公称组成要素得到的中心点、轴线线或中心面（图 4.4（a））。

Centrepoit, axis or median plane derived from one or more nominal integral features.

（5）工件实际表面（Real surface of a workpiece）。

工件实际表面是指实际存在并将整个工件与周围介质分隔的一组要素。

Set of features which physically exist and separate the entireworkpiece from thesurrounding medium.

（6）实际（组成）要素（Real（integral）feature）。

实际（组成）要素是指由接近实际（组成）要素所限定的工件实际表面的组成要素部分（图 4.4（b））。

Integral feature part of a real surface ofworkpiece limited by the adjacent（integral）feature.

（7）提取组成要素（Extracted integral feature）。

提取组成要素的定义见第 3 章 3.1.3 节。

（8）提取导出要素（Extracted derived feature）。

提取导出要素是指由一个或几个提取组成要素得到的中心点、中心线或中心面（图 4.4（c））。

Centre point, median line or median surface derived from one or more extracted integral features.

（9）拟合组成要素（Associated integral feature）。

拟合组成要素是指按规定的方法由提取组成要素形成的并具有理想形状的组成要素（图 4.4（d））。

（10）拟合导出要素（Associated derived feature）。

拟合导出要素是指由一个或几个拟合组成要素导出的中心点、轴线或中心平面（图 4.4（d））。

Centrepoit, axis or median plane derived from one or more associated integral features.

（11）被测要素（Toleranced features）。

被测要素是指图样上给出几何公差要求的几何要素，是检测的对象。

Geometric element which geometric tolerance requirements are given on the drawing, and is the object of inspection.

（12）基准要素（Datum feature）。

基准要素是指零件上用来建立基准并实际起基准作用的实际（组成）要素（如：一条边、一个表面或一个孔）。

Real integral features used for establishing a single datum. A datum feature can be a complete surface, a set of one or more portions of a complete surface or a feature of size.

（13）单一要素（Single feature）。

单一要素是指仅对其自身给出形状公差要求的几何元素。

Feature which only give the shape tolerance requirement to itself.

单一要素既可以是组成要素，也可以是导出要素。

（14）关联要素（Associated feature）。

关联要素是指对基准要素有功能要求而给出几何公差要求的几何元素。

Ideal feature which is fitted to the datum feature with a specific association criterion.

关联要素既可以是组成要素，也可以是导出要素。

（15）方向要素（Direction feature）。

方向要素是指由工件的提取要素建立的理想要素，用于标识公差带宽度（局部偏差）的方向。

Ideal feature, established from an extracted feature of the workpiece, identifying the direction of local deviations.

方向要素可以是平面、圆柱面或圆锥面。使用方向要素可改变在面要素上的线要素的公差带宽度的方向。当公差值适用在规定的方向，而非规定的几何形状的法向方向时，可使用方向要素。可使用标注在方向要素框格中第二格的基准构建方向要素。可使用被测要素的几何形状确定方向要素的几何形状。

（16）组合连续要素（Compound continuous feature）。

组合连续要素是指由多个单一要素无缝组合在一起的单一要素。

Single feature composed of more than one single feature joined together without gaps.

组合连续要素可以是封闭的或非封闭的。非封闭的组合连续要素可用"区间"符号与 UF 修饰符（如适用）定义。封闭的组合连续要素可用"全周"符号与 UF 修饰符定义。此时，它是一组单个要素，与平行于组合平面的任何平面相交所形成的是线要素或点要素。封闭的组合连续要素可用"全表面"符号与 UF 修饰符定义。

（17）理论正确要素（TEF）（Theoretically exact feature）。

理论正确要素是指具有理想形状，以及理想尺寸、方向与位置的公称要素。

Nominal feature with ideal shape, size, orientation and location, as applicable.

理论正确要素（TEF）可以拥有任何形状，可使用明确标注的或在 CAD 数据中缺省定义的理论正确尺寸定义。如适用，理论正确位置与方向是相对于所有标注的基准体系，该基准体系用于相应实际要素的范围。

（18）联合要素（United feature）。

联合要素是指由连续的或不连续的组成要素组合而成的要素，并将其视为一个单一要素。

Compound integral feature which may or may not be continuous, considered as a single feature.

可以由联合要素获得导出要素。联合要素的定义可以非常广泛,以免遗漏任何有用的应用。然而联合要素的使用目的并非是要将多个自然分离的要素定义在一起。例如,勿将两个平行但不同轴的圆柱要素或两个平行但不同轴的方管(每个均由两组垂直的平行平面构成)构建为一个联合要素。

正确理解几何要素定义间的相互关系对理解和掌握几何公差相关标准以及正确进行机械零件几何精度设计具有非常重要的意义。

几何要素存在于设计、零件和检验与评定三个范畴当中。

设计者对未来机械零件的设计意图体现在设计范畴中,包括公称组成要素、公称导出要素;零件成品实物体现在零件范畴中,包括提取组成要素、零件实体表面;通过测量实体零件上以提取足够的点来代表实际零件,并通过滤波、拟合和重建等操作后依据规范对零件进行评定体现在检验与评定范畴中,包括提取组成要素、提取导出要素、拟合组成要素和拟合导出要素。

图 4.3 给出了几何要素定义间相互关系的结构框图。图 4.4 用一圆柱面说明了上述各要素的含义。

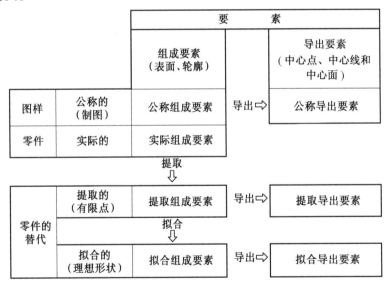

图 4.3　几何要素定义间相互关系的结构框图

2. 公差带(Tolerance zone)

公差带是指由一个或两个理想的几何线要素或面要素所限定的、由一个或多个线性尺寸表示公差值的区域。

Space limited by and including one or two ideal lines or surfaces, and characterized by one or more linear dimensions, called a tolerance.

3. 平面(Plane)

(1)相交平面(Intersection plane)。

相交平面是指由工件的提取要素建立的平面,用于标识提取面上的线要素(组成要

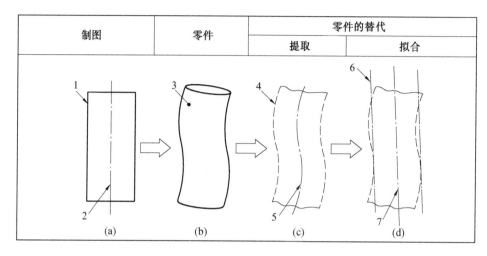

图 4.4　几何要素相互关系示意图

1—公称组成要素;2—公称导出要素;3—实际要素;4—提取组成要素;

5—提取导出要素;6—拟合组成要素;7—拟合导出要素

素或中心要素)或标识提取线上的点要素。

Plane,established from an extracted feature of the workpiece,identifying a line on an extracted surface(integral or median)or a point on an extracted line.

使用相交平面可不依赖于视图定义的被测要素。对于区域性的表面结构,可使用相交平面定义评价该区域的方向。

(2)定向平面(Orientation plane)。

定向平面是指由工件的提取要素建立的平面,用于标识公差带的方向。

Plane,established from an extracted feature of the workpiece,identifying the orientation of the tolerance zone.

使用定向平面可不依赖于 TED(位置)或基准(方向)定义限定公差带的平面或圆柱的方向。仅当被测要素是中心要素(中心点、中心线)且公差带由两平行直线或平行平面所定义时,或被测要素是中心点、圆柱时,才使用定向平面。定向平面可用于定义矩形局部区域的方向。

(3)组合平面(Collection plane)。

组合平面是指由工件上的要素建立的平面,用于定义封闭的组合连续要素。

Plane,established from a feature on the workpiece,definition a close compound continuous feature.

当使用"全周"符号时总是使用组合平面。

4. 理论正确尺寸(TED)(Theoretically exact dimension(TED))

理论正确尺寸是指在 GPS 操作中用于定义要素理论正确几何形状、范围、位置与方向的线性或角度尺寸。

Linear or angular used in GPS operations to define theoretically exact geometry,extents,locations and orientations offeatures.

使用理论正确尺寸(TED)可定义要素的公称形状和尺寸;理论正确要素(Theoretically exact feature(TEF));要素的局部位置与尺寸,包括局部被测要素;被测要素的延伸长度;两个或多个公差带的相对位置与方向;基准目标的相对位置与方向,包括可移动基准目标;公差带相对于基准与基准体系相对位置与方向;公差带宽度的方向。TED 可以明确标注或是缺省。标注时,明确的 TED 可使用包含数值,还可包含相关符号,例如包含 R 或 φ 的矩形框标注。在三维模型中,明确的 TED 可通过查询获得。缺省的 TED 可不标注。缺省的 TED 可以包括:0mm、90°、180°、270°以及在完整的圆上均匀分布的因素之间的角度距离。TED 不受单个或通用规范的影响。

4.1.2 几何公差特征项目及其符号
(Items and Symbols of Geometrical Tolerance)

国家标准 GB/T 18780.1—2002 中根据零件的几何要素特征将几何公差分为形状公差、方向公差、位置公差和跳动公差四类。几何公差特征项目名称及其符号见表 4.1,几何公差附加符号见表 4.2。

表 4.1　几何公差特征项目名称及其符号(摘自 GB/T 1182—2018)

公差类型	几何特征	符号	有无基准
形状公差	直线度	—	无
	平面度	▱	无
	圆度	○	无
	圆柱度	⌭	无
	线轮廓度	⌒	无
	面轮廓度	⌓	无
方向公差或位置公差	线轮廓度	⌒	无
	面轮廓度	⌓	无
方向公差	平行度	//	有
	垂直度	⊥	有
	倾斜度	∠	有
位置公差	位置度	⊕	有或无
	同心度(用于中心点)同轴度(用于轴线)	◎	有
	对称度	⌯	有
跳动公差	圆跳动	↗	有
	全跳动	↗↗	有

表 4.2 几何公差附加符号(摘自 GB/T 1182—2008)

描述	符号	描述	符号
组合规范元素		参数	
组合公差带	CZ	偏差的总体范围	T
独立公差带	SZ^c	峰值	P
不对称公差带		谷深	V
(规定偏置量的)偏置公差带	UZ^a	标准差	Q
公差带约束		被测要素标识符	
(未规定偏置量的)线性偏置公差带	OZ	区间	←→
(未规定偏置量的)角度偏置公差带	VA	联合要素	UF
		小径	LD
拟合被测要素		大径	MD
最小区域(切比雪夫)要素	Ⓒ	中径/节径	PD
最小二乘(高斯)要素	Ⓖ	全周(轮廓)	
最小外接要素	Ⓝ		
贴切要素	Ⓣ	全表面(轮廓)	
最大内切要素	Ⓧ	公差框格	
导出要素		无基准的几何规范标注	
中心要素	Ⓐ	有基准的几何规范标注	
延伸公差带	Ⓟ	辅助要素标识符或框格	
状态的规范元素		任意横截面	ACS
		相交平面框格	
		定向平面框格	
自由状态(非刚性零件)	Ⓕ	方向要素框格	
基准相关符号		组合平面框格	
基准要素标识		理论正确尺寸符号	
		理论正确尺寸(TED)	50
基准目标标识		实体状态	
		最大实体要求	Ⓜ
接触要素	CF	最小实体要求	Ⓛ
仅方向	><	可逆要求	Ⓡ

续表 4.2

描述	符号	描述	符号
评定参照要素的拟合		无约束的最小二乘 (高斯)拟合被测要素	G
无约束的最小区域 (切比雪夫)拟合被测要素	C	实体外部约束的最小二乘 (高斯)拟合被测要素	GE
实体外部约束的最小区域 (切比雪夫)拟合被测要素	CE	实体内部约束的最小二乘 (高斯)拟合被测要素	GI
实体内部约束的最小区域 (切比雪夫)拟合被测要素	CI	最小外接拟合被测要素	N
		最大内接拟合被测要素	X

从表 4.1 中可以看出形状公差无基准要求,方向、位置和跳动公差有位置要求。线轮廓度和面轮廓度在无基准要求时为形状公差,而在有基准要求时为方向或位置公差。位置度公差既可以有基准要求又可以无基准要求,当无基准要求时,必须用理论正确尺寸和理论正确要素加以限制。

4.2 几何公差规范标注
(Geometrical Specification Indication)

在图样上,一般情况下几何公差是用框格的形式进行标注的,必要时也允许在技术要求中用文字进行说明。框格标注形式如图 4.5 所示,图中标注的读法如下:

同轴度:以 $\phi 28^{-0.020}_{-0.040}$ 轴线为基准,$\phi 28^{+0.013}_{-0.008}$ 与 $\phi 28^{-0.020}_{-0.040}$ 的同轴度误差 ≤0.01 mm。

圆跳动:以 $\phi 28^{-0.020}_{-0.040}$ 轴线为基准,$\phi 40$ 左端面的圆跳动误差 ≤0.02 mm。

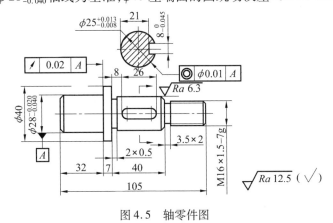

图 4.5　轴零件图

4.2.1　被测要素
(Toleranced Features)

当几何公差规范适用于组成元素时,该几何规范标注应当通过指引线与被测要素连接。

在二维图标注中,指引线要终止在要素的轮廓上或轮廓的延长线上,并与尺寸线明显分开,如图4.6(a)和图4.7(a)所示。

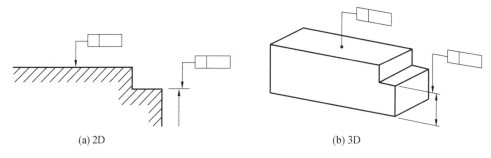

(a) 2D   (b) 3D

图4.6 组成要素的图样标注示例1

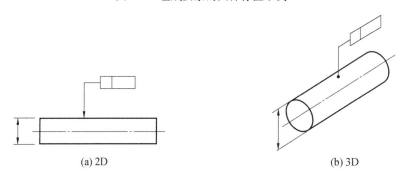

(a) 2D   (b) 3D

图4.7 组成要素的图样标注示例2

在三维图标注中,指引线终止在组成要素上,并与尺寸线明显分开,如图4.6(b)和图4.7(b)所示。

当标注要素是组成要素且指引线终止在要素的界限以内,则以圆点终止,如图4.8所示。当该面要素可见时,圆点为实心的,指引线为实线;当该面要素不可见时,圆点为空心的,指引线为虚线。

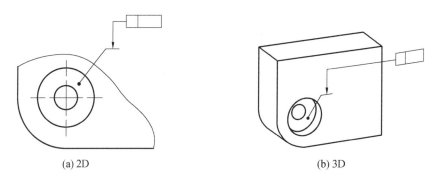

(a) 2D   (b) 3D

图4.8 组成要素的图样标注示例3

当几何公差规范适用于导出要素(中心线、中心面或中心点)时,指引线的箭头要终止在尺寸延长线上,如图4.9所示。

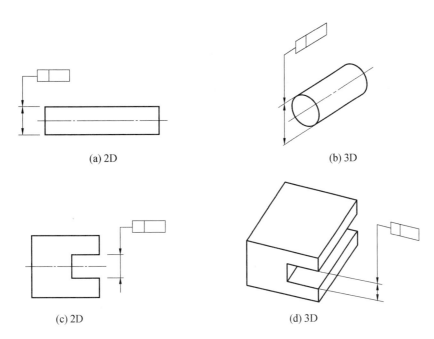

(a) 2D　　　　　　　　　　　　　　(b) 3D

(c) 2D　　　　　　　　　　　　　　(d) 3D

图 4.9　导出要素的图样标注示例

对于回转体的导出要素,也可用中心要素修饰符进行标注,修饰符放置在回转体公差框格的公差带、要素与特征部分,此时指引线可在组成要素上用圆点或箭头终止,并与尺寸线分开,如图 4.10 所示。

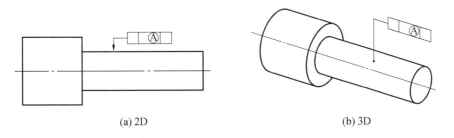

(a) 2D　　　　　　　　　　　　　　(b) 3D

图 4.10　中心要素的图样标注示例

4.2.2　公差带
(Tolerance Zones)

1. 缺省公差带(Tolerance zone defaults)

除非另有说明,否则公差带位于作为参考要素的理论正确要素(TEF)上,且公差带相当于参考要素对称分布,公差值定义了公差带的宽度。公差带的局部宽度应与规定的几何形状垂直,如图 4.11 所示。

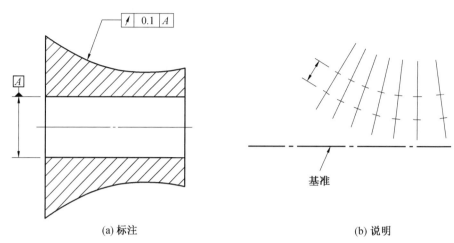

(a) 标注   (b) 说明

图 4.11　缺省公差带

2. 变宽度公差带(Tolerance zones of variable width)

除非另有图形标注,否则公差值沿被测要素的长度方向保持定值。该标注可以在被测要素上规定的两个位置之间定义从一个值到另一个值的呈比例变量,如图 4.12 所示。

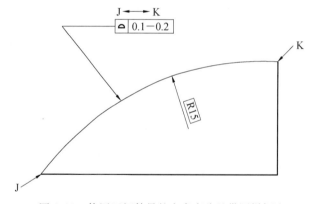

图 4.12　使用区间符号的变宽度公差带图样标注

3. 导出要素公差带的方向(Orientation of tolerance zones for derived features)

对于导出要素,如果导出要素的公差带由两个平行平面组成,且用于约束中心线时,或由一个圆柱组成,用于约束一个圆或球的中心点时,应使用定向平面框格控制该平面或圆柱的方向见。

4. 圆柱形或球形公差带(Cylindrical and spherical tolerance zones)

如果公差框格第二部分中的公差值前有"ϕ",则公差带应为圆柱形或圆形的,或如果前面有符号"$S\phi$",则公差带应为球形。

4.2.3　公差框格
(Tolerance Indicator)

几何公差规范标注的组成包括公差框格,可选的辅助平面和要素标注以及可选的相邻标注(补充标注),如图 4.13 所示。

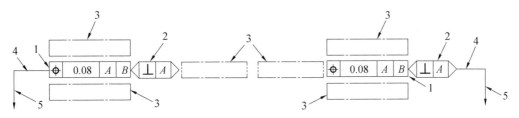

图 4.13 几何公差规范标注的元素

1—公差框格;2—辅助平面和要素框格;3—相邻标注;4—参照线;5—指引线

几何公差规范使用参照线与指引线相连。如果没有可选的辅助平面或要素标注,参照线应与公差框格的左侧或右侧中点相连。如果有可选的辅助平面或要素标注,参照线应与公差框格的左侧中点或最后一个辅助平面和要素框格的右侧中点相连(图 4.13(b))。

1. 框格与符号(Symbol section)

公差要求应标注划分成两个部分或三个部分的矩形框格内。第三个部分可选的基准部分可包含 1~3 格。如图 4.14 所示,这些部分为自左向右顺序排列。符号部分包含几何特征符号,见表 4.1。

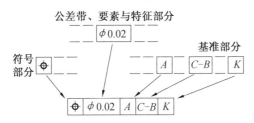

图 4.14 公差框格的三个部分

2. 公差带、要素与特征部分(Zone，feature and characteristic section)

公差框格的公差带、要素与特征部分的标注组别及顺序如图 4.15 所示。除了宽度元素外,其他所有元素都是可选的。

公差带					被测要素				特征值		实体状态	状态
形状	宽度与范围	组合/独立	规定的偏置量	约束	滤液		拟合被测要素	导出要素	评定拟合	评定参数		
					类型	嵌套指数						
ϕ	0.02	CZ	UZ+0.2	OZ	G	0.8	ⓒ	Ⓐ	C CE CI	P	Ⓜ	Ⓕ
$S\phi$	0.02−0.01	SZ	UZ−0.2	VA	S	−0.250	ⓖ	Ⓟ	G GE GI	V	Ⓛ	
	0.1/75		UZ−0.1：+0.2	><	等	0.8−250	ⓖ	Ⓟ25	X	T	Ⓡ	
	0.1/75×75		UZ−0.2：−0.3			500	ⓣ	Ⓟ2−7	N	Q		
	0.2/ϕ4		UZ−0.2：−0.3			−15	Ⓝ					
	0.2/75×30°					500−15						
	0.3/10°×30°					等						

图 4.15 公差框格的公差带、要素与特征部分中的规范元素

除拟合被测要素、导出要素、实体状态与状态(即带圈字母)中的规范元素应连续标注以外,分格内不同编号的规范元素之间应留间隔。在同一个有编号的分格中,或分别在公差带的分格形状与宽度与范围以及被测要素滤波的类型与嵌套指数之间均不留间隔。

(1)形状、宽度与范围(Shape,width and extent specification elements)。

形状规范元素是可选元素。如果被测要素是线要素或点要素且公差带是圆形、圆柱形,或圆管形,公差值前面应标注符合"ϕ",如果被测要素是点要素且公差带是球形,公差值前面应标注符合"$S\phi$"。

公差值是强制性的规范元素。公差值应以线性尺寸所使用的单位给出,公差值给的公差带宽度垂直于被测要素。

公差带默认具有恒定的宽度。如果公差带的宽度在两个值之间发生线性变化,此两数值应采用"—"分开标明如图4.16所示。如果公差带宽度的变化是非线性的,应通过其他方式标注。

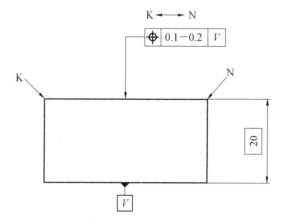

图4.16　线性变化公差带规范

公差默认适用于整个被测要素,如果公差适用于整个要素内的任何局部区域,则应使用线性与/或角度单位(如适用)将局部区域的范围加在公差值后面,并用斜杠"/"分开,如图4.17所示。

(a) 线性局部公差带　　　　　(b) 圆形局部公差带

图4.17　局部公差带

(2)组合规范元素(Combination specification element)。

组合规范元素适用于多个要素的标注如图4.18～4.20所示。

当组合公差带应用于若干独立的要素时,或若干个组合公差带(由一个公差框格控制)同时(并非相互独立的)应用于多个独立的要素时,要求为组合公差带标注符号 CZ,如图4.19所示,CZ 标注在公差框格内。

(3)给定偏置量的偏置公差规范元素(Specified tolerance zone offset specification element)。

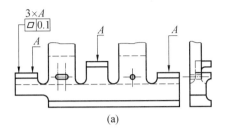
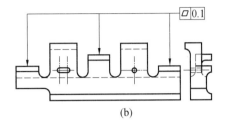

图 4.18 适用于多个单独要素的规范

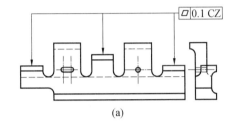
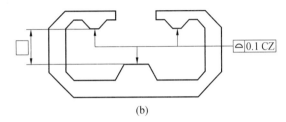

图 4.19 适用于多个要素的组合公差带规范

使用给定偏置量的偏置公差规范元素采用符号 UZ 标注在公差框格内,如图 4.20 所示。公差框格中"−"符号表示向实体内部偏置,"+"符号表示向实体外部偏置,UZ 仅适用于组成要素。

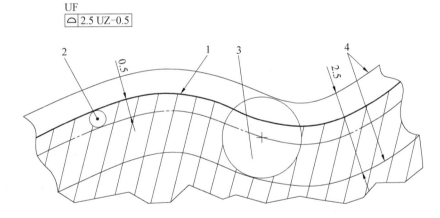

图 4.20 给定偏置量的偏置公差带规范

1—单个复杂理论正确要素(TEF),其实体位于轮廓下方;

2—定义理论偏置要素的无数个球;3—定义公差带的无数个球;4—公差带界限

(4)约束规范元素(Constraint specification elements)。

如果公差带允许相对于与 TEF 的对称状态有一个常量的偏置,但未规定数值,则应当注明符号 OZ,如图 4.21 所示(r 为常量,但未限定偏置量)。

因为对偏置量没有限定,所以有 OZ 修饰符的规范通常会与无 OZ 修饰符的公差较大的规范组合使用。

当公差带由 TEF 定义,且为角度尺寸要素,其角度可变(未给定偏置量)时,应在公差

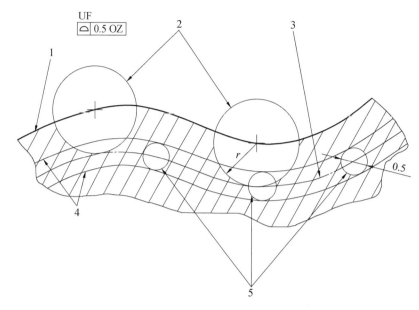

图 4.21　未给定偏置量的偏置公差带

1—单个复杂理论正确要素(TEF),其实体位于轮廓下方;2—定义理论偏置要素的无数
个球或圆;3—参照要素与 TEF 等距;4—公差带界限;5—表示公差带的无数个球或圆

框格的公差带、要素与特征部分内标注 VA 修饰符,如图 4.22 所示。

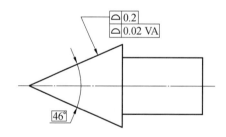

图 4.22　可变角度"VA"修饰符

因为角度偏置量无界限,所以有 VA 修饰符的规范通常会与另一个规范组合使用(无 VA 修饰符的角度尺寸规范或几何公差规范)。

当公差带的平移不受约束时,应在公差框格的公差带、要素与特征部分内标注方向符号"> <"。

3. 被测要素的规范元素(Toleranced feature specification element)

(1)滤波器的规范元素(Filter specification elements)。

滤波器规范是可选规范元素。被测要素所规定的滤波器应使用两个规范元素的组合,一个标注规定的滤波器类型,另一个则标注滤波器的嵌套指数。滤波器符号说明见表 4.3,滤波器嵌套指数说明见表 4.4。在嵌套指数后添加"—"表示采用的是长波通滤波器,而在嵌套指数前添加"—"则表示采用的是短波通滤波器。

表 4.3　滤波器符号说明

符号	名称	名字
G	FALG, FPLG	高斯
S	FALS, FPLS	样条
SW	FALPSW, FPLPSW	样条小波
CW	FALPCW, FPLPCW	符合小波
RG	FARG, FRPG	稳健高斯
RS	FARS, FPRS	稳健样条
OB	FAMOB	开放球
OH	FAMOH, FPMOR	开放水平线段
OD	FPMOD	开放盘
CB	FAMCB	封闭球
CH	FAMCH, FPMCH	封闭水平线段
CD	FPMCD	封闭盘
AB	FAMAB	交替球
AH	FAMAH, FPMAH	交替水平线段
AD	FPMAD	交替盘
F		傅里叶(声波)
H		凸包

表 4.4　滤波器嵌套指数说明

符号	名称	嵌套索引
G	高斯	截止波长 截止 UPR
S	样条	截止波长 截止 UPR
SW	样条小波	截止波长 截止 UPR
CW	组合小波	截止波长 截止 UPR
RG	稳健高斯	截止波长 截止 UPR
RS	稳健样条	截止波长 截止 UPR
OB	开放球	球半径
OH	开放水平分隔	分隔长度

续表4.4

符号	名称	嵌套索引
OD	开放盘	盘半径
CB	封闭球	球半径
CH	封闭水平分隔	分隔长度
CD	封闭盘	盘半径
AB	交替球	球半径
AH	交替水平分隔	分隔长度
AD	交替盘	盘半径
F	傅里叶	波长 UPR 数
H	凸包	H0 表示凸包

如果带通滤波器的双侧都使用相同的滤波器类型,则应首先给出长波通滤波器指数,然后再给出短波通滤波器指数,并且在长短滤波器指数中间用"—"将其分开。

如果带通滤波器使用的滤波器类型不同,则应将长波通滤波器标注在短波通滤波器的前面。

短滤波通波器和带通滤波器仅限用于形状规范。

(2)拟合被测要素的规范元素(Associated toleranced feature specification element)。

拟合被测要素是可选规范元素,适用于与标注元素拟合的要素。

符号用于标注被测要素为拟合最小区域(切比雪夫)要素,且无实体约束,可用于直线、平面、圆、圆柱、圆锥及圆环。

应用于拟合最小区域(切比雪夫)要素的位置度公差示例如图4.23所示。

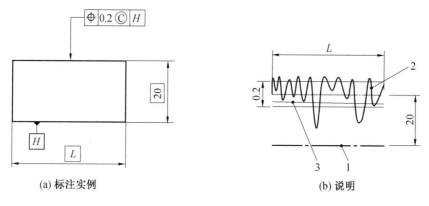

(a) 标注实例　　　　　　　　(b) 说明

图4.23　最小区域(切比雪夫)拟合被测要素标注
1—基准;2—实际要素或滤波要素;3—最小区域(切比雪夫)要素(被测要素)

符号用于标注被测要素为拟合最小二乘(高斯)要素,可用于直线、平面、圆及圆柱、圆锥与圆环等要素。应用于拟合最小二乘(高斯)要素的位置度公差示例如图4.24所示。

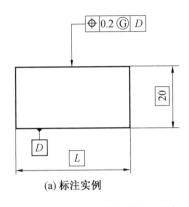

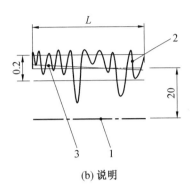

图 4.24 最小二乘(高斯)拟合被测要素标注
1—基准;2—实际要素或滤波要素;3—最小二乘(高斯)要素(被测要素)

符号用于标注被测要素为拟合最小外接要素或其导出要素,最小外接要素的拟合使该拟合要素在外接于非理想要素的约束下尺寸最小化,该标注仅用于线性尺寸要素。应用于拟合最小外接要素的位置度公差示例如图 4.25 所示。

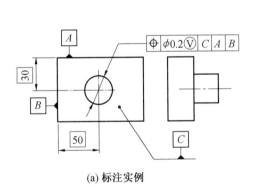

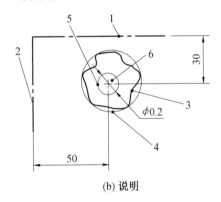

图 4.25 最小外接拟合被测要素标注
1,2—基准;3—实际要素或滤波要素;4—最小外接要素;5—公差带;6—被测要素(4 的中心线)

符号用于标注被测要素是基于 L 公称尺寸的拟合贴切要素,且该要素应约束在非理想要素的实体外部。该标注仅用于公称直线及平面要素。应用于贴切要素的平行度公差示例如图 4.26 所示。

符号用于标注被测要素是拟合最大内切要素或其导出要素,最大内切要素的拟合应使该拟合要素在内切于非理想要素的约束下的尺寸最大化。该标注仅用于线性尺寸要素。应用于拟合最大内切要素的位置度公差示例如图 4.27 所示。

拟合被测要素于要素类型的应用关系见表 4.5。

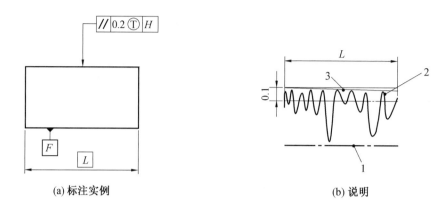

(a) 标注实例　　　　　　　　　(b) 说明

图 4.26　贴切拟合被测要素标注

1—基准;2—实际要素或滤波要素;3—贴切要素(被测要素)

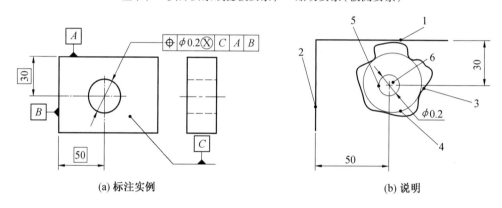

(a) 标注实例　　　　　　　　　(b) 说明

图 4.27　最大内切拟合被测要素标注

1、2—基准;3—实际要素或滤波要素;4—最大内切要素;5—公差带;6—被测要素(4 的中心线)

表 4.5　拟合被测要素于要素类型的应用关系

要素类型	Ⓒ	Ⓖ	Ⓝ	Ⓣ	Ⓧ
直线	是	是		是	
平面	是	是		是	
圆	是	是	是		是
圆柱	是	是	是		是
圆锥	是	是			
圆环	是	是			
尺寸要素:两平行平面	是	是	是	是	是

拟合被测要素可与滤波器组合使用。符号规范与 H0 图凸包滤波规范的组合使用如图 4.28 所示。图 4.28 表示被测要素为凸包的 L_2 公称贴切要素。该被测要素的定义方式与基于平面基准要素定义基准的方式一致,该规范可控制基准的方向和位置。

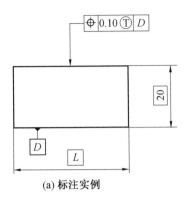
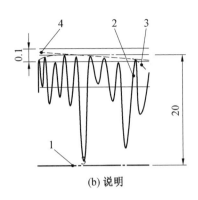

(a) 标注实例   (b) 说明

图 4.28　相对于凸包滤波要素拟合的贴切被测要素标注

1—基准;2—实际要素;3—凸包滤波要素;4—相对于凸包滤波要素的贴切要素(被测要素)

(3)导出被测要素的规范元素(Derived toleranced feature specification element)。

导出被测要素为可选规范元素,可用于表示规范不适用于所标注的组成要素本身,而是用于其导出的要素。

符号规范用于标注该被测要素为导出要素,仅用于回转体要素的尺寸要素,如图4.29所示。如果所标注的要素是圆柱,则导出要素为中心线;如果所标注的要素是圆或球,则导出要素为中心点。

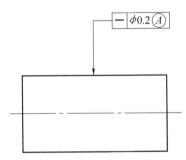

图 4.29　适用于中心要素的规范

4. 特征规范元素(Characteristic specification elements)

(1)参照要素的拟合规范元素(Reference feature association specification element)。

参照要素的拟合是可选规范元素,它只能用于形状规范,即无基准的规范,或其他至少包含一个未受约束自由度的规范。

修饰符 C 用于标注最小区域(切比雪夫)拟合。如图 4.30(a)所示,它将被测要素的最远点与参考要素的距离最小化。

修饰符 CE 用于标注实体外部约束的最小区域(切比雪夫)拟合。如图 4.30(b)所示,它将被测要素的最远点与参考要素之间的距离最小化,同时将参考要素保持在实体外部。

修饰符 CI 用于标注实体内部约束的最小区域(切比雪夫)拟合。如图 4.30(c)所示,它将被测要素的最远点与参考要素之间的距离最小化,同时将参考要素保持在实体内部。

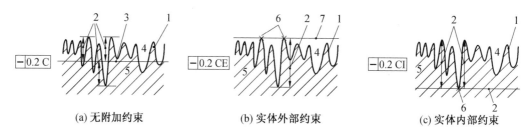

(a) 无附加约束　　　　　　(b) 实体外部约束　　　　　　(c) 实体内部约束

图 4.30　最小区域(切比雪夫)拟合

1—被测要素;2—最小化的最大距离;3—无附加约束的最小区域(切比雪夫)拟合直线-参照要素,带修饰符 C;4—实体外部;5—实体内部;6—拟合要素与被测要素的接触点;7—实体外部约束的最小区域(切比雪夫)拟合直线-参照要素,带修饰符 CE;8—实体内部约束的最小区域(切比雪夫)拟合直线-参照要素,带修饰符 CI

修饰符 G 用于标注最小二乘(高斯)拟合。它将被测要素与参考要素间局部误差的平方和最小化。

修饰符 GE 用于标注实体外部约束的最小二乘(高斯)拟合。它将被测要素与参考要素间误差的平方和最小化,同时将参考要素保持在实体外部。

修饰符 GI 用于标注实体内部约束的最小二乘(高斯)拟合。它将被测要素与参考要素间局部误差的平方和最小化,同时将参考要素保持在实体内部。

最小二乘(高斯)拟合类似于图 4.30 所示的最小区域(切比雪夫)拟合,但最小化的不是拟合要素的最大距离,而是被测要素与拟合要素之间的误差的平方和的平方根。

无约束的最小二乘(高斯)拟合、约束在实体外部的最小二乘(高斯)拟合以及约束在实体内部的最小二乘(高斯)拟合(图 4.30 中的 3、7 与 8)在定义上都是相互平行的。

修饰符 X 用于标注最大内切拟合。其仅适用于线性尺寸的被测要素。最大化参照尺寸的同时维持其完全处于被测要素内部,如图 4.31 所示。

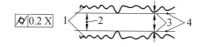

图 4.31　最大内切拟合

1—被测尺寸要素;2—拟合要素最大化的尺寸;
3—不稳定拟合条件下的距离;4—最大内切拟合尺寸要素

修饰符 N 用于标注最小外接拟合。其仅适用于线性尺寸的被测要素。最小化参照要素尺寸的同时保持其完全处于被测要素外部,如图 4.32 所示。

图 4.32　最大内切拟合

1—被测尺寸要素;2—拟合要素(最小化的)的尺寸;3—最小外接拟合尺寸要素

最小二乘(高斯)参照要素的直线度公差示例如图 4.33 所示,相交平面框格标注表示被测线方向平行于基准 C。

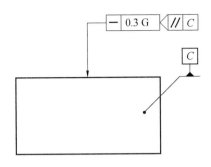

图 4.33 使用最小二乘(高斯)参照要素规范的规范

采用 50 UPR 截止值高斯长波通滤波器并应用了最小外接参照要素的圆度公差示例如图 4.34 所示。在滤波器的类型规范之后标注嵌套指数值,并且参考要素仅由字母组成,此时滤波器类型应位于参照要素之前。

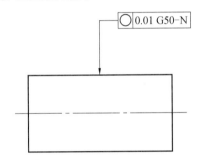

图 4.34 使用滤波器与最小外接参照要素的规范

(2)参数规范元素(Parameter specification element)。

参数为可选规范元素,仅适用于与基准无关的形状规范。

修饰符 T 用于标注偏差的总体范围,即缺省参数,如图 4.35 所示。

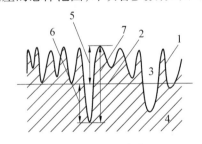

图 4.35 参数

1—被测要素;2—无附加约束的最小区域(切比雪夫)或最小二乘
(高斯)拟合直线;3—实体外部;4—实体内部;5—峰高(P)参数;
6—谷深(V)参数;7—偏差的总体范围(T)参数,T=P+V

修饰符 P(V)用于标注峰高(谷深)即被测要素的最高(低)值与参照要素之间的距离。峰高(谷深)仅相当于最小区域(切比雪夫)拟合与最小二乘法(高斯)拟合进行定义,即规范元素 C 与 G,如图 4.35 所示。

修饰符 Q 用于标注被测要素相对于参照要素的残差平方和的平方根或标准差。

$$Q = \sqrt{\frac{1}{l}\int_0^l Z^2(x)\,\mathrm{d}x} \quad （用于线性要素） \tag{4.1}$$

或

$$Q = \sqrt{\frac{1}{a}\int_0^a Z^2(x)\,\mathrm{d}x} \quad （用于区域要素） \tag{4.2}$$

式中 Q——参数;

l——被测要素长度;

a——被测要素的面积;

$Z(x)$——被测要素的局部偏差函数,$Z(x)$ 的原点是参照要素;

x——沿着被测要素的位置。

圆度公差用于最小二乘(高斯)参照要素规范元素与谷深特征规范元素的示例如图 4.36 所示。

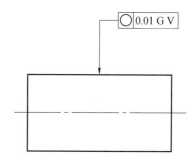

图 4.36   圆度公差用于最小二乘(高斯)参照要素规范元素与谷深特征规范元素的示例

应用轴向截止值 0.25 mm 与周向 150UPR 的样条长波通滤波器之后,相对于最小区域(切比雪夫)参照圆柱体应用于峰高的圆柱度公差示例如图 3.47 所示。

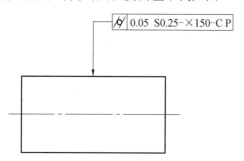

图 4.37   滤波规范,参照要素与特征规范元素

5. 实体要求(Material condition specification elements)

实体要求符号见 4.4 节。

6. 状态(State specification elements)

状态符号表示非刚性零件不受任何约束的自由状态,为可选规范元素。

4.2.4 基准部分

(Datum Section)

1. 基准的建立(Establishing datums)

基准是指用来定义公差带的位置和/或方向或用来定义实体状态的位置和/或方向(当有相关要求时,如最大实体要求)的一个(组)方位要素。

A theoretically exact geometric reference(such as axes,planes,straight lines ect.)to which tolerance features are related datums may be based on one or more datum features of a part.

(1)以一个组合要素做基准(Datum being an integral feature)。

以一条直线或一个平面作为基准,如图 4.38 所示。

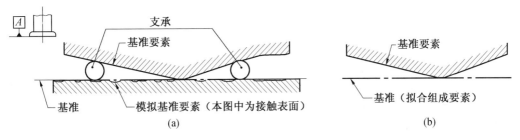

图 4.38　以一条直线或一个平面为基准

采用模拟基准要素建立基准时,将基准要素放置在模拟基准要素(如平板)上,并使它们之间的最大距离为最小。若基准要素相对于接触表面不能处于稳定状态时,应在两表面之间加上距离适当的支撑。对于线,就用两个支撑,如图 4.38(a)所示。

采用基准要素的拟合要素建立基准时,如图 4.38(b)所示,基准是拟合于基准要素的拟合组成要素。

(2)以一个导出要素做基准(Datum being a derived feature)。

以一个圆柱面的轴线作为基准,如图 4.39 所示。

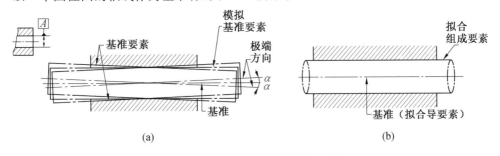

图 4.39　以一个圆柱面的轴线为基准

采用模拟基准要素建立基准(如心棒),体现的是基准孔的最大内接圆柱面,基准即该圆柱面的轴心,此时圆柱面在任何方向的可能摆动量应均等,如图 4.39(a)所示。

采用基准要素的拟合要素建立基准时,基准是基准要素(实际孔)的拟合组成要素的导出要素(轴线),如图 4.49(b)所示。

（3）以公共导出要素做基准（Datum being a common derived feature）。

以两个或两个以上的基准要素的公共导出要素作为基准，如图4.40所示。

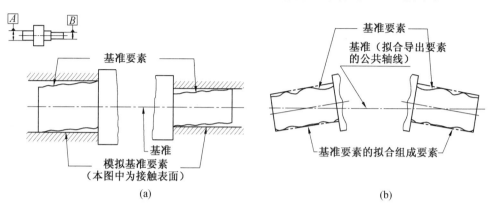

(a)　　　　　　　　　　　(b)

图4.40　以两个圆柱面的公共轴线为基准

采用模拟基准要素建立基准时，基准是同轴的两个模拟基准孔的最小外接圆柱面的公共轴线，如图4.40(a)所示。

采用基准要素的拟合要素建立基准时，基准是基准要素A、B拟合导出要素的公共轴线，如图4.40(b)所示。

（4）以垂直于一个平面的一个圆柱面的轴线做基准（Datums being the axis of a cylinder and perpendicular to a plane）。

以平面基准A和垂直于A平面的圆柱面的轴线作为基准B组成的基准体系，如图4.41所示。

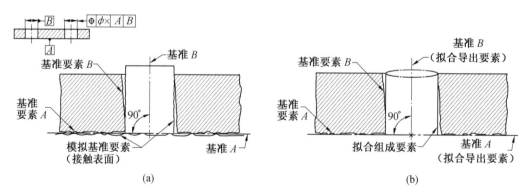

(a)　　　　　　　　　　　(b)

图4.41　以两个圆柱面的公共轴线为基准

在图4.41(a)中，基准A是模拟基准要素建立的平面基准，基准B是垂直于基准A的最大内接圆柱面（模拟基准轴）的导出要素（轴线）。

在图4.41(b)中，基准A是基准要素A的拟合组成要素，基准B是基准要素B的垂直于基准A的最大内接圆柱面的拟合导出要素（轴线）。

2. 基准的应用（Application of datums）

基准是用来描述方位要素间方位特征的基础，相应的基准要素和模拟基准要素的特性应与功能要求相适应。

表 4.6 所示为基准在图样上的标注、基准要素以及如何用模拟基准要素（方法 Ⅰ）和基准要素的拟合组成要素或拟合导出要素（方法 Ⅱ）来建立基准。

表 4.6　基准的应用

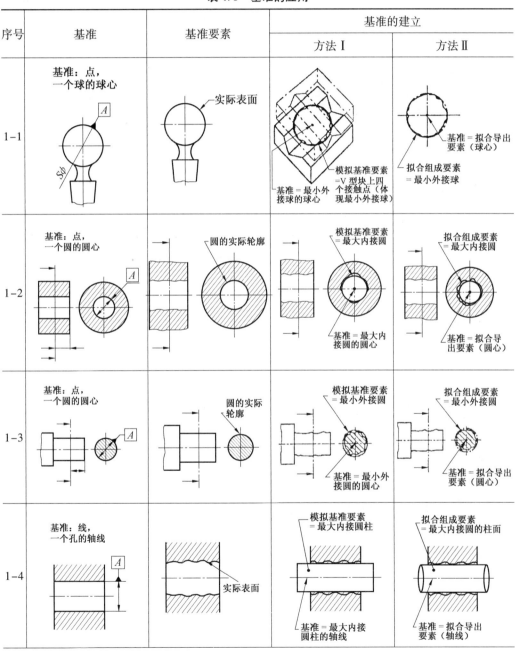

续表4.6

序号	基准	基准要素	基准的建立	
			方法Ⅰ	方法Ⅱ
1—5	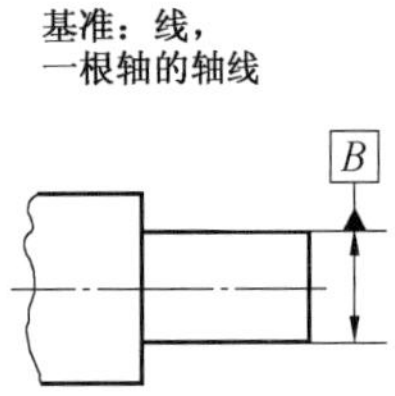 基准：线，一根轴的轴线 [B]	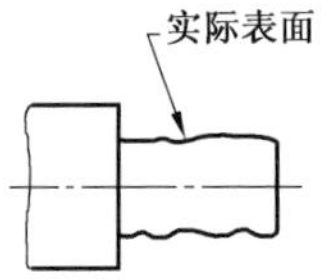 实际表面	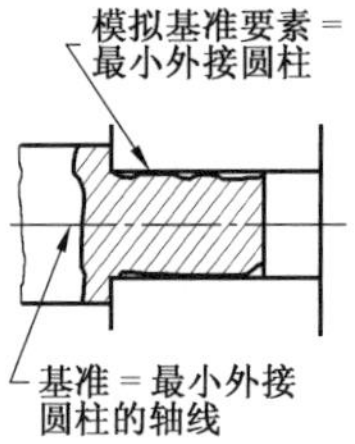 模拟基准要素＝最小外接圆柱；基准＝最小外接圆柱的轴线	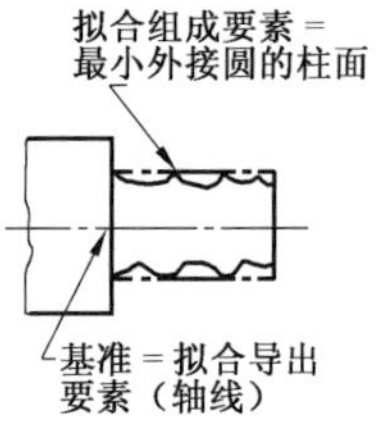 拟合组成要素＝最小外接圆的柱面；基准＝拟合导出要素（轴线）
1—6	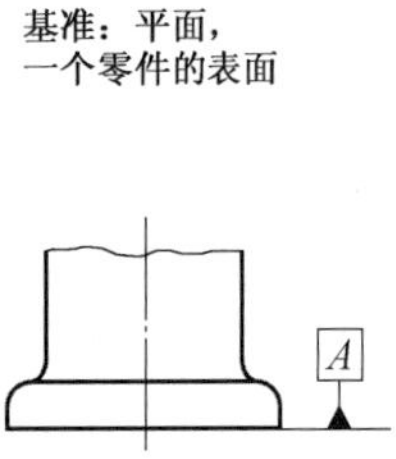 基准：平面，一个零件的表面 [A]	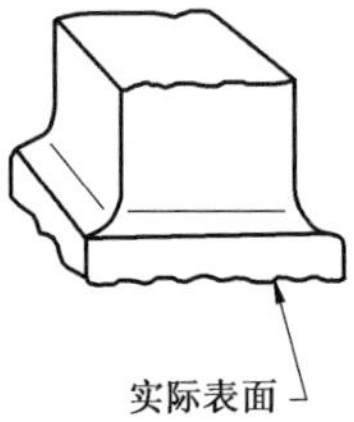 实际表面	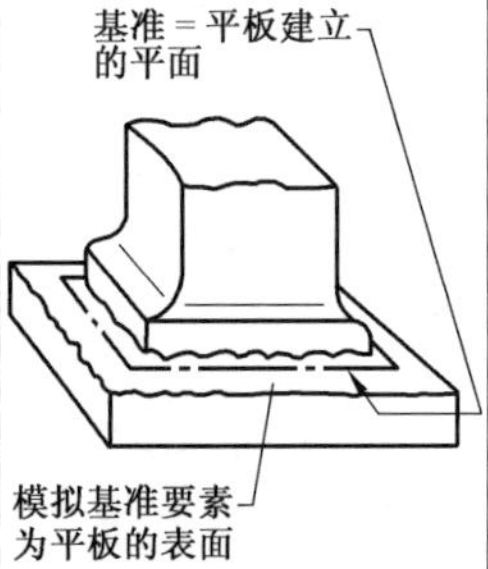 基准＝平板建立的平面；模拟基准要素为平板的表面	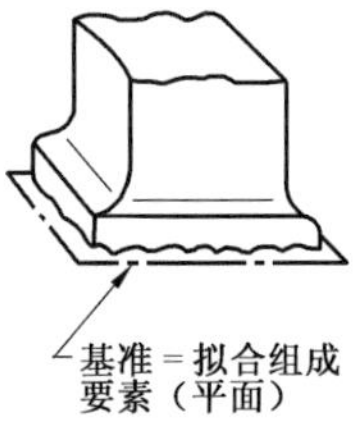 基准＝拟合组成要素（平面）
1—7	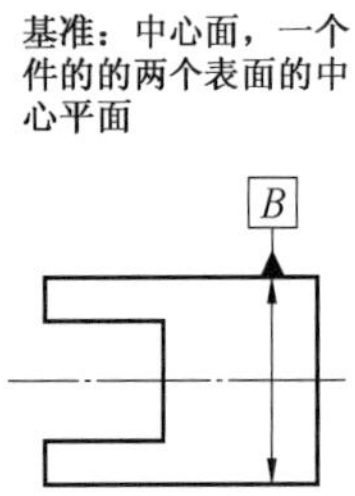 基准：中心面，一个件的两个表面的中心平面 [B]	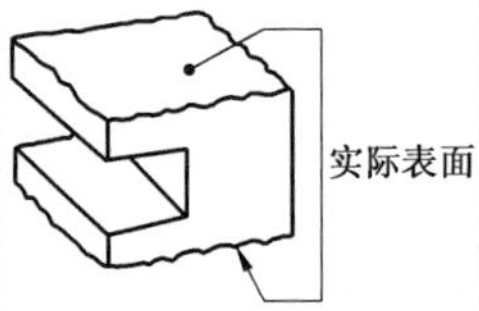 实际表面	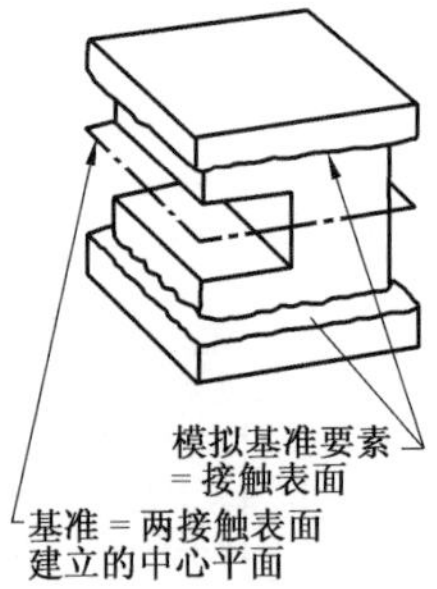 模拟基准要素＝接触表面；基准＝两接触表面建立的中心平面	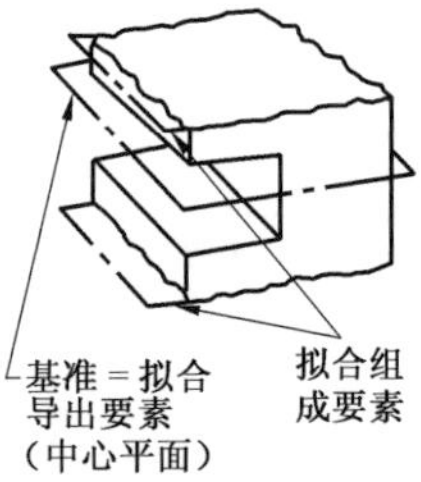 基准＝拟合导出要素（中心平面）；拟合组成要素

3. 基准和基准体系的标注(Indication of datums and datum-systems)

（1）基准符号(Datum symboles)。

如图 4.42 所示,基准由以填充三角形或开放三角形终止的引线表示。

(a) 填充三角形　　　　　　　　　(b) 开放三角形

图 4.42　基准符号

（2）基准字母(Datum letters)。

如图 4.43 所示,用以建立基准的表面通过一个位于基准符号内的大写英文字母来表示,为防混淆,建议不使用 I、O、Q 和 X。

图 4.43　基准符号

（3）基准和基准体系在公差框格中的表示（Datum and datum systems specified in the tolerance frame）。

基准和基准体系在公差框格中的表示如图 4.44 所示。

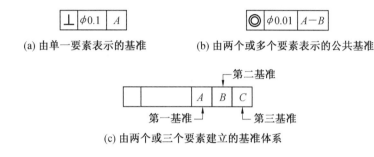

图 4.44　基准符号

（4）基准目标（Datum targets）。

基准目标用基准目标符号表示，如图 4.45 所示。基准目标符号的圆圈被一个水平线分为两部分，圆圈下部分为一个指明基准目标的字母和数字（从 1 到 n）；上半部分为一些附加的信息，例如：基准目标区域的尺寸。当部分面隐藏时，导向线的隐藏部分或参考线应该变为虚线并且以空心圆点结束。

图 4.45　基准目标符号

基准目标的类型如图 4.46 所示。

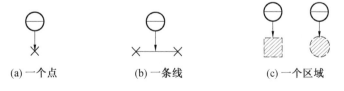

图 4.46　基准目标类型

（5）基准目标的应用（Application the datum targets）。

基准目标的应用示例如图 4.47 所示。

基准目标 $A1$、$A2$ 和 $A3$ 体现基准 A，基准目标 $B1$ 和 $B2$ 体现基准 B，基准目标 $C1$ 体现基准 C。

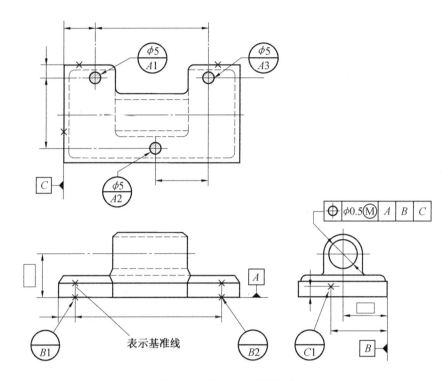

图 4.47　基准目标应用示例

（6）三基面体系（Three-plane datum-system）。

定向公差通常仅需一个或两个基准，而定位公差则常需由三个相互垂直的平面组成的三基面体系，此时根据功能要求确定各基准的先后顺序，如图 4.48 所示。

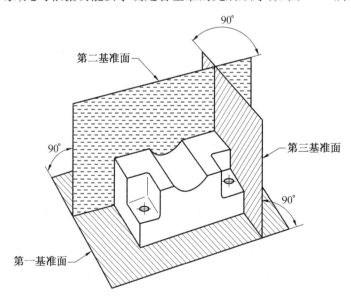

图 4.48　三基面体系

4.2.5 辅助平面与要素框格
(Plane and Feature Indicators)

如图 4.49 所示,相交平面框格、定向平面框格、方向要素框格,以及组合平面框格均可标注在公差框格的右侧。

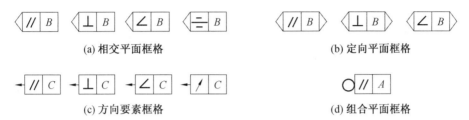

(a) 相交平面框格   (b) 定向平面框格

(c) 方向要素框格   (d) 组合平面框格

图 4.49 辅助平面与要素框格

如果需要标注其中的若干个,相交平面框格应在最接近公差框格的位置标注,其次是定向平面框格或方向要素框格(此两个不应一同标注),最后则是组合平面框格。标注时参考线可连接于公差框格的左侧或右侧,或最后一个可选框格的右侧。

4.2.6 公差框格相邻区域的标注
(Indications Adjacent to the Tolerance Indicators)

如图 4.50 所示,在与公差框格相邻的两个区域内可标注补充的标注。

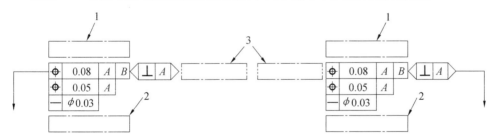

图 4.50 相邻标注区域

1—上相邻标注区域;2—下相邻标注区域;3—水平(左/右)标注区域

上下相邻标注区域内的标注应左对齐。当上下相邻的标注区域内的标注意义一致时,优先使用上部相邻标注区域。水平相邻标注区域内的标注,如果位于公差框格的右侧,则应左对齐;如果位于公差框格的左侧,则应右对齐。水平相邻标注区域的标注位置取决于参考线连接在公差框格何端。

若被测要素为提取组成要素与横截平面相交,或提取中心线与相交平面所定义的交线或交点,如图 4.51 所示,则应在相邻标注区域内标示"ACS"。ACS 仅适用于回转体表面、圆柱表面或棱柱表面。

若被测要素为局部要素,在要素上标注位置的字母以区间符号分开(图 4.50、图 4.51),或公差带宽度于位置间按比例变化(图 4.12、图 4.16)。

若被测要素为联合要素,则应在相邻标注区域内标示"UF",如图 4.52 所示。

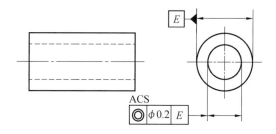

图 4.51　应用于任何横截面的规范标注示例

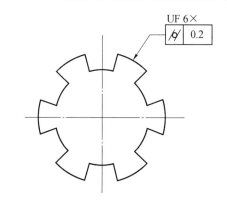

图 4.52　应用于联合要素的规范标注示例 1

对于螺纹,规范默认的是中径的导出轴线,对于大径导出轴线应在相邻标注区域内标示"MD",如图 4.53 所示。而对于小径导出轴线应在相邻标注区域内标示"LD"。

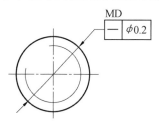

图 4.53　应用于联合要素的规范标注示例 2

对于花键和齿轮的规范与基准应注明其适用的具体要求,例如,标注"PD"表示节圆直径,"MD"表示大径或"LD"表示小径。

如果在相邻标注区域内有多项标注,其标注顺序为:多个被测要素的标注,如 $n\times$ 或 $n\times m\times$;尺寸公差标注;与联合要素无关的"区间"标注;表示联合要素的 UF 以及用来表示构建每个联合要素的要素数量的 $n\times$;表示截面的 ACS;螺纹与齿轮的 LD、PD 或 MD。

4.2.7　多层公差标注
(Stacked Tolerance Indicators)

若需要为要素指定多个几何特征,可用上下堆叠的公差框格给出,如图 4.54 所示。

公差框格的堆叠按公差值自上到下的顺序依次排布,此时,参照线根据标注空间情况连接于公差框格左侧或右侧的中点。

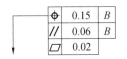

图 4.54　多层公差标注

4.2.8　图样的缺省标注
（Indicator of drawing defauls）

滤波的图样缺省要求用在标题栏附近进行标注,作为形状、方向与位置的独立缺省要求。例如,缺省滤波为高斯长通滤波器,用于开放轮廓的截止值为 0.8 mm 及用于封闭轮廓的截止值为 50 UPR,标注为:GB/T1182 TF:G0.8-x50-表示。

形状拟合的图样缺省要求也在标题栏附近进行标注。例如,形状的缺省拟合标准是最小二乘(高斯)要求,标注为:GB/T 1182 FC:G.。

缺省滤波及拟合的符号见表 4.7。

表 4.7　缺省滤波及拟合的符号

符号	含义	缺省范围
FC	形状拟合准则	形状规范
TF	被测要素滤波器	所有形状、位置、方向与跳动公差
TFF	被测要素、形状、滤波器	形状规范
TFO	被测要素、方向、滤波器	方向规范
TFL	被测要素、位置、滤波器	位置规范

4.2.9　附加标注
（Supplementary Indicators）

1. 全周与全表面—连续的封闭被测要素(All around and all over-continuous closed tolerancefeaturess)

如果将几何公差规范作为单独的要求应用到横截面的轮廓上,或将其作为单独的要求应用到封闭轮廓所表示的所有要素上时,应使用“全周”符号 O 标注,并放置在公差框格的指引线与参考线的交点上,如图 4.55 和图 4.56 所示。

全周要求仅适用于组合平面所定义的面要素,而不是整个工件,如图 4.57 所示。

图 4.57(a)图样上所标的注要求作为组合公差带适用于在所有横截面中的线 a、b、c 与 d。图 4.57(b)图样上所标注的要求作为单独要求适用于四个面要素 a、b、c 与 d,而不包括面要素 e 与 f。

如果将几何公差规范作为单独的要求应用到工件的所有要素上,应使用“全表面”符号 O 标注,如图 4.58 所示。

一般情况下,“全周”或“全表面”与 SZ(独立公差带)、CZ(组合公差带)或 UF(联合

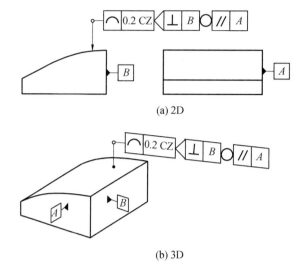

(a) 2D

(b) 3D

图 4.55　全周图样标注示例 1

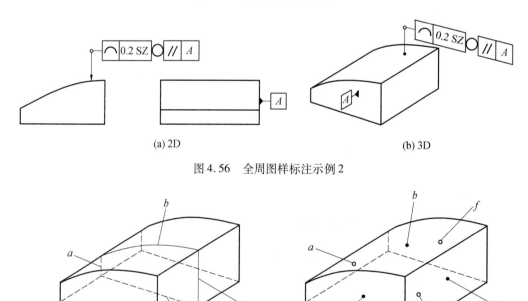

(a) 2D

(b) 3D

图 4.56　全周图样标注示例 2

(a)

(b)

图 4.57　全周说明

要素)组合使用。

　　如果"全周"或"全表面"与 SZ 组合使用,则表明该特征作为单独的要求应用于所标注的要素。

　　如果"全周"或"全表面"与 CZ 共同使用,则表明该特征作为所有要求的一组公差带应用到被测要素。

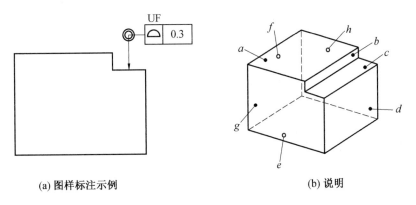

<table>
<tr><td>(a) 图样标注示例</td><td>(b) 说明</td></tr>
</table>

图 4.58　全表面图样标注

如果"全周"或"全表面"与 UF 相连使用,则表明所标注的要素需作为一个要素考量。

2. 局部区域被测要素(Restricted area tolerance featuress)

用阴影区定义局部区域被测要素如图 4.59(a)、图 4.60(b)和图 4.61 所示。

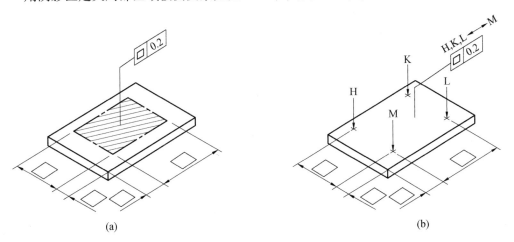

<table>
<tr><td>(a)</td><td>(b)</td></tr>
</table>

图 4.59　局部区域标注示例 1

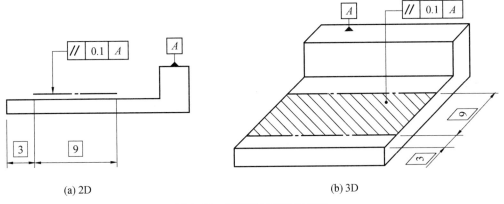

<table>
<tr><td>(a) 2D</td><td>(b) 3D</td></tr>
</table>

图 4.60　局部区域标注示例 2

用拐角点定义组成要素的交点,并且用大写字母及端头是箭头的指引线指向交点,字母可标注在公差框格的上方,最后两个字母之间布置"区间"符号,如图4.59(b)所示。

用粗点划线定义局部区域被测要素如图4.60(a)所示。

用两条直的边界线、大写字母及端头是箭头的指引线定义的局部区域被测要素如图4.62和图4.65所示。

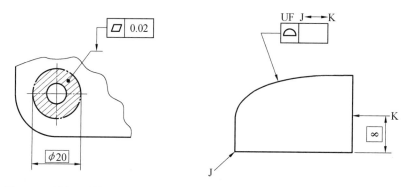

图4.61　局部区域标注示例3　图4.62　局部(连续的非封闭)被测要素标注示例

局部区域被测要素标注时其指引线应从公差框格的左边或右边引出,并终止在该局部区域上。

3. 连续的非封闭被测要素(Restricted area tolerance featuress)

用大写字母和区间符号(双箭头)对连续的非封闭被测要素的标注,如图4.62所示。

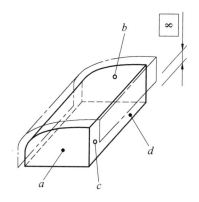

图4.63　局部(长点划线确定连续的非封闭)被测要素说明

图4.63所示为用长点划线勾勒出连续的非封闭被测要素的轮廓的标注。图中 a、b、c 与 d 的下部不在规范的范围内。

为防止出现对被测公称要素(见图4.63)解释不清的问题,要素的起止点应采用如图4.64所示的方式表达。

如果同一个规范适用于一组组合被测要素,可将该组合标注于公差框格的上部相邻的标注区域,如图4.65所示。

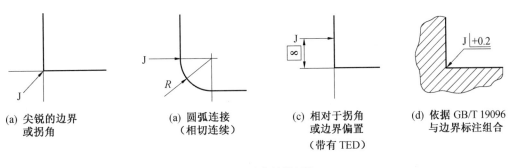

(a) 尖锐的边界 　　　(a) 圆弧连接 　　　(c) 相对于拐角 　　　(d) 依据 GB/T 19096
　或拐角 　　　　　　（相切连续） 　　　或边界偏置 　　　　与边界标注组合
　　　　　　　　　　　　　　　　　　　（带有 TED）

图 4.64　要素界限标注

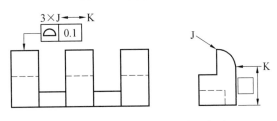

图 4.65　多个组合被测要素的标注

4.2.10　理论正确尺寸（TED）
（Theoretically Exact Dimension（TED））

理论正确尺寸的标注如图 4.66 所示。

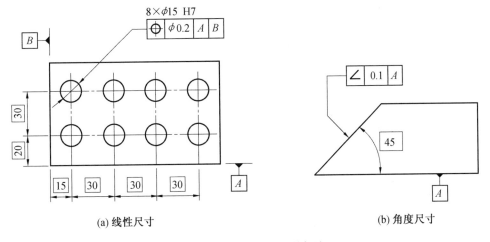

(a) 线性尺寸 　　　　　　　　　　　(b) 角度尺寸

图 4.66　理论正确尺寸的标注

4.2.11　局部规范
（Restrictive Specification）

如果特征相同的规范用于在要素整体尺寸范围内的任一位置的一个局部长度,则该局部长度的数值应添加在公差值后面,并用斜杠"/"分开,如图 4.67 所示。

矩形局部区域在斜杠"/"后标注长度×宽度,例如,"75×50";任意圆形局部区域,使

图 4.67　局部规范的标注

用直径符号加直径数值标注,例如,"φ4";任意圆柱局部区域,使用在该圆柱轴线方向上的长度定义,并且有"×"以及相对圆周尺寸的角度。该区域可沿圆柱的轴线方向移动或圆周方向旋转,例如,"75×30°"。

可使用线定义线性局部长度。该标注长度的线是在被测要素上的正交投影,该线的中点与被测要素的该点在法线上垂直对齐,如图 4.68 所示。

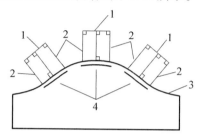

图 4.68　被测要素的线性局部区域
1—在斜杠"/"后标注线长度的示例;2—线端点在被测要素上的
垂直投影;3—被测要素;4—被测要素的局部长度

4.2.12　延伸被测要素
(Projected tolerance feature)

在公差框格的第二格中公差值填写修饰符 Ⓟ,则表示标注的是延伸被测要素,如图 4.69所示。此时,被测要素是要素的延伸部分或其导出要素。

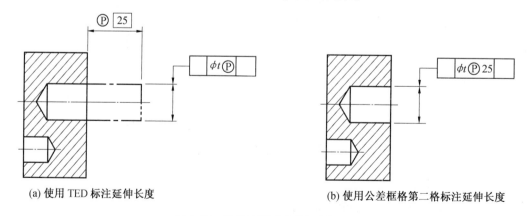

(a) 使用 TED 标注延伸长度　　　　　　　　(b) 使用公差框格第二格标注延伸长度

图 4.69　延伸被测要素的规范标注

延伸要素的默认起点在参照平面所在的位置。参照平面是与被测要素相交的第一个平面,如图 4.70 所示。如果用实际要素来定义参照平面,参照平面则是实际要素的拟合平面,如图 4.73 所示。

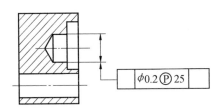

图 4.70　延伸要素的参照平面

　　如果延伸要素的起点与参照表面有偏置,既可使用理论正确尺寸(TED)直接标注形式,如图 4.71 所示,也可采用如图 4.72 所示的间接标注形式。图 4.73 为间接标注形式说明。

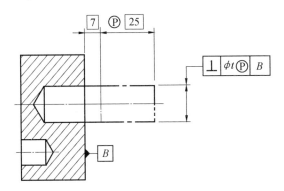

图 4.71　直接标注带偏置量的延伸公差带示例

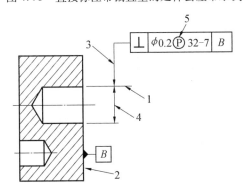

图 4.72　带偏置延伸公差的间接标注
1—延长线;2—参照表面;3—与公差框格相连的指引线;
4—被测要素为中心要素;5—延伸要素公差

　　延伸公差带修饰符Ⓟ也可以根据需要与其他形式的规范修饰符一起使用。延伸公差带修饰符与中心要素修饰符Ⓐ一起使用的示例如图 4.74 所示。

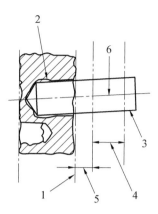

图 4.73 带偏置延伸公差间接标注说明
1— 拟合参照平面;2—组成要素;3—拟合要素;
4—延伸被测要素长度(本例为 25 mm);5—偏置量
(本例为 7 mm);6—延伸被测要素

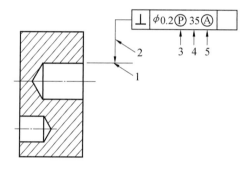

图 4.74 直接标注带偏置量的延伸公差带示例
1—延长线;2—与公差框格相连的指引线;3—延伸公差带修饰符;
4—延伸被测要素长度(本例为 25 mm);5—定义中心要素修饰符

4.3 几何公差的定义
(Definitions of Geometrical Tolerances)

零件几何规范项目由几何公差及其公差带定义。

4.3.1 几何公差及其公差带
(Geometrical Tolerance and Tolerance Zone)

几何公差是指零件的实际被测要素对图样上给定的公称要素的允许变动量。它是对零件上某些要素的形状、方向和位置的技术要求,并以此来限制该要素的形状、方向和位置的变化,该要求是由零件的功能所决定的。因此,可以说几何公差是对几何要素的形状、方向和位置误差的一种控制方法,并以公差带的形式予以直接体现。

几何公差带是指由一个或几个理想的几何线或面所限定的、由线性公差值表示其大小的区域,它是限制实际被测要素变动的区域。该区域的形状、大小、方向和位置取决于被测要素和设计要求,并以此评定几何误差。只要实际被测要素全部位于该区域内,则认定该实际被测要素合格。

几何公差带具有形状、大小、方向和位置四个特性,其形状由被测要素的理想几何形状、给定的几何公差特征项目和标注形式决定,表 4.8 所列为几何公差带的 9 种主要形状。其中几何公差带的大小由它的宽度或直径表示,即给定的公差值 t、ϕt 或 $S\phi t$。

表 4.8 几何公差的主要形状

形状	说明	形状	说明
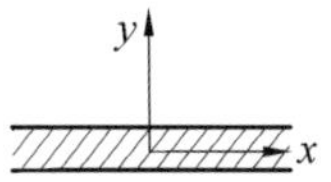	两平行直线之间的区域	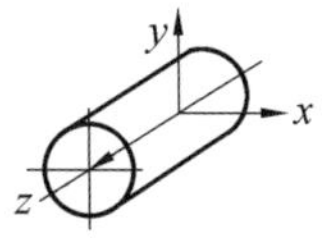	一个圆柱内的区域
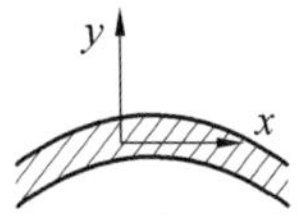	两等距线之间的区域	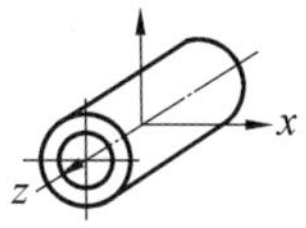	两同轴截圆柱面之间的区域
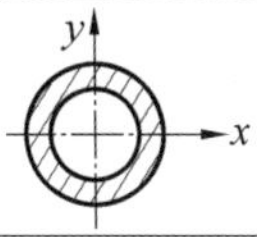	两同心圆之间的区域	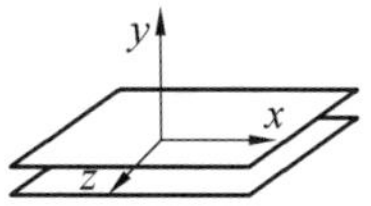	两平行平面之间的区域
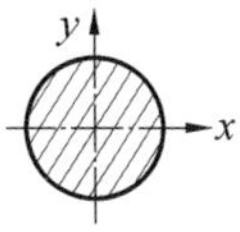	一个圆内的区域	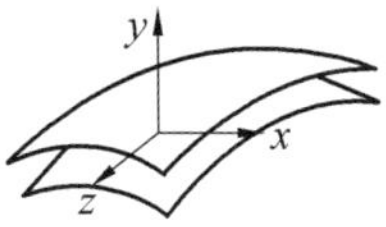	两等距面之间的区域
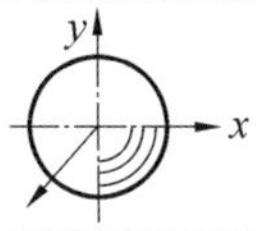	一个圆球面内的区域		

4.3.2 形状公差
(Form Tolerances)

形状公差带是指零件上单一实际被测要素的形状所允许变动的区域,它限定了零件上单一实际被测要素的形状误差。由于形状公差带不涉及基准,所以它的方向和位置都是浮动的,只有形状和大小的要求。

1. 直线度公差(Straightness specification)

被测要素可以是组成要素或导出要素。其公称被测要素的属性与形状为明确给定的直线或一组直线要素,属线要素。

如图 4.75 所示,在由相交平面框格规定的平面内,上面的提取(实际)线应限定在间距等于 0.1 mm 的两平行直线之间。

规范所定义的公差带为在平行于(相交平面框格给定的)基准 A 的给定平面内与给定方向上、间距等于公差值 t 的两平行直线所限定的区域,如图 4.76 所示。

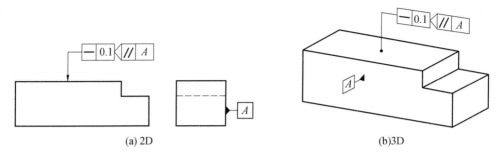

(a) 2D　　　　　　　　　　　　(b)3D

图 4.75　直线度标注示例 1

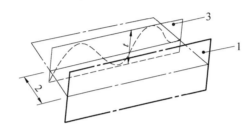

图 4.76　直线度标注示例 1 公差带的定义
1—基准 A；2—任意距离；3—平行于基准 A 的相交平面

如图 4.77 所示，圆柱表面的提取（实际）纵向剖线应限定在间距等于公差值 0.1 mm 的两平行平面之间。

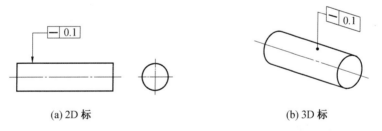

(a) 2D 标　　　　　　　　　　(b) 3D 标

图 4.77　直线度标注示例 2

规范所定义的公差带为间距值等于公差值 t 的两平行平面所限定的区域，如图 4.78 所示。

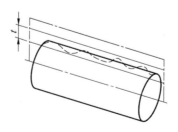

图 4.78　直线度标注示例 2 公差带的定义

如图 4.79 所示，圆柱面的提取（实际）中心线应限定直径等于公差值 $\phi0.08$ mm 的圆柱面内。

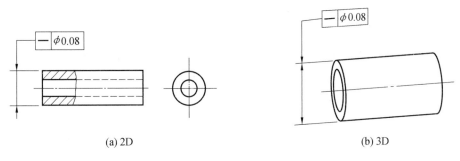

(a) 2D   (b) 3D

图 4.79　直线度标注示例 3

由于公差值前加注了直径符号 φ,所以规范所定义的公差带为直径等于公差值 ϕt 的圆柱面所限定的区域,如图 4.80 所示。

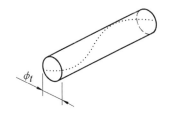

图 4.80　直线度标注示例 3 公差带的定义

2. 平面度公差(Flatness specification)

被测要素可以是组成要素或导出要素,其公称被测要素的属性和形状为明确给定的平表面,属面要素。

如图 4.81 所示,提取(实际)表面应限定在间距等于公差值 0.08 mm 的两平行平面之间。

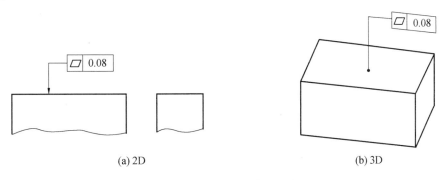

(a) 2D   (b) 3D

图 4.81　平面度标注示例

规范所定义的公差带为间距等于公差值 t 的两平行平面所限定的区域,如图 4.82 所示。

3. 圆度公差(Roundness specification)

被测要素是组成要素,其公称被测要素的属性和形状为明确给定的圆周线或一组圆周线,属线要素。

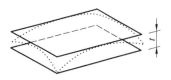

图 4.82　平面度标注示例公差带的定义

圆柱要素的圆度要求可应用在与被测要素轴线垂直的横截面上。球形要素的圆度要求可用在包含有球心的横截面上;非圆柱体或球体的回转体表面应标注方向要素。

如图4.83所示,在圆柱面与圆锥面的其任意横截面内,提取(实际)圆周应限定在半径差等于公差值0.03 mm的两共面同心圆之间。这是圆柱表面的缺省应用方式,而对于圆锥表面则应使用方向要素框格进行标注。

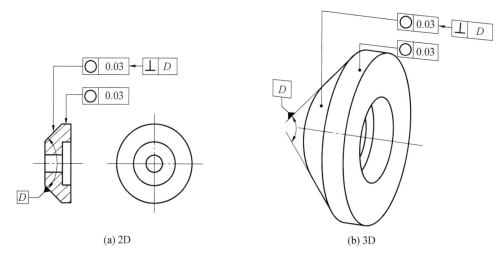

(a) 2D   (b) 3D

图4.83   圆度标注示例1

规范所定义的公差带为在给定横截面内,半径差等于公差值 t 的两个同心圆所限定的区域,如图4.84所示。

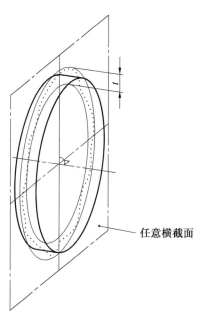

任意横截面

图4.84   圆度标注示例1公差带的定义

如图4.85所示,提取圆周线位于该表面的任意横截面上,由被测要素和与其同轴的圆锥相交所定义,并且其锥角可确保该圆锥与被测要素垂直。该提取圆周线应限定在距

离等于公差值 0.1 mm 的两个圆之间,这两个圆位于相交圆锥上。例如,如方向要素框格
所示的,垂直于被测要素表面的公差带。圆锥要素的圆度要求应标注方向要素框格。

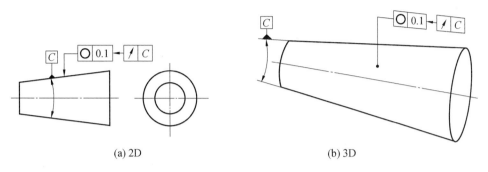

(a) 2D   (b) 3D

图 4.85 圆度标注示例 2

规范所定义的公差带为在给定横截面内,沿表面距离为 t 的两个在圆柱面上的圆所
限定的区域,如图 4.86 所示。

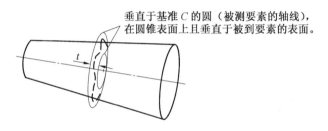

图 4.86 圆度标注示例 2 公差带的定义

4. 圆柱度公差(Cylindricity specification)

被测要素是组成要素,其公称被测要素的属性和形状为明确给定的圆柱表面,属面要
素。

如图 4.87 所示,提取(实际)圆柱表面应限定在半径差等于公差值 0.1 mm 的两同轴
圆柱面之间。

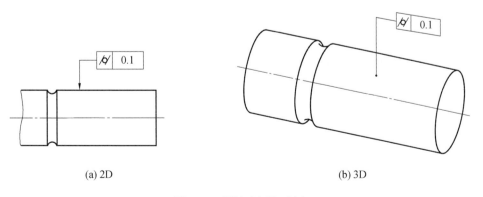

(a) 2D   (b) 3D

图 4.87 圆柱度标注示例

规范所定义的公差带为半径差等于公差值 t 的两个同轴圆柱面所限定的区域,如图 4.88 所示。

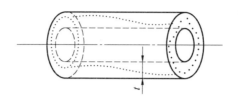

图 4.88　圆柱度标注示例公差带的定义

5. 与基准不相关的线轮廓度公差(Line profile specification not related to a datum)

被测要素可以是组成要素或导出要素,其公称被测要素的属性由线要素或一组线要素明确给定。其公称被测要素的形状,除直线外,则应通过图样上完整的标注或基于 CAD 模型的查询明确给定。

如图 4.89 所示,在任一平行于基准平面 A 的截面内,如相交平面框格所规定的,提取(实际)轮廓线应限定在直径等于公差值 $\phi 0.04$ mm,圆心位于理论正确几何形状上的一系列圆的两等距包络线之间。可使用 UF 表示组合要素上的三个圆弧部分应组成联合要素。

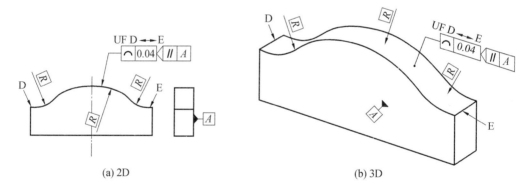

(a) 2D　　　　　　　　　　　　　　(b) 3D

图 4.89　线轮廓度标注示例

规范所定义的公差带为直径等于公差值 ϕt,圆心位于具有理论正确几何形状上的一系列圆的两包络线所限定的区域,如图 4.90 所示。

6. 与基准不相关的面轮廓度公差(Line profile specification not related to a datum)

被测要素可以是组成要素或导出要素,其公称被测要素的属性由某个面要素明确给定。其公称被测要素的形状,除平面外,则应通过图样上完整的标注或基于 CAD 模型的查询明确给定。

如图 4.91 所示,提取(实际)轮廓面应限定在直径等于公差值 $\phi 0.02$ mm,球心位于被测要素理论正确几何形状上的一系列圆球的两等距包络面之间。

规范所定义的公差带为直径等于公差值 ϕt,球心位于理论正确几何形状上的一系列圆球的两个包络面所限定的区域,如图 4.92 所示。

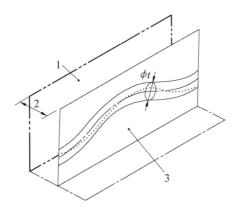

图 4.90 线轮廓度标注示例公差带的定义
1—基准平面 A;2—任意距离;3—平行于基准平面 A 的平面

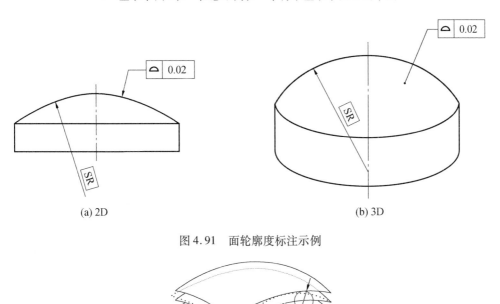

(a) 2D

(b) 3D

图 4.91 面轮廓度标注示例

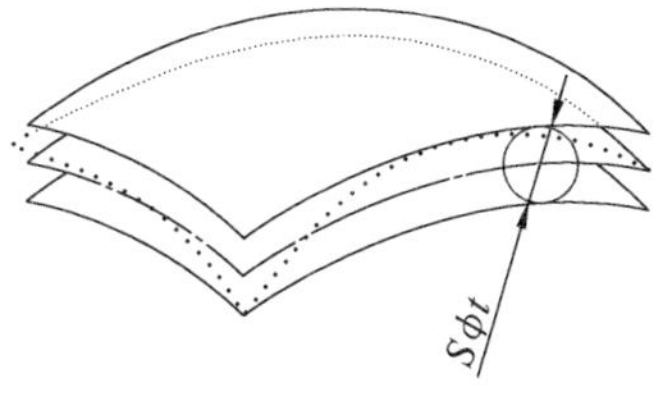

图 4.92 面轮廓度标注示例公差带的定义

4.3.3 方向公差
(Orientation Tolerances)

方向公差是对零件上关联实际被测要素对基准要素在规定方向上的精度要求。方向公差带是指零件上关联实际要素对基准要素的在规定方向上允许变动的区域,由于方向公差带具有形状、大小和方向,并且其位置是浮动的,因此,方向公差带具有综合控制零件上实际关联要素方向和形状的职能。

1. 平行度公差(Parallelism specification)

被测要素可以是组成要素或导出要素,其公称被测要素的属性可以是线要素、一组线要素或面要素。每个公称被测要素的形状由直线或平面明确给定。如果被测要素是公称状态为平面上的一系列直线,应标注相交平面框格。应使用缺省的 TED(0°)定义锁定在公称被测要素与基准之间的 TED 角度。

(1)相对于基准体系的中心线平行度公差(Parallelism specification of a median line related to a datum system)。

如图 4.93 所示,提取(实际)中心线应限定在间距等于公差值0.1 mm、平行于基准轴线 A 的两平行平面之间。限定公差带的平面均平行于由定向平面框格规定的基准平面 B。基准 B 为基准 A 的辅助基准。

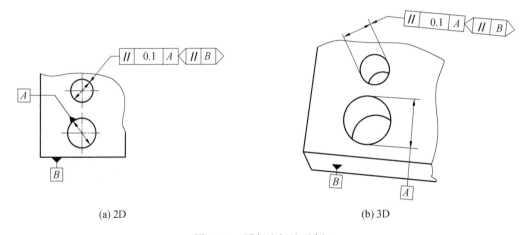

(a) 2D　　　　　　　　　　　　　　　(b) 3D

图 4.93　平行度标注示例 1

规范所定义的公差带为间距等于公差值 t,平行于两基准且沿规定方向的两平行平面所限定的区域,如图 4.94 所示。

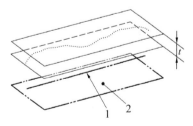

图 4.94　平行度标注示例 1 公差带的定义
1—基准 A;2—基准 B

如图 4.95 所示,提取(实际)中心线应限定在间距等于公差值0.1 mm,平行于基准轴线 A 的两平行平面之间。限定公差带的平面均垂直于由定向平面框格规定的基准平面 B。基准 B 为基准 A 的辅助基准。

规范所定义的公差带为间距等于公差值 t,平行于基准 A 且垂直于基准 B 的两平行平面所限定的区域,如图 4.96 所示。

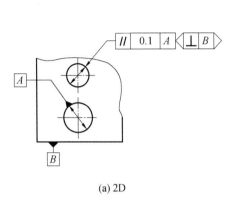

(a) 2D

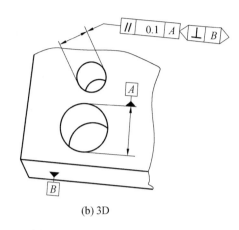

(b) 3D

图 4.95 平行度标注示例 2

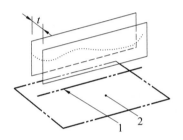

图 4.96 平行度标注示例 2 公差带的定义
1—基准 A;2—基准 B

　　如图 4.97 所示,提取(实际)中心线应限定在两对间距分别等于公差值 0.1 mm 和 0.2 mm,且平行于基准轴线 A 的平行平面之间。定向平面框格规定了公差带宽度相对于基准平面 B 的方向。基准 B 为基准 A 的辅助基准。

　　如图 4.98 所示,提取(实际)中心线应限定在两对间距分别等于公差值 0.1 mm 和 0.2 mm,且平行于基准轴线 A 的平行平面之间。定向平面框格规定了公差带宽度相对于基准平面 B 的方向。定向平面框格规定了 0.2 mm 的公差带的限定平面垂直于定向平面 B;定向平面框格还规定了 0.1 mm 公差带的限定平面平行于定向平面 B。

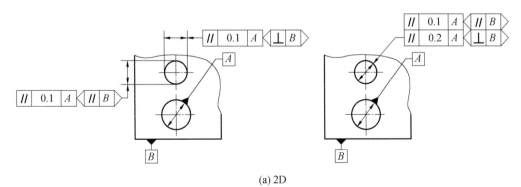

(a) 2D

图 4.97 平行度标注示例 3

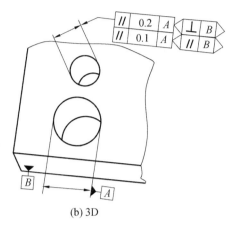

(b) 3D

续图 4.97

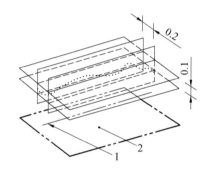

图 4.98　平行度标注示例 3 公差带的定义

1—基准 A;2—基准 B

（2）相对于基准直线的中心线平行度公差（Parallelism specification of a median line related to a datum straight line）。

如图 4.99 所示，提取（实际）中心线应限定在平行于基准轴线 A、直径等于公差值 $\phi0.03$ mm 的圆柱面内。

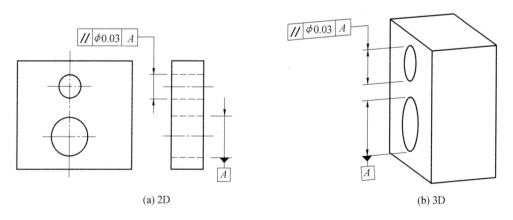

(a) 2D　　　　　　　　　　　　　(b) 3D

图 4.99　平行度标注示例 4

如图4.100所示,若公差值前加注了符号ϕ,规范所定义的公差带为平行于基准轴线A,直径等于公差值ϕt的圆柱面所限定的区域。

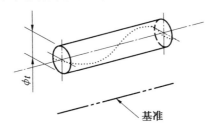

图4.100 平行度标注示例4公差带的定义

(3)相对于基准面的中心线平行度公差(Parallelism specification of a median line related to a datum plane)。

如图4.101所示,提取(实际)中心线应限定在平行于基准平面B、间距等于公差值0.01 mm的两平行平面之间。

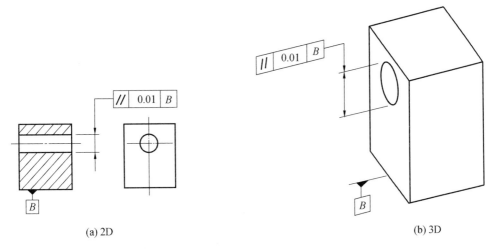

(a) 2D

(b) 3D

图4.101 平行度标注示例5

如图4.102所示,规范所定义的公差带为平行于基准平面、间距等于公差值t的两平行平面所限定的区域。

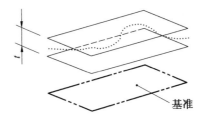

图4.102 平行度标注示例5公差带的定义

(4)相对于基准面的一组在表面上的线平行度公差(Parallelism specification of a set of lines in a surface related to a datum plane)。

如图 4.103 所示,每条由相交平面框格规定的,平行于基准面 B 的提取(实际)线,应限定在间距等于公差值 0.02mm、平行于基准平面 A 的两平行线之间。基准 B 为基准 A 的辅助基准。

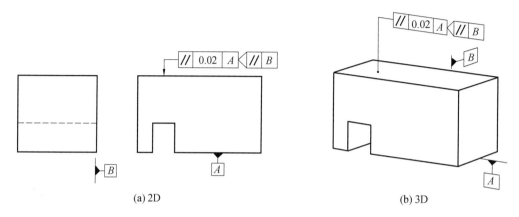

(a) 2D　　　　　　　　　　　　　　　　　(b) 3D

图 4.103　平行度标注示例 6

如图 4.104 所示,规范所定义的公差带为间距等于公差值 t 的两平行直线所限定的区域。该两平行直线平行于基准平面 A,且处于平行于基准平面 B 的平面内。

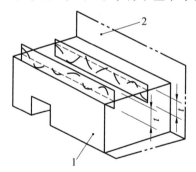

图 4.104　平行度标注示例 6 公差带的定义
1—基准 A;2—基准 B

(5)相对于基准直线的平面平行度公差(Parallelism specification of a planar surface related to a datum straight line)。

如图 4.105 所示,提取(实际)表面应限定在间距等于公差值 0.1 mm、平行于基准轴线 C 的两平行平面之间。图中给出的标注未定义绕基准轴线的公差带旋转要求,只规定了方向。

如图 4.106 所示,规范所定义的公差带为间距等于公差值 t、平行于基准轴线 C 的两平行平面所限定的区域。

(6)相对于基准面的平面平行度公差(Parallelism specification of a planar surface related to a datum plane)。

如图 4.107 所示,提取(实际)表面应限定在间距等于公差值 0.01 mm、平行于基准面 D 的两平行平面之间。

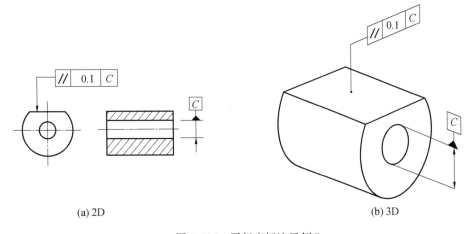

(a) 2D　　　　　　　　　　　　　(b) 3D

图 4.105　平行度标注示例 7

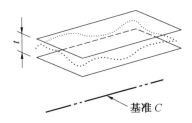

图 4.106　平行度标注示例 7 公差带的定义

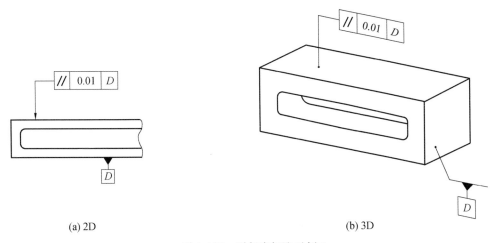

(a) 2D　　　　　　　　　　　　　(b) 3D

图 4.107　平行度标注示例 8

　　如图 4.108 所示,规范所定义的公差带为间距等于公差值 t、平行于基准平面 D 的两平行平面所限定的区域。

2. 垂直度公差(Perpendicularity specification)

　　被测要素可以是组成要素或导出要素,其公称被测要素的属性可以是线要素、一组线要素或面要素。公称被测要素的形状由直线或平面明确给定。若被测要素是公称平面,且被测要素是该平面上的一组直线时,应标注相交平面框格。应使用缺省的 TED(0°)给定锁定在公称被测要素与基准之间的 TED 角度。

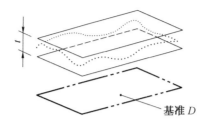

图4.108　平行度标注示例8公差带的定义

（1）相对于基准直线的中心线垂直度公差（Perpendicularity specification of a median line related to a datum straight line）。

如图4.109所示，提取（实际）中心线应限定在间距等于公差值0.06 mm、垂直于基准轴线 A 的两平行平面之间。

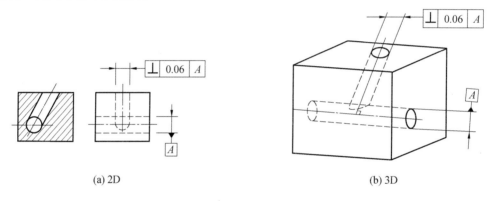

(a) 2D　　　　　　　　　　　　　　　　　　　(b) 3D

图4.109　垂直度标注示例1

如图4.110所示，规范所定义的公差带为间距等于公差值 t、垂直于基准轴线 A 的两平行平面所限定的区域。

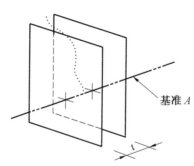

图4.110　垂直度标注示例1公差带的定义

（2）相对于基准体系的中心线垂直度公差（Perpendicularity specification of a median line related to a datum system）。

如图4.111所示，圆柱面的提取（实际）中心线应限定在间距等于公差值0.1 mm 的两平行平面之间。该两平行平面垂直于基准平面 A，且方向由基准平面 B 规定。基准 B 为基准 A 的辅助基准。

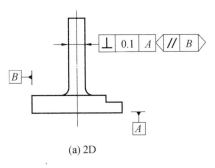
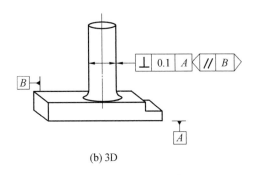

(a) 2D　　　　　　　　　　(b) 3D

图 4.111　垂直度标注示例 2

如图 4.112 所示,规范所定义的公差带为间距等于公差值 t 两平行平面所限定的区域。该两平行平面垂直于基准平面 A 且两平行于辅助基准平面 B。

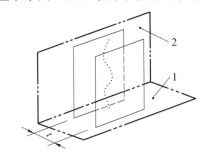

图 4.112　垂直度标注示例 2 公差带的定义
1—基准 A;2—基准 B

如图 4.113 所示,圆柱面的提取(实际)中心线应限定在间距分别等于公差值 0.1 mm 与 0.2 mm、且垂直于基准平面 A 的两组平行平面之间。公差带的方向使用定向平面框格由基准平面 B 规定。基准 B 为基准 A 的辅助基准。

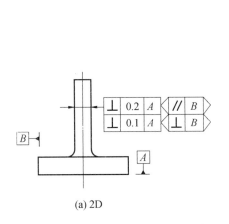
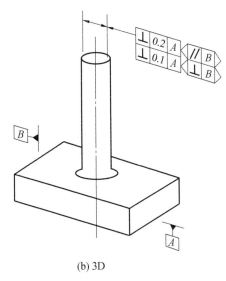

(a) 2D　　　　　　　　　　(b) 3D

图 4.113　垂直度标注示例 3

如图 4.114 所示,规范所定义的公差带为间距分别等于公差值 0.1 mm 与 0.2 mm 且相互垂直的两组平行平面所限定的区域。该两组平行平面都垂直于基准平面 A,其中一组平行平面平行于辅助基准平面 B。

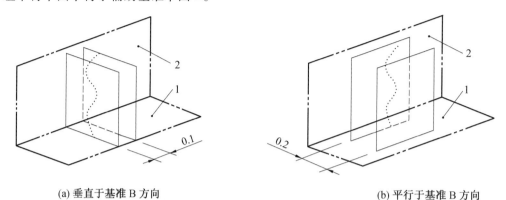

(a) 垂直于基准 B 方向   (b) 平行于基准 B 方向

图 4.114   垂直度标注示例 3 公差带的定义

1—基准 A;2—基准 B

(3)相对于基准面的中心线垂直度公差(Perpendicularity specification of a median line related to a datum plane)。

如图 4.115 所示,圆柱面的提取(实际)中心线应限定在直径等于公差值 $\phi0.01$ mm、垂直于基准平面 A 的圆柱面内。

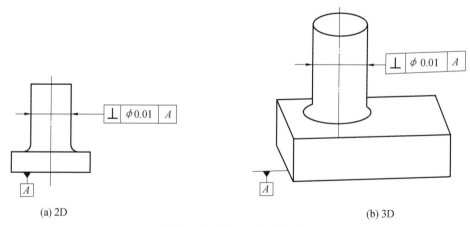

(a) 2D   (b) 3D

图 4.115   垂直度标注示例 4

如图 4.116 所示,若公差值前加注符号 ϕ,则规范所定义的公差带为直径等于公差值 ϕt,轴线垂直于基准平面 A 的圆柱面所限定的区域。

(4)相对于基准直线的平面垂直度公差(Perpendicularity specification of a planar surface related to a datum straight line)。

如图 4.117 所示,提取(实际)面应限定在间距等于公差值 0.08 mm 的两平行平面之间。该两平行平面垂直于基准轴线 A。

如图 4.118 所示,规范所定义的公差带为间距等于公差值 t,且线垂直于基准轴线 A 的两平行平面所限定的区域。

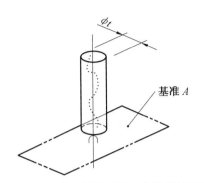

图 4.116　垂直度标注示例 4 公差带的定义

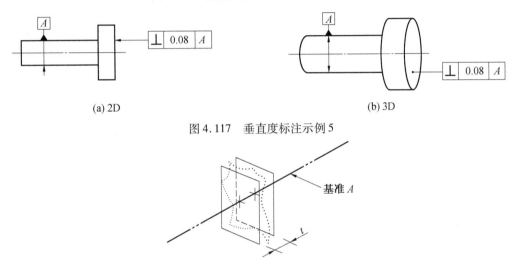

(a) 2D　　　　　　　　　　　　　　　(b) 3D

图 4.117　垂直度标注示例 5

图 4.118　垂直度标注示例 5 公差带的定义

（5）相对于基准面的平面垂直度公差（Perpendicularity specification of a planar surface related to a datum plane）。

如图 4.119 所示，提取（实际）面应限定在间距等于公差值 0.08 mm、垂直于基准平面 A 的两平行平面之间。图 4.119 中给出的标注未定义绕基准面法向的公差带旋转要求，只规定了方向。

如图 4.120 所示，规范所定义的公差带为间距等于公差值 t、垂直于基准平面 A 的两平行平面所限定的区域。

3. 倾斜度公差（Angularity specification）

被测要素可以是组成要素或导出要素，其公称被测要素的属性是线要素、一组线性要素或面要素。每个公称被测要素的形状由直线或平面明确给定。如果被测要素是公称平面，且被测要素是该平面上的一组直线，则标注相交平面框格。应使用至少一个明确的 TED 给定锁定在公称要素与基准之间的 TED 角度，另外的角度则通过缺省的 TED 给定（0°或 90°）。

（1）相对于基准直线的中心线倾斜度公差（Angularity specification of a median line related to a datum straight line）。

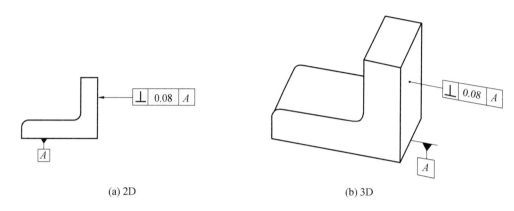

(a) 2D

(b) 3D

图 4.119 垂直度标注示例 6

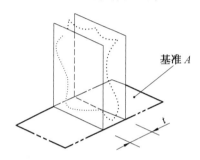

图 4.120 垂直度标注示例 6 公差带的定义

如图 4.121 所示,提取(实际)中心线应限定在间距等于公差值 0.08mm 两平行平面之间。该两平行平面按理论正确角度 60°倾斜于公共基准轴线 A—B。

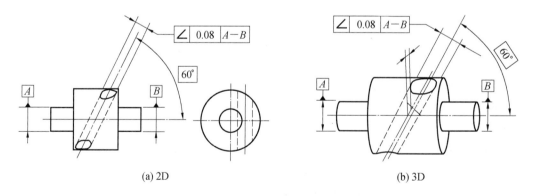

(a) 2D

(b) 3D

图 4.121 倾斜度标注示例 1

如图 4.122 所示,规范所定义的公差带为间距等于公差值 t,垂直于基准平面 A 的两平行平面所限定的区域。

如图 4.123 所示,提取(实际)中心线应限定在直径等于公差值 $\phi0.08$ mm 圆柱面所限定的区域。该圆柱按理论正确角度 60°倾斜于公共基准轴线 $A—B$。

如图 4.124 所示,规范所定义的公差带为直径等于公差值 ϕt 的圆柱面所限定的区域。该圆柱面按规定角度 α 倾斜于基准 $A—B$。被测线与基准线在不同的平面内。

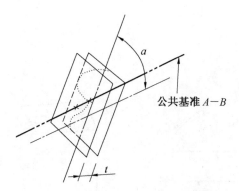

图 4.122 倾斜度标注示例 1 公差带的定义

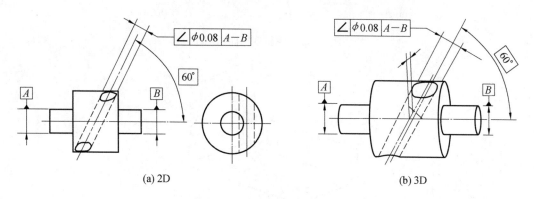

(a) 2D

(b) 3D

图 4.123 倾斜度标注示例 2

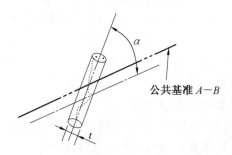

图 4.124 倾斜度标注示例 2 公差带的定义

（2）相对于基准体系的中心线倾斜度公差（Angularity specification of a median line related to a datum system）。

如图 4.125 所示，提取（实际）中心线应限定在直径等于公差值 $\phi 0.1$ mm 的圆柱面内。该圆柱面的中心线按理论正确角度 60°倾斜于公共基准平面 A 且平行于基准平面 B。

如图 4.126 所示，若公差值前加注符号 ϕ，则规范所定义的公差带为直径等于公差值 ϕt 的圆柱面所限定的区域。该圆柱面公差带的轴线按规定角度 α 倾斜于公共基准平面 A 且平行于基准平面 B。

（3）相对于基准直线的平面倾斜度公差（Angularity specification of a planar surface related to a datum straight line）。

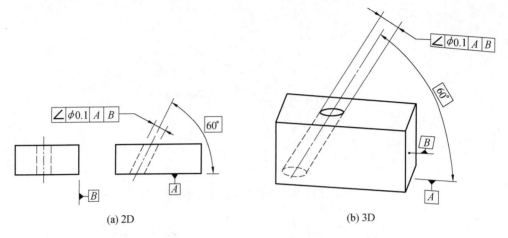

(a) 2D　　　　　　　　　　　(b) 3D

图 4.125　倾斜度标注示例 3

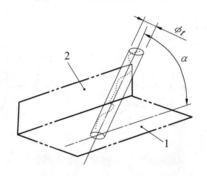

图 4.126　倾斜度标注示例 3 公差带的定义
1—基准 A;2—基准 B

　　如图 4.127 所示,提取(实际)表面应限定在间距等于公差值 0.1 mm 的两平行平面之间。该两平行平面按理论正确角度 75°倾斜于基准轴线 A。图 4.127 中给出的标注未定义绕基准轴线的公差带旋转要求,只规定了方向。

　　如图 4.128 所示,规范所定义的公差带为间距等于公差值 t 的两平行平面所限定的区域。该两平行平面按规定角度 α 倾斜于基准直线 A。

　　(4)相对于基准面的平面倾斜度公差(Angularity specification of a planar surface related to a datum plane)。

　　如图 4.129 所示,提取(实际)表面应限定在间距等于公差值 0.08 mm 的两平行平面之间。该两平行平面按理论正确角度 40°倾斜于基准平面 A。图 4.129 中给出的标注未定义绕基准面法向的公差带旋转要求,只规定了方向。

　　如图 4.130 所示,规范所定义的公差带为间距等于公差值 t 的两平行平面所限定的区域。该两平行平面按规定角度 α 倾斜于基准平面 A。

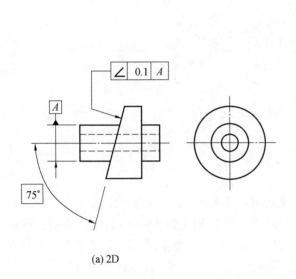

(a) 2D

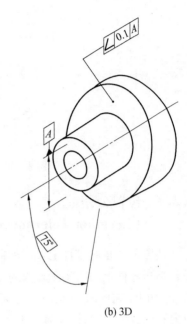

(b) 3D

图 4.127 倾斜度标注示例 4

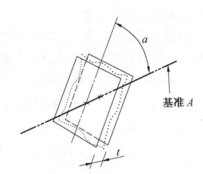

图 4.128 倾斜度标注示例 4 公差带的定义

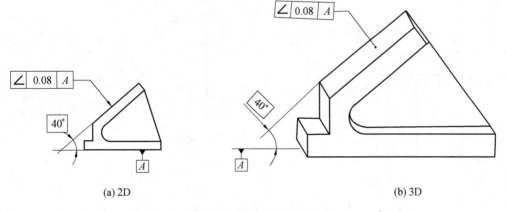

(a) 2D

(b) 3D

图 4.129 倾斜度标注示例 5

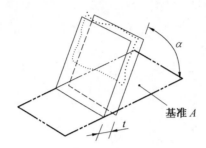

图4.130 倾斜度标注示例5公差带的定义

4.3.4 位置公差
(Location Tolerances)

位置公差是对零件上关联实际被测要素相对基准要素在位置上的精度要求。位置公差带是指零件上关联实际要素对基准要素的在位置上允许变动的区域,它一般不仅有形状和大小的要求,而且相对于基准的定位尺寸为理论正确尺寸,因此,位置公差带还具有方向和位置的要求,即位置公差带的中心具有确定的理想位置,且以该理想位置来对称配置公差带。

位置公差包括同心度、同轴度、对称度和位置度。

位置公差的被测要素可以是组成要素或导出要素,其公称被测要素的属性为一个组成要素或导出的点、直线或平面,或为导出曲线或导出曲面。公称要素的形状,除直线与平面外,应通过图样上完整的标注或 CAD 模型的查询明确给定。

1. 导出点的位置度公差(Position specification of a derived point)

如图4.131 所示,提取(实际)球心应限定在直径等于公差值 $S\phi0.3$ mm 的球面内。该球面的中心与基准平面 A、基准平面 B、基准中心平面 C 及被测球所确定的理论正确位置一致。

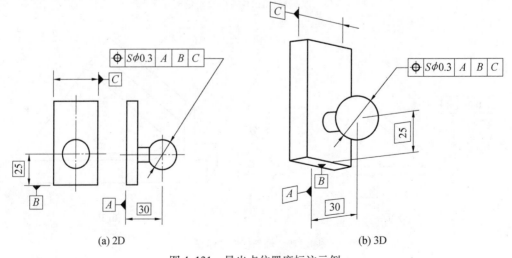

(a) 2D (b) 3D

图4.131 导出点位置度标注示例

如图 4.132 所示,因为公差值前加注了 $S\phi t$,所以规范所定义的公差带为直径等于公差值 $S\phi 0.3$ mm 的圆球面所限定的区域。该圆球面的中心位置由相对于基准平面 A、B、C 的理论正确尺寸确定。

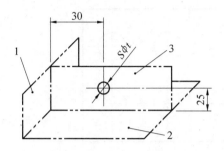

图 4.132　导出点位置度标注示例公差带的定义
1—基准 A;2—基准 B;3—基准 C

2. 中心线的位置度公差(Position specification of a median line)

如图 4.133 所示,各孔的提取(实际)中心线在给定方向上应各自限定在间距分别等于 0.05 mm 和 0.2 mm 且相互垂直的两对平行平面内。每对平行平面的方向由基准体系确定,且对称于基准平面 C,A、B 及被测孔所确定的理论正确位置。

如图 4.134 所示,规范所定义的公差带为间距分别等于公差值 0.05 mm 和 0.2 mm、对称于理论正确位置的平行平面所限定的区域。该理论正确位置由相对于基准平面 C、A、B 的理论正确尺寸确定。该公差在基准体系的两个方向上给定。

如图 4.135 所示,提取(实际)中心线应限定在直径等于公差值 $\phi 0.08$ mm 的圆柱面内。该圆柱面的轴线应处于由基准平面 C、A、B 与被测孔所确定的理论正确位置。

如图 4.136 所示,各孔的提取(实际)中心线应各自限定在直径等于公差值 $\phi 0.1$ mm 的圆柱面内。该圆柱面的轴线应处于由基准平面 C、A、B 与被测孔所确定的理论正确位置。

如图 4.137 所示,若公差值前加注符号 ϕ,则规范所定义的公差带为直径等于公差值 ϕt 的圆柱面所限定的区域。该圆柱面轴线的位置由相对于基准平面 C、A、B 的理论正确尺寸确定。

如图 4.138 所示,各条刻线的提取(实际)中心面应限定在间距等于公差值 0.1 mm、对称于基准平面 A、B 与被测线所确定的理论正确位置的两平行平面之间。

3. 中心面的位置度公差(Position specification of a median plane)

如图 4.139 所示,规范所定义的六个被测要素的每个公差带为间距等于公差值 0.1 mm、对称于要素中心线的两平行平面所限定的区域。该中心面的位置由相对于基准平面 A、B 的理论正确尺寸确定。规范仅适用于一个方向。

如图 4.140 所示,8 个被测要素的每一个应单独考量(与其相互之间的角度无关),提取(实际)中心面应限定在间距等于公差值 0.05 mm 的两平行平面之间。该两平行平面对称于由基准平面 A 与中心表面所确定的理论正确位置。

如图 4.141 所示,规范所定义的公差带为间距等于公差值 0.05 mm 的两平行平面所

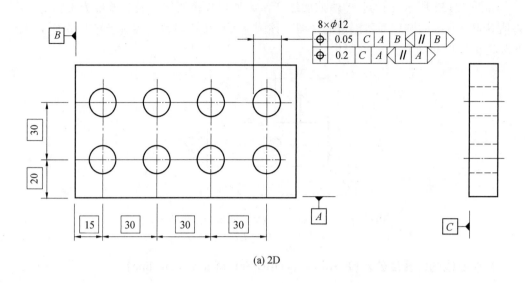

(a) 2D

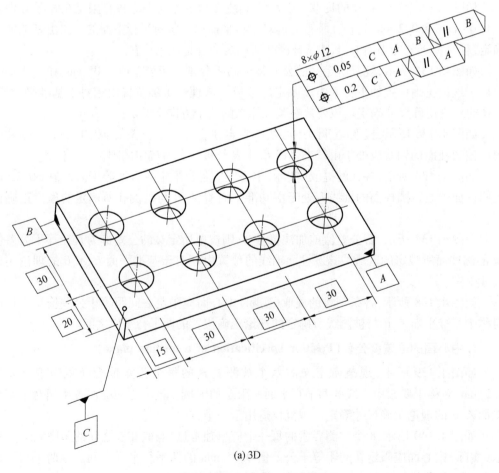

(a) 3D

图4.133 中心线位置度标注示例1

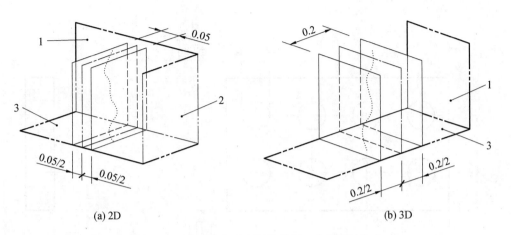

(a) 2D   (b) 3D

图 4.134   中心线位置度标注示例 1 公差带的定义

1—第二基准 A(与第一基准 C 垂直);2—第三基准 B(与第一基准 C 以及第二基准 A 垂直);
3—第一基准 C

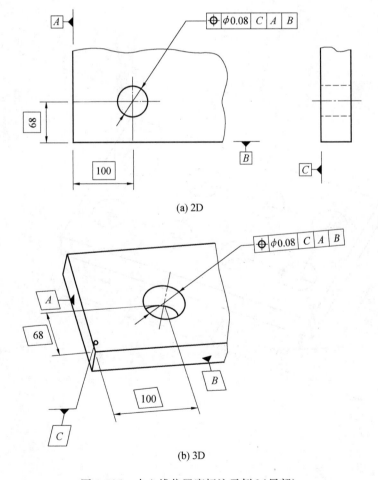

图 4.135   中心线位置度标注示例 2(局部)

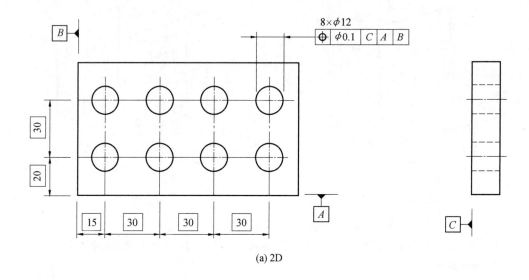

(a) 2D

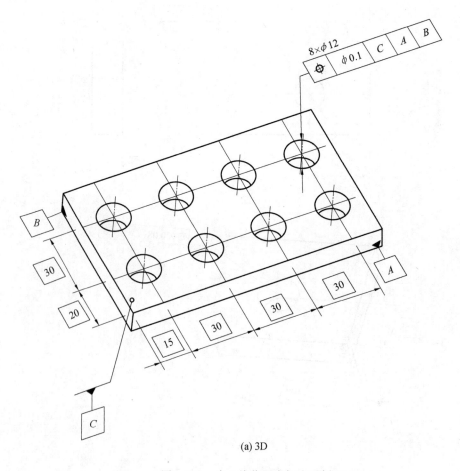

(a) 3D

图 4.136　中心线位置度标注示例 2

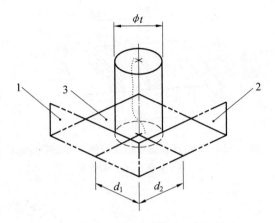

图 4.137　位置度标注示例 2 公差带的定义
1—基准 A；2—基准 B；3—基准 C

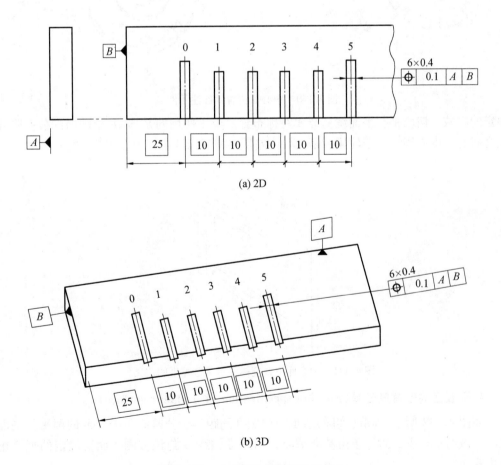

图 4.138　中心面位置度标注示例 3

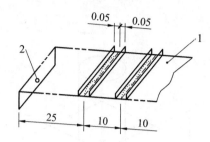

图 4.139　中心线位置度标注示例 3 公差带的定义
1—基准 A;2—基准 B

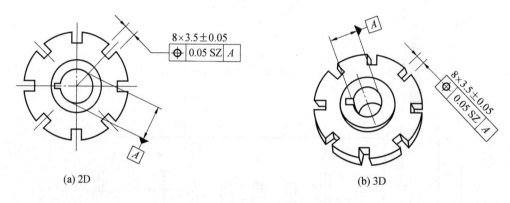

(a) 2D　　　　　　　　　　(b) 3D

图 4.140　中心面位置度标注示例

限定的区域。该两平行平面绕基准 A 对称布置。由于使用的是 SZ,8 个凹槽的公差带相互之间的角度不锁定。若使用的是 CZ,公差带的相互角度应锁定在 45°。

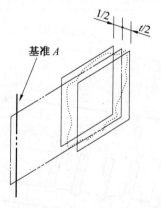

图 4.141　中心面位置度标注示例公差带的定义

4. 平表面的位置度公差(Position specification of a planar surface)

如图 4.142 所示,提取(实际)表面应限定在间距等于公差值 0.05 mm 的两平行平面之间。该两平行平面对称于由基准平面 A 与基准轴线 B 与该被测表面所确定的理论正确位置。

如图 4.143 所示,规范所定义的公差带为间距等于公差值 t 的两平行平面所限定的

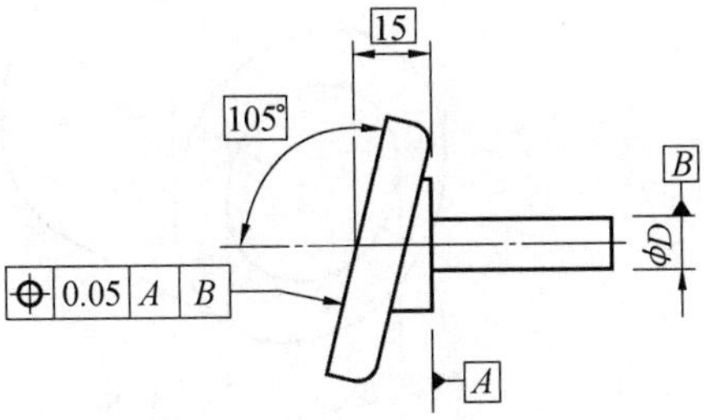

图 4.142 平表面位置度标注示例

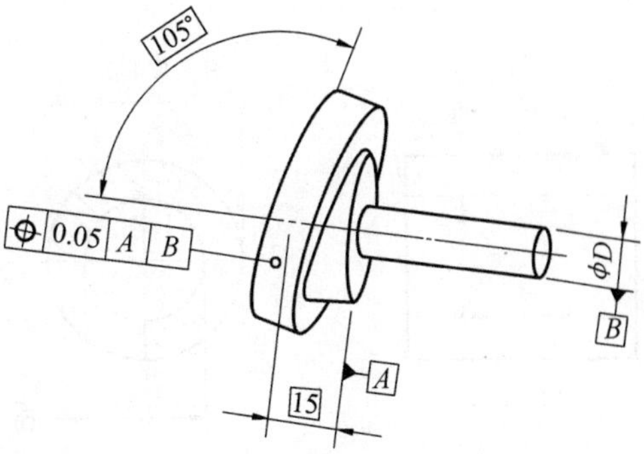

(a) 2D

(b) 3D

1—基准 A；2—基准 B

区域。该两平行平面对称于由基准平面 A 和基准轴线 B 的理论正确尺寸所确定的理论
正确位置。

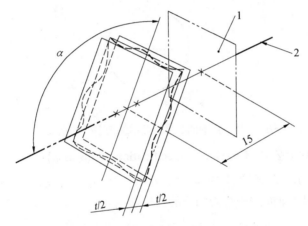

图 4.143 平表面位置度标注示例公差带的定义

4.3.5 同心度与同轴度公差
(Cncentricity and Coaxiality Tolerances)

被测要素是导出要素，其公称被测要素的属性与形状是点要素、一组点要素或直线要
素。当所标注的要素的公称状态为直线，且被测要素为一组点时，应标注"ACS"。此时，
每个点的基准也是同一横截面上的一个点。锁定在公称被测要素与基准之间的角度与线
性尺寸则由缺省的 TED 给定。

1. 点的同心度公差(Concentricity specification of a point)

如图 4.144 所示，在任意横截面内，内圆的提取(实际)中心应限定在直径等于公差
值 $\phi0.1$ mm、以基点 A(在同一横截面内)为圆心的圆周内。

如图 4.145 所示，规范所定义的公差带为直径等于公差值 ϕt 的圆周所限定的区域。
公差值之前应使用符号"ϕ"。该圆周公差带的圆心与基准点重合。

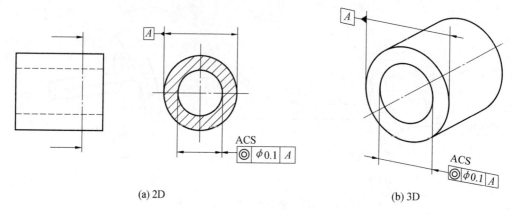

(a) 2D　　　　　　　　　　　　　　　(b) 3D

图 4.144　点的同心度标注示例

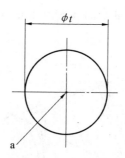

图 4.145　点的同心度标注示例公差带的定义

2. 中心线的同轴度公差(Coaxiality specification of an axis)

　　如图 4.146 所示,被测圆柱的提取(实际)中心线应限定在直径等于公差值 $\phi 0.08$ mm、以公共基准轴线 A—B 为轴线的圆柱面内。

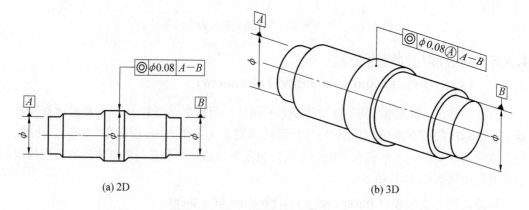

(a) 2D　　　　　　　　　　　　　　　(b) 3D

图 4.146　中心线的同轴度标注示例 1

　　如图 4.147 所示,被测圆柱的提取(实际)中心线应限定在直径等于公差值 $\phi 0.1$ mm、以基准轴线 A 为轴线的圆柱面内。

　　如图 4.148 所示,被测圆柱的提取(实际)中心线应限定在直径等于公差值

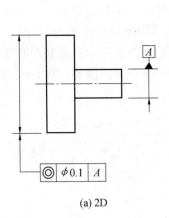
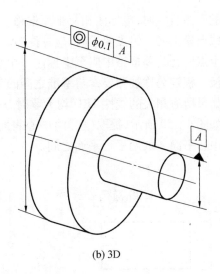

(a) 2D   (b) 3D

图 4.147　中心线的同轴度标注示例 2

$\phi 0.08$ mm、以垂直于基准平面 A 的基准轴线 B 的圆柱面内。

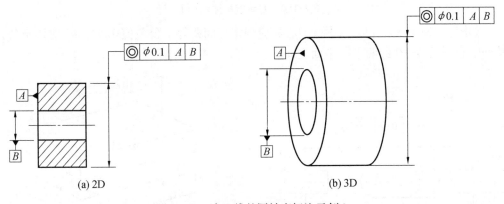

(a) 2D   (b) 3D

图 4.148　中心线的同轴度标注示例 3

　　如图 4.149 所示,因为在公差值之前使用了符号"ϕ",规范所定义的公差带为直径等于公差值 ϕt 的圆柱面所限定的区域。该圆柱面的轴线与基准轴线重合。

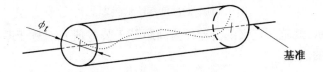

图 4.149　中心线的同轴度标注示例公差带的定义

4.3.6　对称度公差
(Symmetry Tolerances)

　　被测要素可以是组成要素或导出要素,其公称被测要素的形状与属性是点要素、一组点要素、直线、一组直线或平面。当所标注的要素的公称状态为平面,且被测要素为该平面上的一组直线时,应标注相交平面框格。当所标注的要素的公称状态为直线,且被测要素为线要素上的一组点要素时,应标注"ACS"。此时,每个点的基准都是在同一横截面上的一个点。在公差框格中应至少标注一个基准,且该基准可锁定公差带的一个未受约束的转换。锁定公称被测要素与基准之间的角度与线性尺寸则由缺省的 TED 给定。

如果所有相关的线性 TED 均为零时,对称度公差可应用在所有位置度公差的场合。

如图 4.150 所示,提取(实际)中心表面应限定在间距等于公差值 $\phi 0.08$ mm、对称于基准中心平面 A 的两平行平面之间。

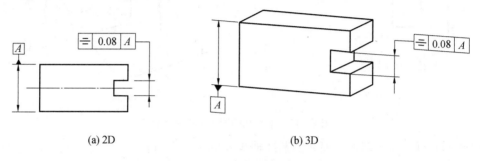

(a) 2D   (b) 3D

图 4.150   对称度标注示例 1

如图 4.151 所示,提取(实际)中心面应限定在间距等于公差值 0.08 mm、对称于公共基准中心平面 $A—B$ 的两平行平面之间。

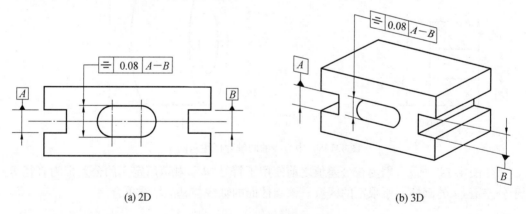

(a) 2D   (b) 3D

图 4.151   对称度标注示例 2

如图 4.152 所示,规范所定义的公差带为间距等于公差值 t、对称于基准中心平面的两平行平面所限定的区域。

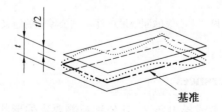

图 4.152   对称度标注示例公差带的定义

4.3.7 相对于基准体系的线轮廓度公差
(Line Profile Specification Related to a Datum System)

被测要素可以是组成要素或导出要素,其公称被测要素的属性由线性要素或一组线性要素明确给定;其公称被测要素的形状,除直线外,则应通过图样上完整的标注或基于 CAD 模型的查询明确给定。

如图 4.153 所示,在任一由相交平面框格规定的平行于基准平面 A 的截面内,提取(实际)轮廓线应限定在直径等于公差值 $\phi 0.04$ mm、圆心位于由基准平面 A 与基准平面 B 确定的被测要素理论正确几何形状线上的一系列圆的两等距包络线之间。图 4.153 中部分 TED 未标注。

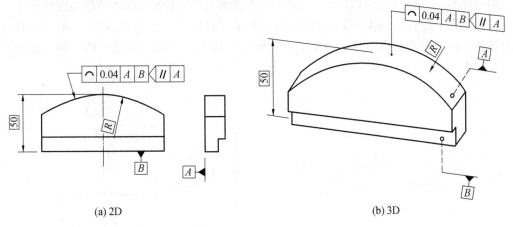

(a) 2D　　　　　　　　　　　　　　　　(b) 3D

图 4.153　基于基准体系的线轮廓度标注示例

如图 4.154 所示,规范所定义的公差带为直径等于公差值 ϕt、圆心位于由基准平面 A 与基准平面 B 确定的被测要素理论正确几何形状上的一系列圆的两包络线所限定的区域。

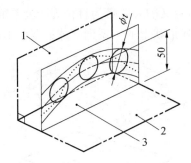

图 4.154　基于基准体系的线轮廓度标注示例公差带的定义
1—基准 A;2—基准 B;3—平面(平行于基准 A)

4.3.8　相对于基准的面轮廓度公差
（Surface Profile Specification Related to a Datum）

被测要素可以是组成要素或导出要素,其公称被测要素的属性由面要素明确给定。其公称被测要素的形状,除平面外,则应通过图样上完整的标注或基于 CAD 模型的查询明确给定。

若是方向规范"><"应放置在公差框格的第二格或放在每个公差框格的基准标注之后,或如果公差带位置的确定无须依赖基准,则可不标注基准。应使用明确的与/或缺省 TED 给定锁定在公称被测要素与基准之间的角度尺寸。

若是位置规范,在公差框格中至少需要一个基准,该基准可用以确定公差带位置。应使用明确的与/或缺省的 TED 给定锁定在公称被测要素与基准之间的角度与线性尺寸。

如图 4.155 所示,提取(实际)轮廓面应限定在直径等于公差值 $\phi0.1$ mm、球心位于由基准平面 A 确定的被测要素理论正确几何形状线上的一系列圆球的两等距包络面之间。图 4.155 中部分 TED 未标注。

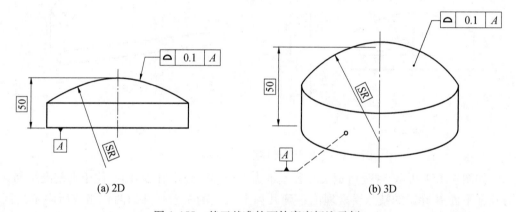

(a) 2D　　　　　　　　　　　　　　　(b) 3D

图 4.155　基于基准的面轮廓度标注示例

如图 4.156 所示,规范所定义的公差带为直径等于公差值 ϕt、球心位于由基准平面 A 确定的被测要素理论正确几何形状上的一系列圆球的两包络面所限定的区域。

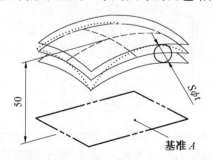

图 4.156　基于基准的面轮廓度标注示例公差带的定义

4.3.9 跳动公差

(Run-out Tolerances)

跳动公差是对零件上关联实际要素绕基准轴线回转一周或连续回转若干周时所允许的最大跳动量的精度要求,也就是说跳动公差是基于特定的测量方法规定的具有综合性质的几何公差项目。跳动公差包括圆跳动和全跳动。

圆跳动公差是实际被测要素某一参考点围绕基准轴线旋转一周时(零件和测量仪间无轴向移动)允许的最大跳动量。全跳动公差是实际被测要素绕基准轴线做无轴向移动的条件下连续运转,同时指示表与实际被测要素做相对运动过程中,在垂直于指示表移动方向上所允许的最大跳动量。

1. 圆跳动公差(Circular run-out tolerance)

被测要素是组成要素,其公称被测要素的形状与属性由圆环线或一组圆环线明确给定,属线要素。

(1)径向圆跳动公差(Circular run-out specification-radial)

如图 4.157 所示,在任一垂直于基准轴线 A 的横截面内,提取(实际)线应限定在半径差等于公差值 0.1mm、圆心在基准轴线 A 上的两共面同心圆之间。

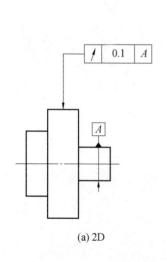

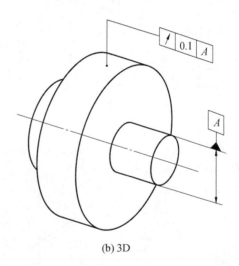

(a) 2D

(b) 3D

图 4.157 径向圆跳动标注示例 1

如图 4.158 所示,在任一平行于基准平面 B、垂直于基准轴线 A 的横截面上,提取(实际)圆应限定在半径差等于公差值 0.1 mm、圆心在基准轴线 A 上的两共面同心圆之间。

如图 4.159 所示,在任一垂直于公共基准轴线 A—B 的横截面内,提取(实际)线应限定在半径差等于公差值 0.1 mm、圆心在公共基准轴线 A—B 上的两共面同心圆之间。

如图 4.160 所示,规范所定义的公差带为在任一垂直于基准轴线的横截面内、半径差等于公差值 t、圆心在基准轴线上的两共面同心圆所限定的区域。

如图 4.161 所示,在任一垂直于基准轴线 A 的横截面内,提取(实际)线应限定在半径差等于公差值 0.2 mm、圆心在基准轴线 A 上的两共面同心圆之间。

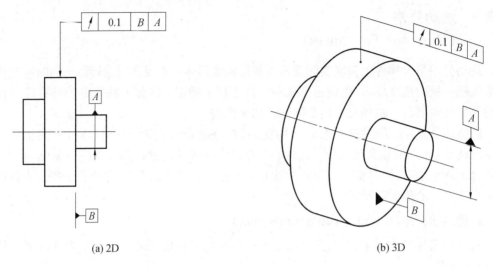

(a) 2D   (b) 3D

图 4.158 径向圆跳动标注示例 2

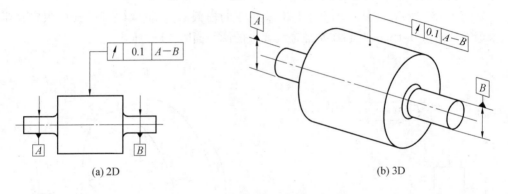

(a) 2D   (b) 3D

图 4.159 径向圆跳动标注示例 3

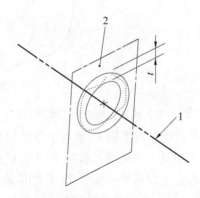

图 4.160 径向圆跳动标注示例公差带的定义

1—基准 A(或垂直于基准 B 的第二基准 A、基准 A—B);2—垂直于基准 A
的横截面(或平行于基准 B 的横截面、垂直于基准 A—B 的横截面)

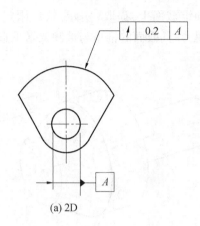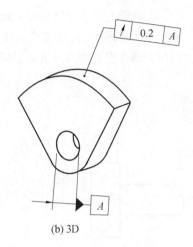

(a) 2D   (b) 3D

图 4.161　径向圆跳动标注示例 4

（2）轴向圆跳动公差（Circular run-out specification-axial）。

如图 4.162 所示，在与基准轴线 D 同轴任一圆柱形截面上，提取（实际）圆应限定在轴向距离等于公差值 0.1 mm 的两个等圆之间。

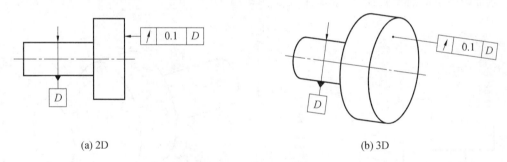

(a) 2D   (b) 3D

图 4.162　轴向圆跳动标注示例

如图 4.163 所示，规范所定义的公差带为与基准轴线同轴的任一半径的圆柱截面上、间距等于公差值 t 的两圆所限定的圆柱面区域。图中 c 为与基准 D 同轴的任意直径。

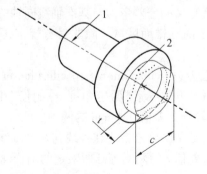

图 4.163　轴向圆跳动标注示例公差带的定义
1—基准 D;2—公差带

（3）斜向圆跳动公差（Circular run-out specification in any direction）。

如图 4.164 所示，在与基准轴线 C 同轴任一圆锥截面上，提取（实际）线应限定在素线方向间距等于公差值 0.1 mm 的两个不等圆之间，并且截面的锥角与被测要素垂直。

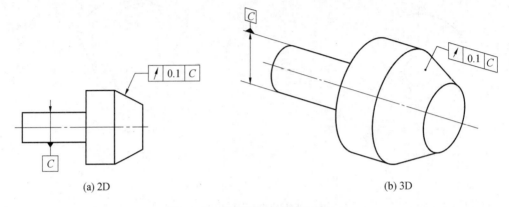

|(a) 2D| |(b) 3D|

图 4.164　斜向圆跳动标注示例 1

如图 4.165 所示，当被测要素的素线不是直线时，圆锥截面的锥角要随所测圆的实际位置而改变，以保持与被测要素垂直。

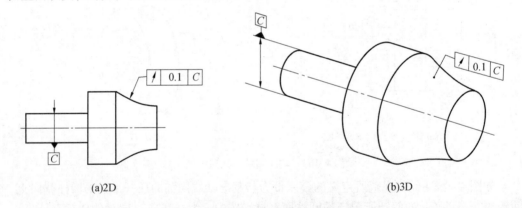

|(a)2D| |(b)3D|

图 4.165　斜向圆跳动标注示例 2

如图 4.166 所示，规范所定义的公差带为与基准轴线同轴的任一圆锥截面上、间距等于公差值 t 的两不等圆所限定的圆锥面区域。除非另有规定，公差带的宽度应沿规定几何要素的法向。

（4）给定方向的圆跳动公差（Circular run-out specification in a specified direction）。

如图 4.167 所示，在相对于方向要素（给定角度 α）的任一圆锥截面上，提取（实际）线应限定在圆锥截面内间距等于公差值 0.1 mm 的两圆之间。

如图 4.168 所示，规范所定义的公差带为在轴线与基准轴线同轴的、具有给定锥角的任一圆锥截面上、间距等于公差值 t 的两不等圆所限定的圆锥面区域。

2. 全跳动公差（Total run-out tolerance）

被测要素是组成要素，其公称被测要素的形状与属性为平面或回转体表面。公差带保持被测要素的形状，但对于回转体表面不约束径向尺寸。

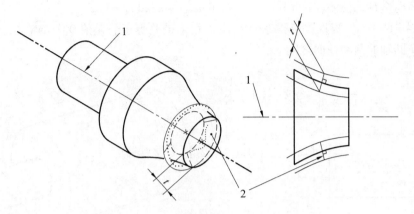

图 4.166　斜向圆跳动标注示例公差带的定义

1—基准 D；2—公差带

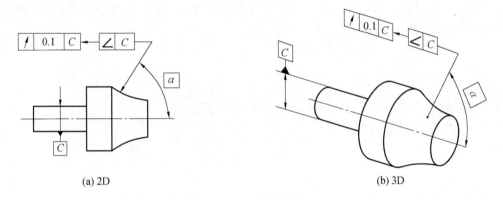

(a) 2D

(b) 3D

图 4.167　给定方向圆跳动标注示例

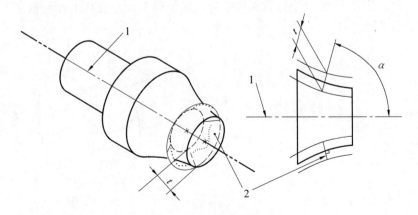

图 4.168　给定方向圆跳动标注示例公差带的定义

1—基准 D；2—公差带

（1）径向全跳动公差（Total run-out specification–radial）。

如图 4.169 所示,提取(实际)表面应限定在半径差等于公差值 0.1 mm、与公共基准轴线 A—B 同轴的两圆柱面之间。

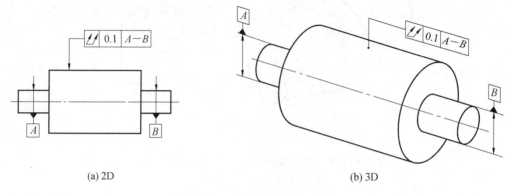

(a) 2D (b) 3D

图 4.169 径向全跳动标注示例

如图 4.170 所示,规范所定义的公差带为半径差等公差值 t、与基准轴线同轴的两圆柱面所限定的圆锥面区域。

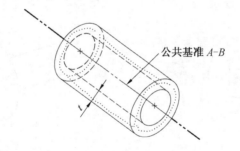

图 4.170 径向全跳动标注示例公差带的定义

（2）轴向圆跳动公差（Total run-out specification–axial）。

如图 4.171 所示,提取(实际)表面应限定在间距等于公差值 0.1 mm、垂直于基准轴线 D 的两平行平面之间。

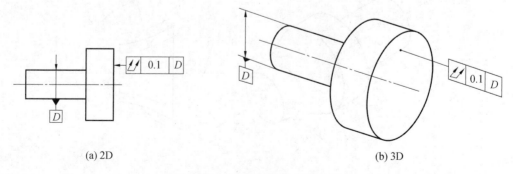

(a) 2D (b) 3D

图 4.171 轴向全跳动标注示例

如图 4.172 所示,规范所定义的公差带为间距等于公差值 t、垂直于基准轴线的两平行平面所限定的区域。

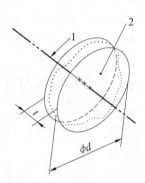

图 4.172 轴向全跳动标注示例公差带的定义
1—基准 D;2—提取表面

4.4 最大实体要求(MMR)、最小实体
要求(LMR)和可逆要求(RPR)
(Maximum Material Requirement(MMR),Least Material
Requirement(MMR) and Reciprocity Requirement(RPR))

4.4.1 术语和定义
(Terms and Definitions)

1. 最大实体状态(MMC)(Maximum material condition(MMC))

最大实体状态是指当尺寸要素的提取组成要素的局部尺寸处处位于极限尺寸且使其具有材料最多(实体最大)时的状态,例如,孔的最小直径和轴的最大直径。

State of the considered extracted feature,where the feature of size is at that limit of size where the material of the feature is at its maximum everywhere,e. g. minimum hole diameter and maximum shaft diameter.

2. 最大实体尺寸(MMS)(Maximum material size(MMS))

最大实体尺寸是指确定要素最大实体状态的尺寸。

Dimension defining the maximum material condition of a feature.

尺寸要素的最大实体尺寸用 l_{MMS} 表示

对于外尺寸要素:

$$l_{\mathrm{MMS}} = d_{\max} \tag{4.3}$$

对于内尺寸要素:

$$l_{\mathrm{MMS}} = D_{\min} \tag{4.4}$$

3. 最小实体状态(LMC)(Least material condition(LMC))

最小实体状态是指当尺寸要素的提取组成要素的局部尺寸处处位于极限尺寸且使其

具有材料量最少(实体最小)时的状态,例如,孔的最大直径和轴的最小直径。

State of the considered extracted feature, where the feature of size is at that limit of size where the material of the feature is at its minimum everywhere, e. g. maximum hole diameter and minimum shaft diameter.

4. 最小实体尺寸(LMS)(Least material size(LMS))

最小实体尺寸是指确定要素最小实体状态的尺寸。

Dimension defining the least material condition of a feature.

尺寸要素的最小实体尺寸用 l_{LMS} 表示

对于外尺寸要素:

$$l_{LMS} = d_{min} \tag{4.5}$$

对于内尺寸要素:

$$l_{LMS} = D_{max} \tag{4.6}$$

5. 最大实体实效尺寸(MMVS)(Maximum material virtual size(MMVS))

最大实体实效尺寸是指尺寸要素的最大实体尺寸(MMS)和其导出要素的几何公差(形状、方向或位置)共同作用产生的尺寸。

Size generated by the collective effect of the maximum material size, MMS, of a feature of size and the geometrical tolerance(form, orientation or location)given for the derived feature of the same feature of size.

对于外尺寸要素,MMVS 是 MMS 和几何公差 t 之和,即

$$l_{MMVS,e} = l_{MMS} + t = d_{max} + t \tag{4.7}$$

对于内尺寸要素,MMVS 是 MMS 和几何公差 t 之差,即

$$l_{MMVS,i} = l_{MMS} - t = D_{min} - t \tag{4.8}$$

6. 最大实体实效状态(MMVC)(Maximum material virtual condition(MMVC))

最大实体实效状态是指拟合要素的尺寸为其最大实体实效尺寸(MMVS)时的状态。

Stat of associated feature of maximum material virtual size, MMVS.

7. 最小实体实效尺寸(LMVS)(Least material virtual size(LMVS))

最小实体实效尺寸是指尺寸要素的最小实体尺寸(LMS)和其导出要素的几何公差(形状、方向或位置)共同作用产生的尺寸。

Size generated by the collective effect of the least material size, LMS, of a feature of size and the geometrical tolerance(form, orientation or location)given for the derived feature of the same feature of size.

对于外尺寸要素,MMVS 是 MMS 和几何公差 t 之和,即

$$l_{LMVS,e} = l_{LMS} - t = d_{min} - t \tag{4.9}$$

对于内尺寸要素,MMVS 是 MMS 和几何公差 t 之差,即

$$l_{LMVS,i} = l_{LMS} + t = D_{max} + t \tag{4.10}$$

8. 最小实体实效状态(LMVC)(Least material virtual condition(LMVC))

最小实体实效状态是指拟合要素的尺寸为其最小实体实效尺寸(LMVS)时的状态。

Stat of associated feature of least material virtual size,LMVS.

9. 最大实体要求(MMR)(Maximum material requirement(MMR))

最大实体要求是指尺寸要素的非理想要素不得违反其最大实体实效状态(MMVC)的一种尺寸要求,也即尺寸要素的非理想要素不得超越其最大实体实效边界(MMVB)的一种尺寸要求。

Requirement for a feature of size,defining a geometrical feature of the same type and of perfect form,with a given value for the intrinsic characteristic(dimension)equal to MMVS,which limits the non-ideal feature on the outside of the material.

最大实体实效状态(MMVC)或最大实体实效边界(MMVB)是和被测尺寸要素具有相同类型和理想形状的几何要素的极限状态,该极限状态的尺寸是 MMVS。

最大实体要求(MMR)可用于控制工件的可装配性。

10. 最小实体要求(LMR)(Least material requirement(LMR))

最小实体要求是指尺寸要素的非理想要素不得违反其最小实体实效状态(LMVC)的一种尺寸要求,也即尺寸要素的非理想要素不得超越其最小实体实效边界(LMVB)的一种尺寸要求。

Requirement for a feature of size,defining a geometrical feature of the same type and of perfect form,with a given value for the intrinsic characteristic(dimension)equal to LMVS,which limits the non-ideal feature on the inside of the material.

成对使用的最小实体要求(LMR)可用于控制工件的最小壁厚,例如,两个对称或同轴布置的同类尺寸要素间的最小壁厚。

11. 可逆要求(RPR)(Reciprocity requirement(RPR))

可逆要求是指最大实体要求(MMR)或最小实体要求(LMR)的附加要求,表示尺寸公差可以在实际几何误差小于几何公差之间的差值内相应地增大。

Additional requirement for a feature of size used as an addition to the maximum material requirement,MMR,or the least material requirement,LMR to indicate that the size tolerance is increased by the difference between the geometrical tolerance and the actual geometrical deviation.

4.4.2 最大实体要求(MMR)和最小实体要求(LMR)
(Maximum Material Requirement(MMR)and Least Material Requirement(LMR))

最大实体要求(MMR)和最小实体要求(LMS)可用于一组由一个或多个作为被测要素,与/或基准组成的尺寸要素。这些要求可规定尺寸要素的尺寸及其导出要素几何要求(形状、方向或位置)之间的组合要求。

当时用了最大实体要求(MMR)或最小实体要求(LMR)时,尺寸和几何这两个规范即转变为一个共同的要求规范。这个共同的规范仅针对组合要素是尺寸要素中的面要素。

1. 最大实体要求(MMR)(Maximum material requirement(MMR))

（1）最大实体要求应用于被测要素（Maximum material requirement for tolerance features）。

当最大实体要求（MMR）用于被测要素时，应在图样上的公差框格里用修饰符Ⓜ标注在尺寸要素（被测要素）的导出要素的几何公差之后。

当最大实体要求（MMR）用于被测要素时，被测要素的提取局部尺寸应满足局部尺寸的上、下限要求，即

对于外尺寸要素：

$$l_{LMS} = d_{min} \leqslant d_a \leqslant l_{MMS} = d_{max} \tag{4.11}$$

对于内尺寸要素：

$$l_{LMS} = D_{max} \geqslant D_a \geqslant l_{MMS} = D_{min} \tag{4.12}$$

同时，被测要素的提取组成要素不得违反最大实体实效状态（MMVC），即

对于外尺寸要素：

$$d_a + f_t \leqslant l_{MMVS,e} = l_{MMS} + t = d_{max} + t \tag{4.13}$$

式中　f_t——被测提取要素的几何误差；

　　t——被测提取要素的几何公差。

对于内尺寸要素：

$$D_a - f_t \geqslant l_{MMVS,i} = l_{MMS} - t = D_{min} - t \tag{4.14}$$

式中符号同式（4.13）。

当几何规范是相对于基准或基准体系的方向或位置要求时，被测要素的最大实体实效状态（MMVC）应相对于基准或基准体系，处于理论正确方向或位置。另外，当几个被测要素用同一公差标注时，除了相对于基准处于理论正确方向或位置外，其最大实体实效状态（MMVC）相互之间也应处于理论正确方向或位置。

当提取组成要素的局部尺寸偏离最大实体尺寸（MMS）时，允许其导出要素的几何误差超出给出的几何公差值（即允许尺寸公差补偿给几何公差）。几何误差的补偿值取决于提取组成要素局部尺寸对其最大实体尺寸（MMS）的偏离程度。因此，即使规格相同的一批零件，各个零件上相对应的要素所能得到的几何公差补偿值也可能是各不相同的。

最大实体要求（MMR）应用于被测要素（导出要素）为形状公差的示例如图4.173所示。轴的预期的功能是和一个等长的被测孔形成间隙配合。

该示例表明了如下要求：

①轴的提取要素不得违反其最大实体实效状态（MMVC），即满足式（4.13），即

$$d_a + f_t \leqslant l_{MMVS,e} = l_{MMS} + t = d_{max} + t = \phi 35 + \phi 0.1 = \phi 35.1 \text{ mm}$$

②轴的提取要素各处的局部直径应满足式（4.11），即

$$l_{LMS} = d_{min} = \phi 34.9 \text{ mm} \leqslant d_a \leqslant l_{MMS} = d_{max} = \phi 35.0 \text{ mm}$$

③轴的MMVC的方向和位置均无约束。

图4.173中，被测导出要素（轴线）的直线度公差（$\phi 0.1$ mm）是该轴为最大实体状态（MMC）时给定的；若该轴为其最小实体状态（LMC）时，其轴线直线度误差允许达到的最

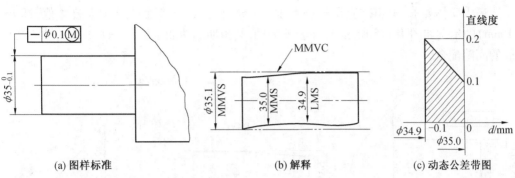

图 4.173　具有尺寸要求和对其轴线具有形状(直线度)要求的外尺寸要素(轴)的 MMR 示例

大值,可为图 4.173(a)中给定的轴线直线度公差(ϕ0.1 mm)与轴的尺寸公差(ϕ0.1 mm)之和 ϕ0.2 mm;若该轴处于最大实体状态(MMC)与最小实体状态(LMC)之间,则其轴线直线度误差可在 ϕ0.1 mm ~ ϕ0.2 mm 之间变化。图 4.173(c)给出了表示上述关系的动态公差带图。

　　最大实体要求(MMR)应用于被测要素(导出要素)为方向公差的示例如图 4.174 所示,零件的预期功能是和一个等长的被测孔装配,要求轴装入孔内时轴基准平面 A 应与孔的轴线相垂直的端面相接触。

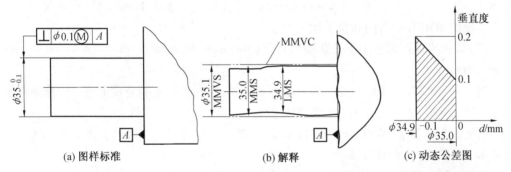

图 4.174　具有尺寸要求和对其轴线具有形状(垂直度)要求的外尺寸要素(轴)的 MMR 示例

该示例表明了如下要求:

(1)轴的提取要素不得违反其最大实体实效状态(MMVC),即满足式(4.13),即

$$d_a + f_t \le l_{MMVS,e} = l_{MMS} + t = d_{max} + t = \phi 35.1 + \phi 0.0 = \phi 35.1 (mm)$$

(2)轴的提取要素各处的局部直径应满足式(4.11),即

$$l_{LMS} = d_{min} = \phi 34.9 \ mm \le d_a \le l_{MMS} = d_{max} = \phi 35 \ mm$$

(3)轴的 MMVC 的方向与基准平面 A 垂直,但其位置均无约束。

　　图 4.174 中,被测导出要素(轴线)的垂直度公差(ϕ0.1 mm)是该轴为最大实体状态(MMC)时给定的;若该轴为其最小实体状态(LMC)时,其轴线对基准要素 A 的垂直度误差允许达到的最大值,可为图 4.174(a)中给定的轴线垂直度公差(ϕ0.1 mm)与轴的尺寸公差(ϕ0.1 mm)之和 ϕ0.2 mm;若该轴处于最大实体状态(MMC)与最小实体状态(LMC)之间,则其轴线对基准要素 A 的垂直度误差可在 ϕ0.1 mm ~ ϕ0.2 mm 之间变化。图 4.174(c)给出了表示上述关系的动态公差带图。

最大实体要求（MMR）应用于被测要素（导出要素）为形状公差（零公差值，即 $t=0$ mm）的示例如图 4.175 所示，标注公差的轴，其预期的功能是可和一个等长的被测孔形成的间隙配合。

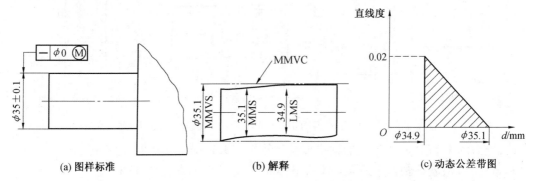

(a) 图样标准   (b) 解释   (c) 动态公差带图

图 4.175　具有尺寸要求和对其轴线具有形状（直线度）0 mm 要求的外尺寸要素（轴）的 MMR 示例

该示例表明了如下要求：

①轴的提取要素不得违反其最大实体实效状态（MMVC），即满足式（4.13），即

$$d_a+f_t \geqslant l_{MMVS,e}=l_{MMS}+t=d_{max}+t=\phi35.1+\phi0.0=\phi35.1(\text{mm})$$

②轴的提取要素各处的局部直径应满足式（4.11），即

$$l_{LMS}=D_{min}=\phi34.9 \text{ mm} \leqslant d_a \leqslant l_{MMS}=d_{max}=\phi35.1 \text{ mm}$$

③轴的 MMVC 的方向和位置均无约束。

（2）最大实体要求应用于关联基准要素（Maximum material requirement for related datum features）。

当最大实体要求（MMR）用于关联基准要素时，应在图样上的公差框格里用修饰符Ⓜ标注在尺寸要素（基准要素）的基准字母之后。

当最大实体要求（MMR）用于关联基准要素时，基准要素的提取组成要素不得违反最大实体实效状态（MMVC），即

对于外尺寸要素：

$$d_a+f_t \leqslant l_{MMVS,e}=l_{MMS}+t=d_{max}+t \tag{4.15}$$

式中符号同式（4.13）。

对于内尺寸要素：

$$D_a-f_t \geqslant l_{MMVS,i}=l_{MMS}-t=D_{min}-t \tag{4.16}$$

式中符号同式（4.13）。

当关联基准要素没有备注几何规范，或者注有几何规范但其后没有修饰符Ⓜ时，则关联基准要素的最大实体实效状态（MMVC）的尺寸，也即最大实体实效尺寸为其最大实体尺寸。

对于外尺寸要素：

$$l_{MMVS,e}=l_{MMS}=d_{max} \tag{4.17}$$

对于内尺寸要素：

$$l_{MMVS,i}=l_{MMS}=D_{min} \tag{4.18}$$

最大实体要求同时应用于被测要素(导出要素)和基准要素(导出要素)的示例如图4.176 所示,零件的预期功能是图 4.176(f)所示零件相装配。

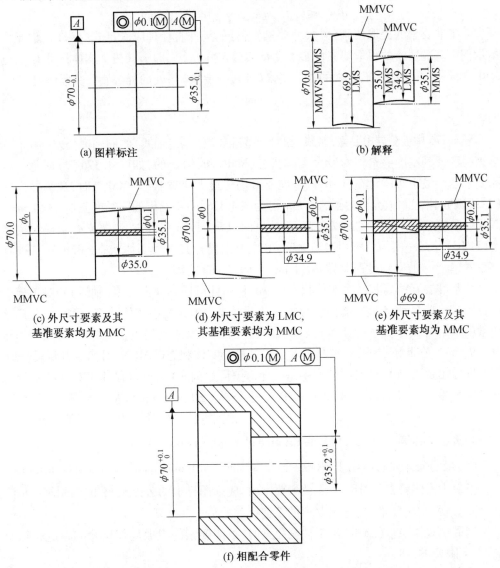

图 4.176　一个外尺寸要素具有尺寸要求和对其轴线具有位置(同轴度)要求的 MMR 和作为基准的外尺寸要素具有尺寸要求同时也用 MMR 的示例

该示例表明了如下要求:

①外尺寸要素(被测要素)的提取要素不得违反其最大实体实效状态(MMVC),即满足式(4.13),即

$$d_a + f_t \leqslant l_{MMVS,e} = l_{MMS} + t = d_{max} + t = \phi 35 + \phi 0.1 = \phi 35.1 (mm)$$

②外尺寸要素(被测要素)的提取要素各处的局部直径应满足式(4.11),即

$$l_{LMS} = d_{min} = \phi 34.9 \text{ mm} \leqslant d_a \leqslant l_{MMS} = d_{max} = \phi 35 \text{ mm}$$

③被测要素(轴)的 MMVC 的位置与基准要素 A 的 MMVC 同轴。

④基准要素的提取要素(外尺寸要素)不得违反其最大实体实效状态(MMVC),即满足式(4.17),即

$$d_a + f_t \leqslant l_{MMVS,e} = l_{MMS} = d_{max} = \phi 70 (mm)$$

⑤基准要素的提取要素(外尺寸要素)各处的局部直径理应满足式(4.11),但是由于本示例中基准要素的提取要素的最大实体实效尺寸 $l_{MMVS,e}$ 即为其最大实体尺寸 l_{MMS},已在④中进行了约束,故基准要素的提取要素(外尺寸要素)各处的局部直径只需满足

$$l_{LMS} = d_{min} = \phi 69.9\ mm \leqslant d_a$$

即可。

图4.176中被测导出要素(轴线)相对于基准导出要素(轴线)的同轴度公差($\phi 0.1\ mm$)是该要素及其基准要素均为最大实体状态(MMC)时给定的,如图4.176(c)所示。若被测要素处于最小实体状态(LMC),基准要素仍为最大实体状态(MMC)时,被测导出要素(轴线)的同轴度误差允许达到的最大值可为图4.176(a)中给定的同轴度公差($\phi 0.1\ mm$)与其尺寸公差($\phi 0.1\ mm$)之和 $\phi 0.2\ mm$,如图4.176(d)所示;若被测要素处于最大实体状态(MMC)与最小实体状态(LMS)之间,基准要素仍为其最大实体状态(MMC),其被测导出要素(轴线)的同轴度误差在 $\phi 0.1\ mm \sim \phi 0.2\ mm$ 之间。

若基准要素偏离其最大实体状态(MMC),由此可使其导出要素(轴线)相对于理论正确位置有一些浮动(偏移、偏移或弯曲);若基准要素为其最小实体状态(LMC)时,其导出要素(轴线)相对于其理论正确位置的最大浮动量可以达到最大值 $\phi 0.1\ mm$($\phi 70\ mm \sim \phi 69.9\ mm$),在此情况下,若被测要素也为其最小实体状态(LMC),则其导出要素(轴线)与基准导出要素(轴线)的同轴度误差的允许值可达到 $\phi 0.3\ mm$(图4.176(a))中给定的同轴度公差($\phi 0.1\ mm$)、被测要素的尺寸公差($\phi 0.1\ mm$)与基准要素的尺寸公差($\phi 0.1\ mm$)三者之和,同轴度误差的最大可以根据零件具体的结构尺寸近似估算。

2. 最小实体要求(LMR)(Least material requirement(MMR))

(1)最小实体要求应用于被测要素(Leas material requirement for tolerance features)。

当最小实体要求(LMR)用于被测要素时,应在图样上的公差框格里用修饰符Ⓛ标注在尺寸要素(被测要素)的导出要素的几何公差之后。

当最小实体要求(LMR)用于被测要素时,被测要素的提取局部尺寸应满足局部尺寸的上、下限要求,即

对于外尺寸要素,满足式(4.11);

对于内尺寸要素,满足式(4.12)。

同时,被测要素的提取组成要素不得违反最小实体实效状态(LMVC),即

对于外尺寸要素:

$$d_a - f_t \geqslant l_{LMVS,e} = l_{LMS} - t = d_{min} - t \tag{4.19}$$

式中符号同式(4.13)。

对于内尺寸要素:

$$D_a + f_t \leqslant l_{LMVS,i} = l_{MMS} + t = D_{max} + t \tag{4.20}$$

式中符号同式(4.13)。

当几何规范是相对于(第一)基准或基准体系的方向或位置要求时,被测要素的最小实体实效状态(MVC)应相对于基准或基准体系,处于理论正确方向或位置。另外,当几个被测要素用同一公差标注时,除了相对于基准可能的约束以外,其最小实体实效状态(LMVC)相互之间也应处于理论正确方向或位置。

当提取组成要素的局部尺寸偏离最小实体尺寸(LMS)时,允许其导出要素的几何误差超出给出的几何公差值(即允许尺寸公差补偿给几何公差)。

最小实体要求(LMR)应用于被测要素(导出要素)为位置公差的示例如图 4.177 所示,零件的预期功能是承受内压并防止爆裂。

该示例为壁的两侧不同的位置要求,此时,修饰符Ⓛ适用于这两个被测要素。示例表明了如下要求:

①外尺寸要素的提取要素不得违反其最小实体实效状态(LMVC),即满足式(4.19),即

$$d_a - f_t \geqslant l_{LMVS,e} = l_{LMS} - t = d_{min} - t = \phi 69.9 - \phi 0.1 = \phi 69.8 (mm)$$

②外尺寸要素的提取要素各处的局部直径应满足式(4.11),即

$$l_{MMS} = d_{max} = \phi 70 \ mm \geqslant d_a \geqslant l_{LMS} = d_{min} = \phi 69.9 \ mm$$

③内尺寸要素的提取要素不得违反其最小实体实效状态(LMVC),即满足式(4.20),即

$$D_a + f_t \leqslant l_{LMVS,i} = l_{MMS} + t = D_{max} + t = \phi 35.1 + \phi 0.1 = \phi 35.2 (mm)$$

④内尺寸要素的提取要素各处的局部直径应满足式(4.12),即

$$l_{LMS} = D_{max} = \phi 35 \ mm \geqslant D_a \geqslant l_{MMS} = D_{min} = \phi 35.1 \ mm$$

⑤内、外尺寸要素的最小实体实效状态(LMVC)的理论正确方向和位置应处于距基准体系 A 和 B 各为 44 mm。

图 4.177 中,外尺寸要素的导出要素(轴线)的位置公差($\phi 0.1 \ mm$)是该轴为最小实体状态(LMC)时给定的;若该轴为其最大实体状态(MMC)时,其轴线对基准要素 A 和 B 的位置度误差允许达到的最大值,可为图 4.177(a)中给定的轴线位置度公差($\phi 0.1 \ mm$)与轴的尺寸公差($\phi 0.1 \ mm$)之和 $\phi 0.2 \ mm$;若该轴处于最小实体状态(LMC)与最大实体状态(MMC)之间,则其轴线对基准要素 A 和 B 的位置度误差可在 $\phi 0.1 \ mm \sim \phi 0.2 \ mm$ 之间变化。图 4.177(c)给出了表示上述关系的动态公差带图。同理,内尺寸要素的导出要素(轴线)的位置度公差($\phi 0.1 \ mm$)是该轴为最小实体状态(LMC)时给定的;若该轴为其最大实体状态(MMC)时,其轴线对基准要素 A 和 B 的位置度误差允许达到的最大值,可为图 4.177(a)中给定的线位置度公差($\phi 0.1 \ mm$)与轴的尺寸公差($\phi 0.1 \ mm$)之和 $\phi 0.2 \ mm$;若该轴处于最小实体状态(LMC)与最大实体状态(MMC)之间,则其轴线对基准要素 A 和 B 的位置度误差可在 $\phi 0.1 \ mm \sim \phi 0.2 \ mm$ 之间变化。图 4.177(d)给出了表示上述关系的动态公差带图。

(2)最小实体要求应用于关联基准要素(Least material requirement for related datum features)。

当最小实体要求(LMR)用于关联基准要素时,应在图样上的公差框格里用修饰符Ⓛ标注在尺寸要素(基准要素)的基准字母之后。

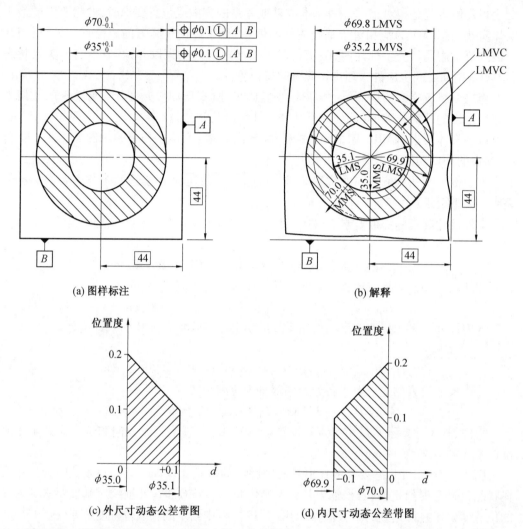

(a) 图样标注

(b) 解释

(c) 外尺寸动态公差带图

(d) 内尺寸动态公差带图

图 4.177　两同心圆柱要素（内和外）由同一基准体系 A 和 B 控制其尺寸和位置的 LMR 示例

当最小实体要求（LMR）用于关联基准要素时，基准要素的提取组成要素不得违反最小实体实效状态（LMVC），即

对于外尺寸要素：

$$d_a - f_t \geqslant l_{LMVS,e} = l_{LMS} - t = d_{min} - t \tag{4.21}$$

式中符号同式（4.13）。

对于内尺寸要素：

$$D_a + f_t \leqslant l_{LMVS,i} = l_{LMS} + t = D_{max} + t \tag{4.22}$$

式中符号同式（4.13）。

当关联基准要素没有备注几何规范，或者注有几何规范但其后没有修饰符Ⓛ时，则关联基准要素的最小实体实效状态（LMVC）的尺寸，也即最小实体实效尺寸为其最小实体尺寸。

对于外尺寸要素：

$$l_{\text{LMVS,e}} = l_{\text{LMS}} = d_{\min} \tag{4.23}$$

对于内尺寸要素：

$$l_{\text{LMVS,i}} = l_{\text{LMS}} = D_{\max} \tag{4.24}$$

当关联基准要素属于公差框格中的第一基准，且几何规范为形状规范，同时在公差框格基准字母后标注有修饰符Ⓛ时，或当关联基准要素的几何规范为方向/位置规范，而且其基准或基准体系所包含的基准及其顺序和公差框格中的前一个关联基准完全一致，同时在基准字母后面标注有修饰符Ⓛ时，关联基准要素的最小实体实效状态（LMVC）的尺寸（最大实体实效尺寸（LMVS）），由式（4.19）（对于外尺寸要素）和式（4.20）（内尺寸要素）给出。

如图 4.178 所示，零件的预期功能是承受内压并防止爆裂。

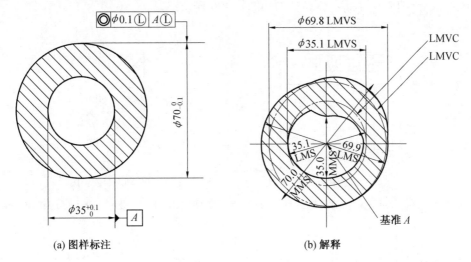

(a) 图样标注　　　　　　　　　　　(b) 解释

图 4.178　一个外圆柱要素由尺寸和相对于由尺寸和 LMR 控制的内圆柱要素作为基准的位置（同轴
度）控制的 LMR 示例

该示例为壁的一侧导出要素的位置要求可将另一侧的导出要素参照作为基准，此时，被测要素的公差及基准后应有修饰符Ⓛ。示例表明了如下要求：

①外尺寸要素（被测要素）的提取要素不得违反其最小实体实效状态（LMVC），即满足式（4.19），即

$$d_{\text{a}} - f_{\text{t}} \geqslant l_{\text{LMVS,e}} = l_{\text{LMS}} - t = d_{\min} - t = \phi 69.9 - \phi 0.1 = \phi 69.8 (\text{mm})$$

②外尺寸要素（被测要素）的提取要素各处的局部直径应满足式（4.11），即

$$l_{\text{MMS}} = d_{\max} = \phi 70 \text{ mm} \geqslant d_{\text{a}} \geqslant l_{\text{LMS}} = d_{\min} = \phi 69.9 \text{ mm}$$

③内尺寸要素（基准要素）的提取要素不得违反其最小实体实效状态（LMVC），即满足式（4.20），即

$$D_{\text{a}} + f_{\text{t}} \leqslant l_{\text{LMVS,i}} = l_{\text{MMS}} + t = D_{\max} = \phi 35.1 = \phi 35.1 (\text{mm})$$

④内尺寸要素（基准要素）的提取要素各处的局部直径应满足式（4.12），即

$$l_{\text{LMS}} = D_{\max} = \phi 35 \text{ mm} \geqslant D_{\text{a}} \geqslant l_{\text{MMS}} = D_{\min} = \phi 35.1 \text{ mm}$$

⑤外尺寸要素（被测要素）的最小实体实效状态（LMVC）位于内尺寸要素（基准要

素)轴线的理论正确位置。

3. 可逆要求(RPR)(Reciprocity requirement(RPR))

可逆要求(RPR)是最大实体要求(MMR)或最小实体要求(LMR)的附加要求,在图样上用修饰符Ⓡ标注在修饰符Ⓜ或Ⓛ之后。可逆要求仅用于被测要素。

在最大实体要求(MMR)或最小实体要求(LMR)附加可逆要求(RPR)后,改变了尺寸要素的尺寸公差。用可逆要求(RPR)可以充分利用最大实体实效状态(MMVC)和最小实体实效状态(LMVC)的尺寸,在制造可能性的基础上,可逆要求(RPR)允许尺寸和几何公差之间相互补偿。

例如,如果将图4.173的最大实体要求附加上可逆要求,此时,若测定的轴线直线度误差在 $\phi0.0$ mm ~ $\phi0.1$ mm 之间变化,则允许被测尺寸要素(轴径)在 $\phi35.0$ mm ~ $\phi35.1$ mm之间变化其动态公差带图如图4.179所示。

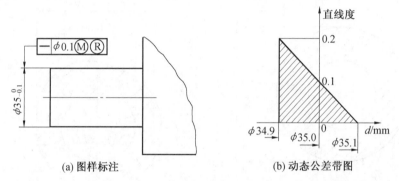

(a) 图样标注   (b) 动态公差带图

图4.179 具有尺寸要求和对其轴线具有形状(直线度)要求的外尺寸要素(轴)的 MMR 和 RPR 示例

4.5 几何公差的选用
(Selection of Geometrical Tolerance)

几何公差的选用对保证产品质量和降低制造成本具有十分重要的意义。一般情况下,零件上对几何公差有特殊要求的要素只占少数,而绝大多数的要素是没有特殊要求的,这些要素的几何公差要求用一般的加工工艺就能得到满足。因此,图样上只注出那些有特殊要求的要素的几何公差,而对于那些没有特殊要求的要素不必单独注出几何公差。几何公差的选用主要包括几何公差特征项目的选择、尺寸公差和几何公差之间相互关系的处理、基准的选择和几何公差等级及公差值的选择。

4.5.1 几何公差特征项目的选择
(Selection of Geometrical Tolerance Items)

几何公差特征项目的选择主要从零件的几何特征、使用要求、检测的便利性和特征项目本身的特点等几方面来考虑。

1. 零件的几何特征(Geometrical characteristics of the parts)

形状公差特征项目的选择主要是按照要素的几何形状特征制定的,这是单一要素几何公差特征项目的基本依据。例如,控制圆柱面的形状误差可以选择圆度公差、圆度柱公差或圆度公差和素线直线度公差;控制平面的形状公差可以选择平面度公差;控制导轨导向面的形状误差可以选择平面度和直线度公差等。

方向和位置公差特征项目的选择主要是按照要素间的几何方向和位置关系制定的,所以选择关联要素的几何公差特征项目以它与基准要素间的几何方向和位置关系为基本依据。例如,控制点的几何误差只能选择位置度公差;控制线(中心线)、面(中心平面)的几何误差可选择方向公差和位置公差;控制回转零件的几何误差可选择同轴度公差和跳动公差等。

2. 零件的使用要求(Requirements for the use of parts)

依据零件不同的使用要求,在分析几何误差对零件使用性能影响的前提下,选择不同的几何公差特征项目。例如,圆柱面的形状误差将影响连接强度和可靠性,影响转动配合间隙的均匀性和运动的平稳性;平面的形状误差将影响支撑面的稳定性和定位可靠性,影响贴合面的密封性和滑动面的磨损;导轨面的形状误差将影响导向精度;轮廓表面或导出要素的方向和位置误差将直接影响机器的装配精度和运动精度等。

3. 检测的便利性(Convenience of testing)

从检测的便利性考虑,有时可以将所需的几何公差特征项目用控制效果相同或相近的几何公差特征项目来替代。例如,对于回转类零件,当被测要素为圆柱面时,因为跳动公差检测方便,所以可以用径向圆跳动公差替代圆度公差,用径向全跳动公差替代圆柱度公差,同样,当被测要素为端面时,可以用轴向全跳动公差替代端面对回转中心的垂直度公差等。

4. 常见典型零件的几何公差特征项目的选择(Selection of geometric tolerance items for common typical parts)

(1)轴类零件几何公差特征项目的选择(Selection of geometric tolerance items for shafts)。

轴类零件几何误差的控制主要从两个方面考虑:一是与支撑件结合的部位;二是与传动件结合的部位。

①与支撑件结合的部位(Location combined with support parts)。

a. 与滚动轴承内圈相配合的轴径的形状误差影响其与轴承内圈的接触均匀性、松紧程度及对中性,进而影响轴承的工作性能和寿命,可选择圆度公差或圆柱度公差对其进行控制。

b. 与滚动轴承内圈相配合的轴径的方向、位置误差影响传动件及轴承的旋转精度,可选择圆柱度公差以及对其轴线(公共)的径向圆跳动公差或同轴度公差对其进行控制。

c. 与滚动轴承相结合的轴肩(轴承轴向定位端面)的方向、位置误差影响轴承定位,容易造成内圈歪斜,改变轴承滚道的几何形状,使轴承的工作条件恶化,可选择轴线(公共)的垂直度公差或轴向圆跳动公差对其进行控制。

②与传动件结合的部位(Location combined with transmission parts)。

a. 与传动件(如齿轮、链轮及同步齿形带轮)配合的圆柱面的形状误差影响其与传动件的接触均匀性、松紧程度及对中性,可选择圆度公差或圆柱度公差对其进行控制。

b. 与传动件(如齿轮、链轮及同步齿形带轮)相配合的轴径的方向、位置误差会造成与传动件配合的同段轴心线与轴线(公共)不同轴,直接影响传动件的传动精度,可选择轴线(公共)的圆径向圆跳动公差或同轴度公差对其进行控制。

c. 与传动件(如齿轮、链轮及同步齿形带轮)结合的定位端面(轴肩)的方向、位置误差影响传动件的定位和载荷分布的均匀性,可选择轴线(公共)的垂直度公差或轴向圆跳动公差对其进行控制。

d. 与传动件(键)配合的键槽的位置误差影响传动件受载的均匀性和拆装的难易程度,故应选择轴线(公共)的对称度公差对其进行控制。

(2)箱体类零件几何公差特征项目的选择(Selection of geometric tolerance items for boxes)。

箱体类零件的几何公差特征项目主要针对的是孔系(轴承座孔)形状、方向和位置,其次是箱体的结合面(分箱面)形状。

①孔系(Holes)。

a. 孔系中各孔的形状误差主要影响箱体与轴承配合性能及对中性,可选择圆度公差或圆柱度公差对其进行控制。

b. 孔系中各孔组(同一轴线上的孔)轴线的方向误差主要影响传动件(如齿轮、链轮及同步齿形带轮)的接触精度和传动精度,应选择它们之间的平行度公差对其进行控制。

c. 孔系中各孔组(同一轴线上的孔)的各孔轴线之间的位置误差主要影响传动件(如齿轮、链轮及同步齿形带轮)的载荷分布均匀性及传动精度,应选择它们之间的同轴度公差对其进行控制。

d. 孔系中各孔组(同一轴线上的孔)的各孔端面的方向、位置误差主要影响轴承的定位及轴向承受载荷的均匀性,可选择轴线的垂直度公差或轴向圆跳动公差对其进行控制。

e. 若孔系中的两孔组承载圆锥齿轮传动,该孔组的方向误差将直接影响圆锥齿轮传动的平稳性及载荷分布的均匀性,应选择孔组轴线间的垂直度公差对其进行控制。

②分箱面(Contact surface between boxes)。

分箱面的形状误差主要影响箱体剖分面的密合性能和防漏性能,应选择平面度公差对其进行控制。

4.5.2 尺寸公差和几何公差相互关系的处理
(Treatment of Interrelation Between Tolerance on Linear Sizes and Geometric Tolerance)

当同一零件上的同一几何要素既有尺寸公差要求又有几何公差要求时,就涉及如何处理尺寸公差和几何公差之间关系的问题。处理线性尺寸公差和几何公差关系的主要依据是几何要素的功能要求、零件尺寸大小和检测便利性,并应考虑充分利用给出的线性尺寸公差带,还要考虑几何要素的几何公差、线性尺寸公差相互补偿的可能性。

1. 独立原则的选用(Selection of the principle of independency)

独立原则是处理线性尺寸公差和几何公差关系的基本原则,按独立原则给出的几何公差值是固定的,不允许几何误差值超出图样上标注的几何公差值。下列情况下一般选用独立原则。

(1)对零件几何精度要求严格,需单独加以控制而不允许受尺寸影响的几何要素。例如,机床导轨的工作面尺寸和形状误差(直线度误差和平面度误差),气缸套的内径、活塞的尺寸和形状误差(圆度误差或圆柱度误差)。

(2)几何精度要求较高,尺寸精度要求较低的几何要素。例如,测量平台的测量平面形状误差,打印机、印刷机的滚筒形状误差。

(3)尺寸精度要求较高,几何精度要求较低的几何要素。例如,平板尺的尺寸精度。

(4)尺寸精度和几何精度要求均较低的非配合几何要素。

(5)未注几何公差与注出尺寸公差的几何要素。

(6)未注几何公差与未注尺寸公差的几何要素。

(7)难以使用笨重的专用检具(光滑极限量规)的大型零件。

2. 最大实体要求(MMR)、最小实体要求(LMR)和可逆要求(RPR)的选用(Maximum material requirement(MMR),least material requirement(LMR) and reciprocity requirement(RPR))

在需要严格保证配合性质的场合采用被测要素 0 公差的最大实体要求。例如,与滚动轴承内圈结合的轴径,为严格保证与轴承内圈的配合性质(小间隙或过盈),需采用被测要素 0 公差的最大实体要求。

对无配合性质要求,只要求保证可装配性的场合采用最大实体要求(MMR)。例如,穿过螺钉(或螺栓)的轴承端盖上与箱体底座联接的孔的位置误差,应采用遵循最大实体要求(MMR)的位置度公差来加以限制,这样可以用端盖上的孔与螺钉(或螺栓)之间的间隙补偿其位置度公差,以利于装配,同时也降低了轴承端盖的加工成本。

在空间有限的情况下,为保证零件强度和壁厚,可采用最小实体要求(LMR)。

在不影响零件使用性能的前提下,为了充分利用图样上的公差带以提高经济效益,可将可逆要求(RPR)应用于最大(最小)实体要求(MMR(LMR))。

4.5.3 基准的选择
(Selection of Datum)

在被测要素提出方向、位置或跳动公差要求时,必须同时确定基准要素。基准要素通常应具有较高的形状精度要求,根据需要,基准要素可以采用单一基准、公共基准或三基面体系基准,其选择的主要依据是零件的功能和设计要求,并兼顾基准统一原则和零件结构特征,一般从以下几方面考虑。

(1)从零件设计功能方面考虑,应根据零件的功能要求和各几何要素间的几何关系选择基准。例如,对于回转类零件(孔或轴类),以回转中心(孔或轴的中心线)作为基准。

(2)从零件的加工、测量方面考虑,一般选择加工时夹具或测量时量具定位的几何要素作为基准,并考虑作为基准的几何要素要便于设计夹具和量具,尽量使加工基准、测量基准与设计基准相统一。

(3)从零件的装配方面考虑,一般选择相互配合或相互接触的表面作为基准,以保证零件的正确装配,例如,以箱体底面作为基准。装配基准也应尽量与加工基准、测量基准与设计基准相统一。

　　（4）采用多基准时，通常选择对被测要素影响最大的表面或定位最稳定的表面作为第一基准。

4.5.4　几何公差值的选择
（Selection of Geometrical Tolerance Values）

　　几何公差值主要根据零件几何要素的功能要求和加工经济性来选择。《形状和位置公差　未注公差值》（GB/T 1184—1996）规定零件图图样中的几何公差有两种标注形式：一种是用公差框格的形式单独注出几何公差值，只有当零件几何要素的几何公差值要求较高（小于未注公差值）时，加工后必须检验，或者零件几何要素的几何公差值较大（大于未注公差值），能给企业带来经济效益时采用；另一种是在技术要求中统一给出未注几何公差值，当零件用常用设备加工就能保证其几何精度时采用，零件绝大部分的几何要素均采用的是未注几何公差值。

　　1. 几何公差值的选择原则（Selection principle of geometrical tolerance values）

　　几何公差值的选择原则是在满足零件功能要求的前提下，兼顾工艺性、经济性和检测条件，尽量选择较大的公差值。同时还应考虑以下情况：

　　（1）同一几何要素给出的形状公差值应小于方向公差值，方向公差值应小于位置公差值，位置公差值应小于跳动公差值，即

$$t_{形状} < t_{方向} < t_{位置} < t_{跳动} \tag{4.25}$$

　　（2）平行度公差值小于相应的距离公差值。

　　（3）圆柱形零件组成要素的形状公差值一般应小于其尺寸公差值。

　　（4）考虑到加工难度和除主参数以外其他参数的影响，在满足零件功能要求的条件下，孔相对于轴、长径比较大的孔或轴、距离较大的孔或轴、宽度较大（一般大于 1/2 长度）的表面、线对线和线对面相对于面对面的平行度和垂直度可降低 1~2 级公差等级选用。

　　2. 注出几何公差值的确定（Determination for features individual tolerance indication）

　　几何公差值可以采用计算法和类比法确定。

　　（1）计算法（Calculations）。

　　计算法是指对于某些位置公差值，可以用尺寸链（第 10 章）分析计算来确定。例如，对于用螺钉（或螺栓）联接两个或两个以上的零件孔组的各个孔的位置度公差，可以根据螺钉（或螺栓）与通孔之间的最小间隙确定。

　　（2）类比法（Analogism）。

　　类比法是指参考有关手册和资料，将所设计的零部件与具有同样功能要求且经使用效果良好的类似产品的零部件进行分析，确定其有关几何要素的几何公差值。类比法是确定几何公差值最常用的方法。

　　对典型的特殊零件的几何公差，例如，与滚动轴承结合的轴径和箱体孔几何公差，矩形花键的位置度公差、对称度公差以及齿轮坯的几何公差等已有专门标准规定，应按各自的专门标准确定其相应的几何公差值。

注出几何公差的精度高低是由公差等级表示的,按照 GB/T 1184—1996 规定,除了线轮廓度、面轮廓度和位置度未规定公差等级外,其余几何公差特征项目均有规定,各几何公差特征项目的各级几何公差值见表4.9~4.12。表4.9~4.12 中主参数的含义分别见图 4.180~4.183。

表4.9　直线度、平面度公差值(摘自 GB/T 1184—1996)

主参数	公差等级											
L/mm	1	2	3	4	5	6	7	8	9	10	11	12
	公差值/μm											
≤10	0.2	0.4	0.8	1.2	2	3	5	8	12	20	30	60
10~16	0.25	0.5	1	1.5	2.5	4	6	10	15	25	40	80
16~25	0.3	0.6	1.2	2	3	5	8	12	20	30	50	100
25~40	0.4	0.8	1.5	2.5	4	6	10	15	25	40	60	120
40~63	0.5	1	2	3	5	8	12	20	30	50	80	150
63~100	0.6	1.2	2.5	4	6	10	15	25	40	60	100	200
100~160	0.8	1.5	3	5	8	12	20	30	50	80	120	250
160~250	1	2	4	6	10	15	25	40	60	100	150	300
250~400	1.2	2.5	5	8	12	20	30	50	80	120	200	400
400~630	1.5	3	6	10	15	25	40	60	100	150	250	500
630~1 000	2	4	8	12	20	30	50	80	120	200	300	600
1 000~1 600	2.5	5	10	15	25	40	60	100	150	250	400	800
1 600~2 500	3	6	12	20	30	50	80	120	200	300	500	1 000
2 500~4 000	4	8	15	25	40	60	100	150	250	400	600	1 200
4 000~6 300	5	10	20	30	50	80	120	200	300	500	800	1 500
6 300~10 000	6	12	25	40	60	100	150	250	400	600	1 000	2 000

注:棱线和回转表面的轴线、素线以其长度的公称尺寸作为主参数;矩形平面以其较长边、圆平面以其直径的公称尺寸作为主参数 L。

表4.10　圆度、圆柱度公差值(摘自 GB/T 1184—1996)

主参数	公差等级												
d(D)/mm	0	1	2	3	4	5	6	7	8	9	10	11	12
	公差值/μm												
≤3	0.1	0.2	0.3	0.5	0.8	1.2	2	3	4	6	10	14	25
3~6	0.1	0.2	0.4	0.6	1	1.5	2.5	4	5	8	12	18	30
6~10	0.12	0.25	0.4	0.6	1	1.5	2.5	4	6	9	15	22	36
10~18	0.15	0.25	0.5	0.8	1.2	2	3	5	8	11	18	27	43
18~30	0.2	0.3	0.6	1	1.5	2.5	4	6	9	13	21	33	52
30~50	0.25	0.4	0.6	1	1.5	2.5	4	7	11	16	25	39	62
50~80	0.3	0.5	0.8	1.2	2	3	5	8	13	19	30	46	74
80~120	0.4	0.6	1	1.5	2.5	4	6	10	15	22	35	54	87
120~180	0.6	1	1.2	2	3.5	5	8	12	18	25	40	63	100
180~250	0.8	1.2	2	3	4.5	7	10	14	20	29	46	72	115
250~315	1.0	1.6	2.5	4	6	8	12	16	23	32	52	81	130
315~400	1.2	2	3	5	7	9	13	18	25	36	57	89	140
400~500	1.5	2.5	4	6	8	10	15	20	27	40	63	97	155

注:回转表面、球、圆以其直径的公称尺寸作为主参数 d(D)。

表 4.11　平行度、垂直度和倾斜度公差值（摘自 GB/T 1184—1996）

主参数 $L,d(D)$/mm	公差等级											
	1	2	3	4	5	6	7	8	9	10	11	12
	公差值/μm											
≤10	0.4	0.8	1.5	3	5	8	12	20	30	50	80	120
10~16	0.5	1	2	4	6	10	15	25	40	60	100	150
16~25	0.6	1.2	2.5	5	8	12	20	30	50	80	120	200
25~40	0.8	1.5	3	6	10	15	25	40	60	100	150	250
40~63	1	2	4	8	12	20	30	50	80	120	200	300
63~100	1.2	2.5	5	10	15	25	40	60	100	150	250	400
100~160	1.5	3	6	12	20	30	50	80	120	200	300	500
160~250	2	4	8	15	25	40	60	100	150	250	400	600
250~400	2.5	5	10	20	30	50	80	120	200	300	500	800
400~630	3	6	12	25	40	60	100	150	250	400	600	1 000
630~1 000	4	8	15	30	50	80	120	200	300	500	800	1 200
1 000~1 600	5	10	20	40	60	100	150	250	400	600	1 000	1 500
1 600~2 500	6	12	25	50	80	120	200	300	500	800	1 200	2 000
2 500~4 000	8	15	30	60	100	150	250	400	600	1 000	1 500	2 500
4 000~6 300	10	20	40	80	120	200	300	500	800	1 200	2 000	3 000
6 300~10 000	12	25	50	100	150	250	400	600	1 000	1 500	2 500	4 000

注:提取要素(被测要素)是以其长度或直径的公称尺寸作为主要参数 $L,d(D)$。

表 4.12　同轴度、对称度、圆跳动和全跳动公差值（摘自 GB/T 1184—1996）

主参数 $d(D),B,L$/mm	公差等级											
	1	2	3	4	5	6	7	8	9	10	11	12
	公差值/μm											
≤1	0.4	0.6	1.0	1.5	2.5	4	6	10	15	25	40	60
1~3	0.4	0.6	1.0	1.5	2.5	4	6	10	20	40	60	120
3~6	0.5	0.8	1.2	2	3	5	8	12	25	50	80	150
6~10	0.6	1	1.5	2.5	4	6	10	15	30	60	100	200
10~18	0.8	1.2	2	3	5	8	12	20	40	80	120	250
18~30	1	1.5	2.5	4	6	10	15	25	50	100	150	300
30~50	1.2	2	3	5	8	12	20	30	60	120	200	400
50~120	1.5	2.5	4	6	10	15	25	40	80	150	250	500
120~250	2	3	5	8	12	20	30	50	100	200	300	600
250~500	2.5	4	6	10	15	25	40	60	120	250	400	800
500~800	3	5	8	12	20	30	50	80	150	300	500	1 000
800~1 250	4	6	10	15	25	40	60	100	200	400	600	1 200
1 250~2 000	5	8	12	20	30	50	80	120	250	500	800	1 500
2 000~3 150	6	10	15	25	40	60	100	150	300	600	1 000	2 000
3 150~5 000	8	12	20	30	50	80	120	200	400	800	1 200	2 500
5 000~8 000	10	15	25	40	60	100	150	250	500	1 000	1 500	3 000
8 000~10 000	12	20	30	50	80	120	200	300	600	1 200	2 000	4 000

注:提取要素(被测要素)以其直径或宽度的公称尺寸作为主参数 $d(D)$、B、L。

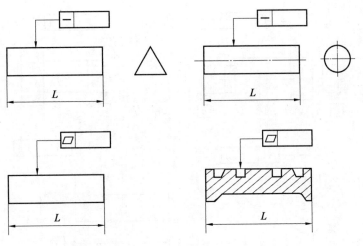

图 4.180　直线度和平面度的主参数 L

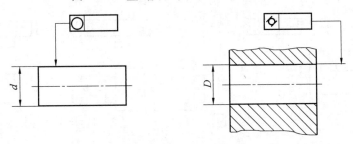

图 4.181　圆度、圆柱度的主参数 D(d)

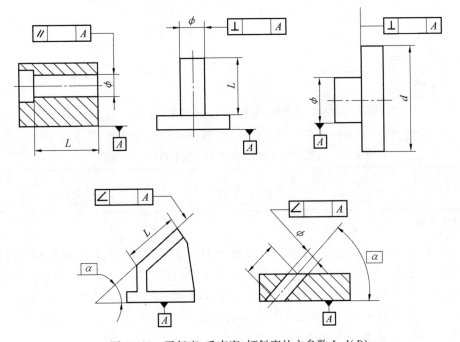

图 4.182　平行度、垂直度、倾斜度的主参数 L、d(D)

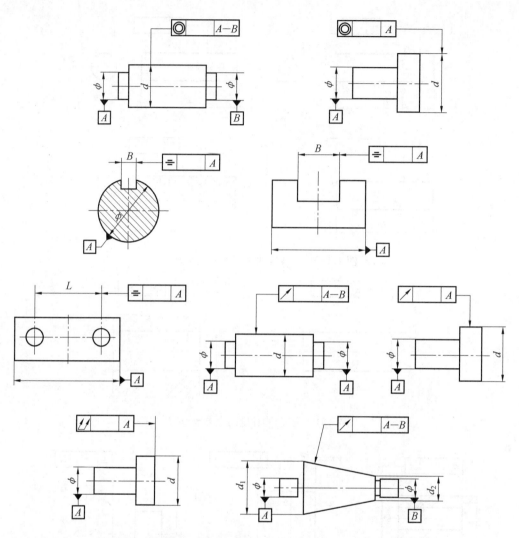

图 4.183　同轴度、对称度、圆跳动和全跳动的主参数 $d(D)$、B、L

对于位置度，国家标准值规定了公差值系数，而未规定公差等级，见表 4.13。

表 4.13　位置度公差值数系（摘自 GB/T 1184—1996）　　　　　　　　　μm

1	1.2	1.5	2	2.5	3	4	5	6	8
1×10^n	1.2×10^n	1.5×10^n	2×10^n	2.5×10^n	3×10^n	4×10^n	5×10^n	6×10^n	8×10^n

注:n 为正整数。

对于用螺钉(螺栓)联接两个或两个以上的零件孔组的各个孔的位置度公差,可根据螺钉(螺栓)与通孔之间的最小间隙 $X_{\min}$ 确定。用螺钉联接时,被联接零件上通孔的位置度公差值 $t_{位置}=0.5X_{\min}$;用螺栓联接时,由于各个被联接零件上的孔均为通孔,位置度公差值 $t_{位置}=X_{\min}$。计算出的位置度公差值按表 4.13 进行规范。

表 4.14 ~ 4.17 给出了几何公差等级的应用实例。

表 4.14　直线度、平面度公差等级的应用实例

公差等级	应用举例
5	1 级平板,2 级宽平尺,平面磨床的纵导轨、垂直导轨、立柱导轨及工作台,液压龙门刨床和六角车床床身导轨,柴油机进气、排气阀门导杆
6	普通机床导轨,如普通车床、龙门刨床、滚齿机和自动车床等的床身导轨和立柱导轨,柴油机壳体
7	2 级平板,机床主轴箱,摇臂钻床底座和工作台,镗床工作台,液压泵盖,减速器壳体结合面
8	机床传动箱体,交换齿轮箱体,车床溜板箱体,连杆分离面,汽车发动机缸盖与汽缸体结合面,液压管件和法兰连接面
9	3 级平板,自动车床床身底面,摩托车曲轴箱体,汽车变速箱壳体,手动机械的支承面

表 4.15　圆度、圆柱度公差等级的应用实例

公差等级	应用举例
5	一般计量仪器主轴、测杆外圆柱面,陀螺仪轴颈,一般机床主轴轴颈及主轴轴承孔,柴油机、汽油机活塞、活塞销,与 6 级滚动轴承配合的轴颈
6	仪表端盖外圆柱面,一般机床主轴及前轴承孔,泵、压缩机的活塞、汽缸,汽油发动机凸轮轴,纺织机锭子,减速器转轴轴颈,高速船用柴油机、拖拉机曲轴主轴轴颈,与 6 级滚动轴承配合的外壳孔,与 0 级滚动轴承配合的轴颈
7	大功率低速柴油机曲轴轴颈、活塞、活塞销、连杆和汽缸,高速柴油机箱体轴孔,千斤顶或压力油缸活塞,机车传动轴,水泵及通用减速器转轴轴颈,与 0 级滚动轴承配合的外壳孔
8	大功率低速发动机曲轴轴颈,压气机的连杆盖、连杆体,拖拉机的汽缸、活塞,炼胶机冷铸轴辊,印刷机传墨辊,内燃机曲轴轴颈,柴油机凸轮轴承孔、凸轮轴,拖拉机、小型船用柴油机汽缸套
9	空气压缩机缸体,液压传动筒,通用机械杠杆与拉杆用套筒销,拖拉机活塞环、套筒孔

表 4.16　平行度、垂直度、倾斜度公差等级的应用实例

公差等级	应用举例
4、5	普通车床导轨、重要支承面,机床主轴轴承孔对基准的平行度,精密机床重要零件,测量仪器、量具及模具的基准面和工作面,机床床头箱体重要孔,通用减速器壳体孔,齿轮泵的油孔端面,发动机轴和离合器的凸缘,汽缸支承端面,安装精密滚动轴承的壳体孔凸肩
6、7、8	一般机床的基准面和工作面,压力机和锻锤的工作面,中等精度钻模的工作面,机床一般轴承孔对基准的平行度,变速器箱体孔,主轴花键对定心表面轴线的平行度,重型机械滚动轴承端盖,卷扬机、手动传动装置中的传动轴,一般导轨,主轴箱孔,刀架、砂轮架、汽缸配合面对基准轴线以及活塞销孔对活塞轴线的垂直度,滚动轴承内、外圆端面对轴线的垂直度
9、10	低精度零件,重型机械滚动轴承端盖,柴油机、煤气发动机箱体曲轴孔、曲轴轴颈,花键轴和轴肩端面,带式运输机法兰盘等端面对轴线的垂直度,手动卷扬机及传动装置中轴承孔端面,减速器壳体平面

表 4.17　同轴度、对称度、跳动公差等级的应用实例

公差等级	应用举例
5、6、7	应用范围较广,用于几何精度要求较高、尺寸的标准公差等级为 IT8 及高于 IT8 的零件。5 级常用于机床主轴轴颈,计量仪器的测杆、蜗轮机主轴、活塞油泵转子、高精度滚动轴承外圈、一般精度滚动轴承内圈。7 级用于内燃机曲轴、凸轮轴、齿轮轴、水泵轴、汽车后轮输出轴、电机转子、印刷机传墨辊的轴颈、键槽
8、9	常用于几何精度要求一般、尺寸的标准公差等级为 IT9 ～ IT11 的零件。8 级用于拖拉机发动机分配轴轴颈、与 9 级精度以下齿轮相配的轴、水泵叶轮、离心泵体、棉花精梳机前后滚子、键槽等。9 级用于内燃机汽缸配合面,自行车中轴

表 4.18 给出了几种主要加工方法所能达到的直线度和平面度公差等级。表 4.19 给出了几种主要加工方法所能达到的同轴度公差等级。

表 4.18　几种主要加工方法所能达到的直线度和平面度公差等级

加工方法		公差等级 1	2	3	4	5	6	7	8	9	10	11	12
车	粗											■	■
	细									■	■		
	精					■	■	■	■				
铣	粗											■	■
	细										■		
	精						■	■	■	■			
刨	粗											■	■
	细									■	■		
	精						■	■	■				
磨	粗									■	■		
	细						■	■	■				
	精		■	■	■	■							
研磨	粗				■	■							
	细		■	■									
	精	■	■										
刮研	粗			■	■								
	细		■	■									
	精	■	■										

表 4.19　几种主要加工方法所能达到的同轴度公差等级

加工方法		公差等级 1	2	3	4	5	6	7	8	9	10	11
车、镗	加工孔				■	■	■	■	■			
	加工轴			■	■	■	■					
铰						■	■	■				
磨	孔		■	■	■							
	轴	■	■	■								
珩磨			■	■								
研磨			■	■	■							

3. 未注几何公差值的确定(Determination for features without individual tolerance indication)

图样上没有用几何公差框格单独注出几何公差值的几何要素也有几何精度要求,只是数值偏低。

GB/T 1184—1996 对圆跳动、对称度、垂直度、直线度和平面度的未注公差规定了 H、K、L 三个公差等级,其数值见表 4.20 ~ 4.23。采用时,应在图样上技术要求中注出标准号和所选用的公差等级的代号。例如。选用 K 级时,应标注:未注几何公差 GB/T 1184—1996 - K。

表 4.20　直线度和平面度的未注公差值(摘自 GB/T 1184—1996)　　　mm

公差等级	公称长度范围					
	≤10	10 ~ 30	30 ~ 100	100 ~ 300	300 ~ 1 000	1 000 ~ 3 000
H	0.02	0.05	0.1	0.2	0.3	0.4
K	0.05	0.1	0.2	0.4	0.6	0.8
L	0.1	0.2	0.4	0.8	1.2	1.6

注:对于直线度,应按其相应线的长度选择公差值;对于平面度,应按其表面的较长一侧或圆表面的直径选择公差值。

表 4.21　垂直度未注公差值(摘自 GB/T 1184—1996)　　　mm

公差等级	公称长度范围			
	≤100	100 ~ 300	300 ~ 1 000	1 000 ~ 3 000
H	0.2	0.3	0.4	0.5
K	0.4	0.6	0.8	1
L	0.6	1	1.5	2

注:取形成直角的两边中较长的一边作为基准要素,较短的一边作为提取要素(被测要素);若两边的长度相等,则可取其中的任意一边作为基准要素。

表 4.22　对称度未注公差值(摘自 GB/T 1184—1996)　　　mm

公差等级	公称长度范围			
	≤100	100 ~ 300	300 ~ 1 000	1 000 ~ 3 000
H	0.5	0.5	0.5	0.5
K	0.6	0.6	0.8	1
L	0.6	1	1.5	2

注:取两要素中较长者作为基准要素,较短者作为提取要素(被测要素);若两要素的长度相等,则可取其中任一要素作为基准要素。

表 4.23　圆跳动的未注公差值(摘自 GB/T 1184—1996)　　　mm

公差等级	圆跳动公差值
H	0.1
K	0.2
L	0.5

注:本表也可用于同轴度的未注公差值,应以设计或工艺给出的支承面作为基准要素,否则取两要素中较长者作为基准要素;若两要素的长度相等,则可取其中的任一要素作为基准要素。

线轮廓度、面轮廓度、倾斜度、位置度和全跳动的未注几何公差值,均由各几何要素的注出或未注出尺寸公差值或角度公差值控制。

圆度的未注几何公差值等于极限与配合国家标准中规定的直径公差值,但不得大于表4.12中规定的径向圆跳动公差值。

圆柱度的未注公差值不做单独规定,圆柱度误差由圆度、直线度和相对素线的平行度组成,其中每一项误差均由它们的注出公差值或未注出公差值控制。

平行度的未注公差值等于给出的尺寸公差值,或者取直线度和平面度未注公差值中的较大者。

同轴度的未注公差值可与表4.23中规定的径向圆跳动的未注公差值相等。

4.5.5 几何公差应用实例
(Example of Geometrical Tolerance)

【例4.1】 图4.184所示为功率为 5 kW 的减速器的输出轴,该轴转速为 83 r/min,其结构特征、使用要求以及各轴径及长度的尺寸精度均已确定,现仅对其进行几何精度的设计。

解 (1)几何公差特征项目的选择。

从结构特征上分析,该轴有同轴度、垂直度、圆跳动和全跳动、对称度、直线度、圆度和圆柱度 8 个几何公差特征项目可供选择。

从使用要求方面分析,公称尺寸 $\phi58$ mm 和 $\phi45$ mm 两处轴颈分别与齿轮和带轮配合以传递运动和动力,因此需要控制轴径的同轴度、跳动以及轴线的直线度误差,两处 $\phi55$ mm 轴颈与易变形的滚动轴承内圈配合,因此需要控制圆度和圆柱度误差,轴上两处单键键槽均需控制对称度误差,轴肩处由于左端面与齿轮接触,右端面与滚动轴承内圈接触,需要控制端面对轴线的垂直度误差。

从检测的便利性和经济性方面分析,对于轴类零件,可用径向圆跳动公差替代同轴度公差、径向全跳动公差和轴线直线度公差,用轴向圆跳动公差替代垂直度公差。

这样该轴最后确定的几何公差特征项目仅有径向、轴向圆跳动、对称度和圆柱度 3 项几何公差特征项目。

(2)公差原则的选择。

由于 $\phi58$ mm 和 $\phi45$ mm、两处 $\phi55$ mm 轴颈分别与齿轮、带轮和滚动轴承形成过盈、过渡配合,为保证配合性质,4 处轴颈均采用包容要求处理几何公差和尺寸公差的关系。其余几何公差项目采用独立原则。

(3)基准的选择。

因该轴的加工基准、测量基准和安装基准均为两 $\phi55$ mm 轴颈的轴线,故以两 $\phi55$ mm轴颈的轴线作为所选几何公差特征项目的设计基准。

(4)几何精度公差等级及公差值的确定。

按类比法,从表4.17中查得,齿轮传动轴的径向圆跳动几何公差等级为 7 级,根据主参数轴颈及所确定的几何公差等级,由表4.17查得, $\phi58$ mm 的几何公差值为 $t_{\text{圆跳动}}$ 为

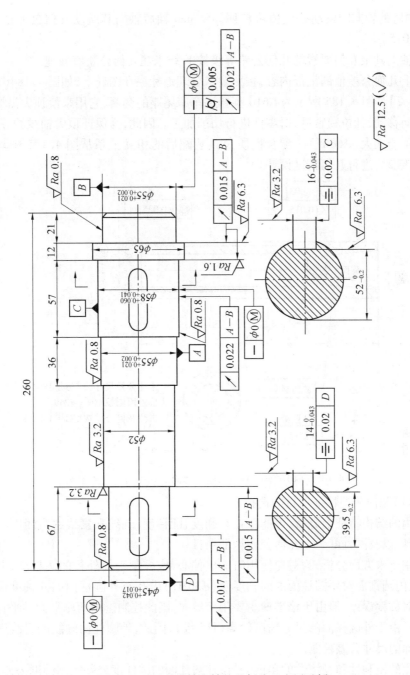

图 4.184　减速器输出轴的几何公差应用示例

0.025 mm,ϕ45 mm 的几何公差值 $t_{圆跳动}$ 为 0.020 mm。键槽对称度按单键标准规定 7 级 ~ 9 级,一般选 8 级,根据主参数键宽和所确定的几何公差等级,由表 4.17 查得,几何公差值 $t_{对称度}$ 为 0.02 mm。轴肩的轴向圆跳动公差和轴颈的圆柱度公差可根据轴颈的公称尺寸和滚动轴承精度从表 6.10 中查得,对于 0 级(普通级)滚动轴承,其轴肩的轴向圆跳动几何公差值 $t_{圆跳动}$ 为 0.015 mm,轴颈的圆柱度几何公差值 $t_{圆柱度}$ 为 0.005 mm,ϕ58 mm 和

$\phi45$ mm 轴肩的轴向圆跳动公差值可参照 $\phi55$ mm 轴肩轴向圆跳动几何公差值确定,即 $t_{圆跳动}$ 为 0.015。

输出轴上其余几何要素的几何公差等级按 K 级未注几何公差值处理。

将以上几何公差值的全部内容,按照要求合理地标注在图样上,如图 4.184 所示。

【例 4.2】 图 4.185 所示为 C616 型普通车床尾座的套筒,它用来使顶尖沿尾座体的内孔做轴向移动,到位锁紧后,对零件进行切削加工。因此,为保证顶尖轴线的等高性,其配合间隙不能太大($\phi60h5$)。配合性质及其装配后的相互关系从图 4.185 中均可以看出。试对该套筒进行几何精度设计。

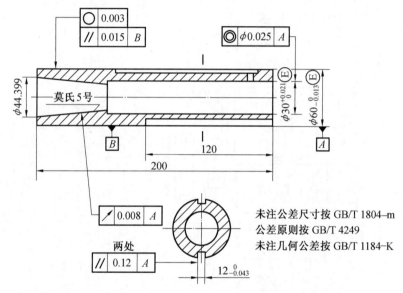

图 4.185　C616 型普通车床尾座套筒的几何精度应用示例

解　(1)几何公差特征项目的选择。

从套用的结构特征上分析,可能存在有圆度、圆柱度、轴线和素线的直线度、跳动、对称度、平行度以及同轴度 7 个几何公差特征项目。

从使用要求方面分析,为避免使用时造成偏心,应控制套筒外径的圆柱度、上下素线的平行度、内圆锥面对外圆柱面的同轴度及($\phi30H7$)内孔对外圆柱面的同轴度误差。键槽应控制对称度误差,但由于该键槽主要用于导向,因此控制键槽两侧平面的平行度误差更为合适。由于外圆柱面的尺寸精度较高(IT5 级),因此,外圆柱面轴线的直线度误差可用外圆柱面的尺寸公差控制。

从检测的便利性和经济性的角度分析,外圆柱面的圆柱度公差应用圆度公差代之,内圆锥面的同轴度公差可用斜向圆跳动公差代替。这样 5 处共选择圆度、平行度、跳动和同轴度 4 个几何公差特征项目。

(2)公差原则的选择。

套筒的外径 $\phi60h5$ 和内径 $\phi30H7$ 处与配合件要保持小间隙配合,为使配合性质得以保证,采用包容要求处理尺寸公差和几何公差的关系。其他几何公差项目均采用独立原则。

（3）基准的选择。

由于安装和使用均以套筒的外圆柱面作为支撑工作面，所以跳动、同轴度和键槽的平行度公差均以外圆柱面的轴心线作为基准，而素线的平行度公差以对边素线为基准。

（4）几何精度公差等级及公差值的确定。

按类比法，机床尾座套筒在使用时相当于车床的主轴，必须保证其定心精度，其外圆 ϕ60h5 圆柱面的圆度几何公差等级，查表 4.15 确定为 5 级，几何公差值由表 4.10 查得 $t_{圆度}$ 为 0.003 mm；圆柱面素线的平行度公差等级查表 4.16 确定为 4 级，几何公差值根据主参数 200 mm（套筒长度）由表 4.11 查得 $t_{平行度}$ 为 0.015 mm；外圆柱面两键槽侧面分别对其轴线的平行度公差，由于导向时引起的套筒轴线摆动，完全由套筒和尾座体的配合保证，此处仅用于调整，且不影响零件的加工精度，再加之套筒的长宽比较大，查表 4.16 确定为 9 级，几何公差值根据主参数 120 mm（键槽长度）由表 4.11 查得 $t_{平行度}$ 为 0.120 mm。莫氏 5 号内圆锥面的斜向圆跳动的几何公差等级，查表 4.17 确定为 5 级，几何公差值根据主参数 ϕ40.486 mm（锥孔大、小径的平均值）由表 4.12 查得 $t_{圆跳动}$ 为 0.008 mm。ϕ30H7 内孔对外圆柱面仅用于保证丝杠螺母正常旋转，以驱动套筒作轴向运动，不影响加工零件的精度，其同轴度的公差等级，查表 4.17 确定为 8 级，几何公差值由表 4.12 查得 $t_{同轴度}$ 为 0.025 mm。

套筒上其余几何要素的几何公差等级按 K 级未注几何公差值处理。

将以上几何公差值的全部内容，按照要求合理地标注在图样上，如图 4.185 所示。

4.6　几何误差的评定
(Geometrical Error Evaluation)

4.6.1　实际要素的体现
(Embodiment of Real Feature)

测量几何误差时，很难测遍整个提取（实际）要素来提取无限多测量点数据，而是考虑现有测量器具及测量本身的可行性和经济性，采用均匀布置测量点的方法，测量一定数量的离散测量点来代替整个提取（实际）要素。此外，为了测量方便与可行，尤其是测量方向、位置误差时，导出（实际）要素常用模拟方法体现，例如，用与实际孔成无间隙配合的心轴的轴线模拟体现该实际孔的轴线，用 V 形块体现实际轴颈的轴线。用模拟法体现组成（实际）要素对应的导出要素时，排除了该组成（实际）要素的形状误差。

4.6.2　最小包容区域
(Minimum Containment Region)

最小包容区域是指包容提取（实际）要素且具有最小宽度或直径的区域。最小包容区域分为单一要素的最小包容区域和关联要素的最小包容区域，而关联要素的最小包容区域又分为方向最小包容区域和位置最小包容区域。最小包容区域的形式与提取（实际）要素几何公差的公差带形式相同。例如，圆度公差的公差带形式为两同心圆之间的区域,则其提取(实际)要素的最小包容区域的形式也为两同心圆之间的区域。关联要素的最小包容区域应与基准保持图样上由理论正确尺寸给定的方向和/或位置关系。

最小包容区域是最小条件的体现,其宽度或直径就是按最小条件评定的提取(实际)要素的几何误差值。单一要素的最小包容区域、关联要素的方向最小包容区域和位置最小包容区域分别被用来评定提取(实际)要素的形状、方向和位置误差值。

4.6.3 形状误差的评定
(Formerror Evaluation)

1. 直线度误差的评定(Straightness error evaluation)

(1)平面内的直线度误差的评定(Straightness error Evaluation in plane)。

为了评定平面内的直线度误差,首先要根据被测零件的几何特征和所具有的测量仪器选用相应的测量方法(例如,优质钢丝线和测量显微镜法、自准直仪测量法和水平仪测量法等),对被测要素进行测量并得到提取(实际)要素,如图4.186所示,然后用单一要素的最小包容区域法评定平面内的直线度误差。

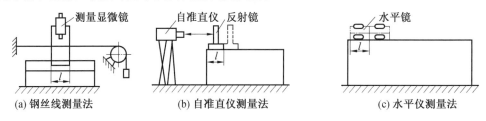

图4.186　平面内直线组成(实际)要素的提取

平面内的直线度误差的最小包容区域为两平行直线之间的区域。评定时,首先用两条平行直线包容提取(实际)要素,当其中一条直线至少有两点与提取(实际)直线接触,另一条平行直线至少有一点与提取(实际)直线接触且该接触点位于上述两接触点之间时,由上述两平行直线形成的区域即为最小包容区域,其宽度为所评定的平面内的直线度误差,如图4.187所示。

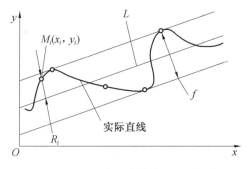

图4.187　平面内的直线度误差的评定

最小包容区域法评定平面内的直线度误差也可以通过建立数学模型来实现。首先建立一平面坐标系 xOy,如图4.187所示。被测实际直线在坐标系 xOy 中的各点坐标为 M_i $(x_i, y_i)(i=1,2,\cdots,n)$,然后用一表达式 $y(x)=ax+b$ 的理想直线去拟合 $M_i(x_i, y_i)(i=1,$

$2, \cdots, n)$，并满足

$$f = \min_{A} \{ \max_{1 \leqslant i \leqslant n} R_i - \min_{1 \leqslant i \leqslant n} R_i \}, A = (a, b)^{\mathrm{T}} \qquad (4.26)$$

式中 f——按最小包容区域法评定得到的给定平面内的直线度误差；

R_i——$R_i = [y_i - (ax_i + b)] / \sqrt{1 + a^2}$；

n——采样点数。

除了采用最小包容区域法外，在评定精度不高时，也可采用最小二乘法和端点连线法等近似评定方法评定平面内的直线度误差。

（2）任意方向的轴线直线度误差的评定（Evaluation of axis straightness error in any direction）。

任意方向的轴线直线度误差的评定通常采用逐个测量圆柱面各正截面的方法进行，对正截面轮廓用最小包容区域法或最小二乘法确定其理想圆的圆心坐标，这些圆心的连线即被视为该圆柱面的提取（实际）中心线，然后用最小包容区域法或最小二乘法求得轴线的直线度误差。

假设测得的第 i 个正截面经最小包容区域法或最小二乘法得到的理想圆的圆心在 $Oxyz$ 三维直角坐标系中的坐标为 $O_i(x_i, y_i, z_i)$，第 1 个正截面理想圆的圆心所在平面为 xOy 平面，即 $z_1 = 0$，用一理想圆柱面去包容被测实际轴线，如图 4.188 所示。第 i 个正截面理想圆的圆心坐标 $O_i(x_i, y_i, z_i)$ 到该理想圆柱面轴线 L 的垂直距离

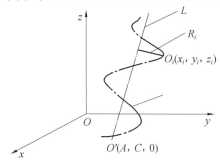

图 4.188 轴线直线度误差的评定

$$R_i = \{ (x_i - A)^2 + (y_i - C)^2 + z_i^2 - [B(x_i - A) + D(y_i - C) + z_i]^2 / (1 + B^2 + D^2) \}^{1/2} \qquad (4.27)$$

满足

$$R_m = \min_{A_1} \max_{1 \leqslant i \leqslant M} R_i, A_1 = (A, B, C, D)^{\mathrm{T}} \qquad (4.28)$$

则用最小包容区域法评定得到的被测实际轴线的直线度误差为

$$f = 2R_m \qquad (4.29)$$

式（4.27）和式（4.28）中的参数 A 和 C 分别为理想轴线 L 在 xOy 平面上的 x 和 y 坐标，$B = m/q, D = p/q, m$、p、q 分别为理想轴线 L 与 x、y、z 轴的方向角余弦，满足 $x^2 + y^2 + z^2 = 1$。以 R_m 为半径并以理想轴线为轴线所确定的理想圆柱面就是被测实际轴线的最小包容区域。

2. 平面度误差的评定（Flatness error evaluation）

平面度误差的常用测量方法包括平板和指示表组成的测量法、水平仪测量法和自准

直仪测量法等。为测得实际平面的平面度误差,首先要通过测量获得被测实际平面,然后用最小包容区域法或其他近似评定方法,例如,最小二乘法、对角线法和三点法等,对被测实际平面进行评定,以获得被测实际平面的平面度误差。

(1)最小包容区域法(Minimum containment region method)。

最小包容区域法评定平面度误差就是用两个平行平面去包容被测实际平面,并满足如图4.189 所示的(a) ~ (c)三种情形之一,则两包容面之间的宽度即为被测实际平面的平面度误差。

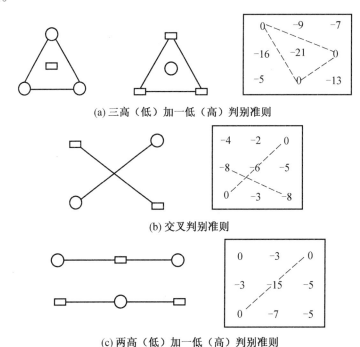

(a) 三高(低)加一低(高)判别准则

(b) 交叉判别准则

(c) 两高(低)加一低(高)判别准则

图4.189　最小包容区域法评定平面度误差的判别准则

图4.189(a)要求两包容面之一通过实际平面最高点(或最低点),另一包容面通过实际平面上的三个等值最低点(或最高点),而最高点(或最低点)的投影落在三个最低点(或最高点)组成的三角形内,极限情况可位于三角形某一边上。图4.189(b)要求上包容面通过实际平面上两等值最高点,下包容面通过实际平面上两等值最低点,两最高点连续应与两最低点连续相交。图4.189(c)要求包容面之一通过实际平面上的最高点(或最低点),另一包容面通过实际平面上的两等值最低点(或最高点),而最高点(或最低点)的投影位于两最低点(或最高点)的连线上。

平面度误差的最小包容区域法的评定也可以用数学模型表征。假如在 $Oxyz$ 三维直角坐标系中第 i 个测量点的坐标为 $M_i(x_i, y_i, z_i)$,理想平面 P 在图4.190 所示坐标系中的方程为

$$ax + by + cz + d = 0 \qquad (4.30)$$

由于 a、b、c 三个参数不相互独立,当 $A_1 = a/b$、$A_2 = b/c$、$A_3 = d/c$ 时,则保持实际平面第 i 个坐标点 $M_i(x_i, y_i, z_i)$ 到平面 P 的距离为

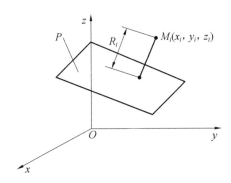

图 4.190　被测实际平面第 i 个坐标点 $M_i(x_i, y_i, z_i)$ 到平面 P 的距离 R_i

$$R_i = (A_1 x_i + A_2 y_i + z_i + A_3)/\sqrt{1 + A_1^2 + A_2^2} \tag{4.31}$$

当 n 个测量点 R_i 满足

$$f = \min_A \left\{ \max_{1 \leqslant i \leqslant n} R_i - \min_{1 \leqslant i \leqslant n} R_i \right\}, A = (A_1, A_2, A_3)^T \tag{4.32}$$

时，f 即为符合最小条件的 bc 实际平面的平面度误差。

（2）近似评定方法（Approximate evaluation method）。

①对角线法（Diagonal method）。

基准平面通过被测实际平面上的一条对角线，且平行于另一条对角线，实际平面上距该基准平面的最高点与最低点的代数差即为被测实际平面的平面度误差。

②三点法（Three point method）。

基准平面通过被测实际平面上相距最远且不在一条直线上的三点（通常三个角点），实际平面上距此基准平面的最高点与最低点的代数差即为被测实际平面的平面度误差。

与对角线法相比，三点法评定结果不唯一，故一般选用对角线法。

③最小二乘法（Least square method）。

对被测平面的提取（实际）要素用最小二乘法建立理想平面，然后求出各采样点到理想平面的距离，过所有采样点的最高点和最低点作平行于理想平面的两平行平面，两平行平面之间的距离即为用最小二乘法评定的平面度误差。

根据《产品几何技术规范（GPS）　平面度　第 2 部分：规范操作集》（GB/T 24630.2—2009），平面度测量中要素的提取有如图 4.191 所示的六种主要方案。

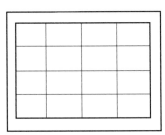

(a) 矩形栅格提取方案

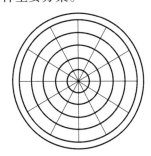

(b) 极坐标栅格提取方案

图 4.191　平面度测量中要素的提取方案

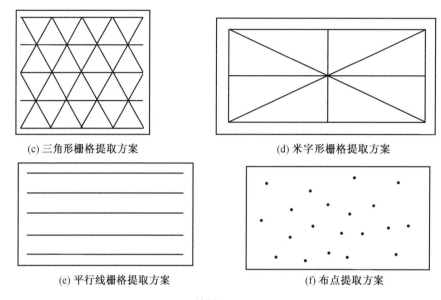

(c) 三角形栅格提取方案   (d) 米字形栅格提取方案

(e) 平行线栅格提取方案   (f) 布点提取方案

续图 4.191

3. 圆度误差的评定(Roundness error evaluation)

圆度误差可采用圆(柱)度仪、三坐标测量机、光学分度头等测量器具进行测量。通过测量与数据处理,可得到被测实际轮廓上任一点在以测量中心 O 为原点的坐标系中的坐标 $M_i(x_i, y_i)$,如图 4.192 所示,该点到轮廓内任一点 $O'(A, C)$ 的距离可表示为

$$R_i = \sqrt{(x_i - A)^2 + (y_i - A)^2} \tag{4.33}$$

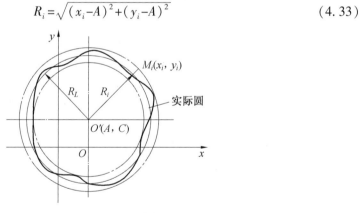

图 4.192 圆度误差评定示意图

根据最小包容区域评定圆度误差的定义,即用两个同心圆去包容被测实际轮廓,并使两个同心圆的半径差为最小,其应符合如图 4.193 所示的判别准则,即当 $O'(A, C)$ 满足

$$f = \min_{A_1} \left\{ \max_{1 \leqslant i \leqslant n} R_i - \min_{1 \leqslant i \leqslant n} R_i \right\}, A = (A, C)^{\mathrm{T}} \tag{4.34}$$

时,$O'(A, C)$ 即为最小包容区域的圆心,f 为按最小包容区域法评定的被测实际轮廓的圆度误差。

除了用最小包容区域法评定圆度误差外,国家标准规定,也可以用近似评定方法对圆度误差进行评定,如最小外接圆法、最大内切圆法和最小二乘法等。

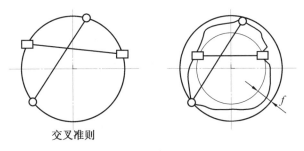

交叉准则

图 4.193　圆度误差评定的最小包容区域法的判别准则

4. 圆柱度误差的评定(Cylindricity error evaluation)

根据 GB/T 24633.2—2009 的规定,圆柱度误差的要素提取有如图 4.194 所示的四种提取方案。

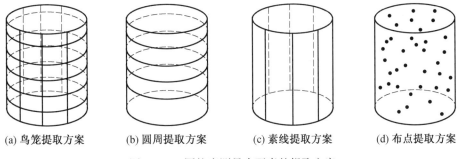

(a) 鸟笼提取方案　　(b) 圆周提取方案　　(c) 素线提取方案　　(d) 布点提取方案

图 4.194　圆柱度测量中要素的提取方案

圆柱度仪是圆柱度误差测量的常用仪器,目前主要采用圆周线提取方案。除上述四种提取方案外,也可以采用单螺旋线提取方案、双圆周加单螺旋线提取方案和双螺旋线提取方案等。圆柱度误差常用的评定方法包括最小包容区域法和近似评定方法,如最小外接圆柱面法、最大内切圆柱面法和最小二乘圆柱面法等。

以圆周线提取方案为例,在以如图 4.195 所示的测量轴线为 Oz 轴、O 为原点的三维直角坐标系中,被测实际轮廓上任一测量点 $M_{ij}(x_{ij},y_{ij},z_{ij})$ 表示第 i 个正截面上的第 j 个测量点,$i = 1,2,\cdots,m,j = 1,2,\cdots,n$。用两个同轴圆柱面去包容被测实际轮廓,被测实际轮廓上 $M_{ij}(x_{ij},y_{ij},z_{ij})$ 到两同轴圆柱面的垂直距离 R_{ij} 可由式(4.25)计算得到,式(4.25)中的 R_i、x_i、y_i、z_i 分别用 R_{ij}、x_{ij}、y_{ij}、z_{ij} 替代。当轴线参数 $A_1 = (A,B,C,D)^{\mathrm{T}}$ 满足

$$f = \min_{A_1} \left\{ \max_{\substack{1 \leqslant i \leqslant m \\ 1 \leqslant j \leqslant n}} R_{ij} - \min_{\substack{1 \leqslant i \leqslant m \\ 1 \leqslant j \leqslant n}} R_{ij} \right\}, A = (A,B,C,D)^{\mathrm{T}} \tag{4.35}$$

时,该两同心圆柱面之间的区域为最小包容区域,f 为按最小条件评定的圆柱度误差值。

4.6.4　方向、位置误差的评定
(Direction and Positionerror Evaluation)

在方向、位置误差的评定中,被测关联实际要素的方向或位置由基准确定。当评定精度要求不高时,其基准可由模拟法、直接法、目标法以及用最小二乘通过计算得到。当评定精度要求较高时,用最小包容区域法确定基准,对于被测实际要素要求两个或两个以

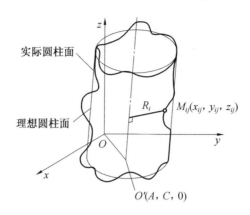

图 4.195　圆柱度误差的评定

上的基准时,用单一要素的最小包容区域法确定第一基准,用关联要素的方向最小包容区域法确定其他基准。基准要素确定后,用方向最小包容区域法评定方向误差,用位置最小包容区域法评定。

思考题与习题
(Questions and Exercises)

一、思考题

1. 几何公差特征共有多少项? 其名称和符号是什么?

2. 决定几何公差带的要素是什么? 几何公差带有哪几种形式?

3. 为什么要设计几何公差? 几何公差与尺寸公差的关系?

4. 什么是独立原则、包容要求和最大实体要求? 它们的标注方法和应用场合是什么? 被测要素实际尺寸的合格性如何判断?

5. 几何公差的选择原则是什么? 选择时要考虑哪些情况?

6. 什么是评定形位误差的最小包容区域、定向最小包容区域和定位最小包容区域?

二、习题

1. 说明习题 1 图所示零件中底面 a、端面 b、孔表面 c 和孔的轴线 d 分别是什么要素(被测要素、基准要素、单一要素、关联要素、组成要素或导出要素)。

2. 试指出习题 2 图中所示销轴的三种几何公差标注所确定的公差带有何不同。

3. 根据习题 3 图所示的两种零件标注的不同位置公差,说明他们的要求有何不同。

4. 习题 4 图中的垂直度公差各遵守什么公差原则或公差要求? 说明它们的尺寸误差和几何误差的合格条件。若图(b)加工后测得零件尺寸为 $\phi19.987$,轴线的垂直度误差为 $\phi0.06$,该零件是否合格? 为什么?

5. 将下列技术要求标注在习题 5 图零件图上。

(1)大圆柱尺寸为 $\phi50H6$,并采用包容要求。

(2)圆锥面的圆度公差为 0.01 mm,圆锥素线直线度公差为 0.02 mm,$\phi35H7$ 内孔表

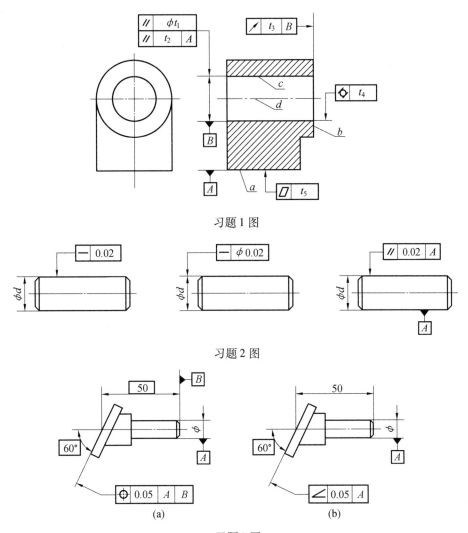

习题 1 图

习题 2 图

习题 3 图

面圆柱度公差为 0. 005 mm,大圆柱 ϕ50H6 的上端面平面度公差为 0. 008 mm。

(3)ϕ35H7 中心线对 ϕ10H7 中心线的同轴度公差为 0. 05 mm,ϕ35H7 内孔端面对 ϕ10H7 中心线的端面圆跳动为 0. 005 mm,圆锥面面对 ϕ10H7 中心线的径向圆跳动为 0. 05 mm,大圆柱 ϕ50H6 的上端面对下端面的平行度公差为 0. 015 mm。

(4)ϕ10H7 中心线对大圆柱 ϕ50H6 的上端面的垂直度公差为 ϕ0. 015 mm,并采用最大实体要求。

6. 将下列技术要求标注在习题 6 图零件图上。

(1)大端圆柱面的尺寸要求为 $\phi 45_{-0.02}^{0}$ mm,并采用包容原则。

(2)小端圆柱面的轴线对大端圆柱面轴线的同轴度公差为 0. 03 mm。

(3)小端圆柱面的尺寸要求为 ϕ25±0. 007 mm,素线直线度公差为 0. 005 mm,并采用包容原则。

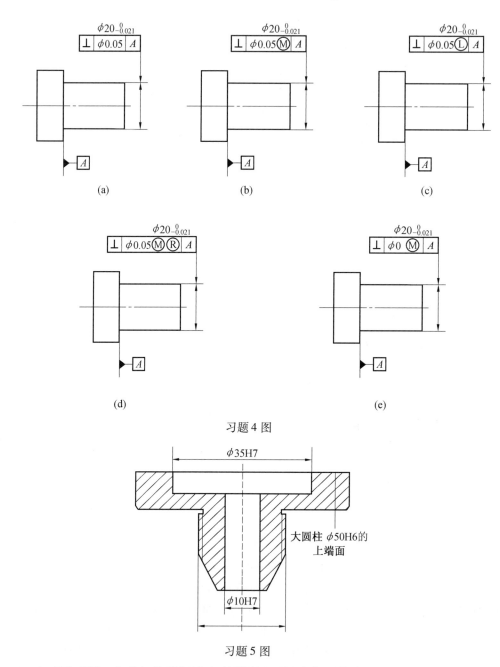

习题 4 图

习题 5 图

7. 改正图习题 7 中几何公差标注上的错误(不得改变形位公差项目)。

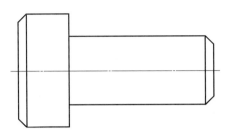

习题 6 图

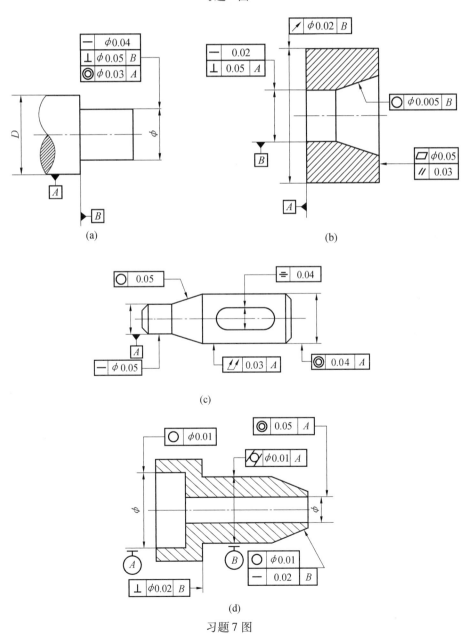

习题 7 图

8. 试按习题 8 图的几何公差要求填习题 8 表。

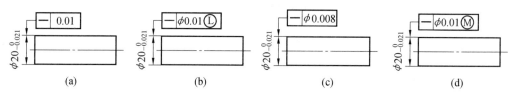

习题 8 图

习题 8 表

图样序号	最大(最小) 实体尺寸	允许最大形状 公差值/mm	实际尺寸合格 范围/mm
(a)			
(b)			
(c)			
(d)			

第5章 表面粗糙度
(Surface Roughness)

【内容提要】 本章主要介绍表面粗糙度的基本概念、基本术语、评定参数、选用及标注方法以及表面粗糙度检测等内容。

【课程指导】 通过本章的学习,了解表面粗糙度对机械零件使用性能的影响;理解表面粗糙度的评定参数,明确其应用场合;掌握表面粗糙度的选用和图样标注方法;了解表面粗糙度的检测方法。

5.1 概　　述
(Overview)

无论是在切削加工(车、铣、刨、磨等)的零件表面上,还是在无削加工(铸造、锻造、冲压、热轧、冷轧等)的零件表面上,都会存在微观几何误差,这种微观几何误差用表面粗糙度表示,它对零件的功能要求、使用性能、美观程度有较大影响。因此,为了保证零件的使用性能和互换性,必须对零件的表面粗糙度进行合理的设计。为此,我国制定了一系列有关表面粗糙度的标准。本章涉及的国家标准有:《产品几何技术规范(GPS) 技术产品文件中表面结构的表示法》(GB/T 131—2006)、《产品几何技术规范(GPS) 表面结构 轮廓法 术语、定义及表面结构参数及其数值》(GB/T 3505—2009)、《产品几何技术规范(GPS) 表面结构 轮廓法表面粗糙度参数及其数值》(GB/T 1031—2009),《产品几何技术规范(GPS) 表面结构 轮廓法 接触(触针)式仪器的标称特性》(GB/T 6062—2009)、《产品几何技术规范(GPS) 表面结构 轮廓法 评定表面结构的规则和方法》(GB/T 10610—2009)等。

5.1.1 表面粗糙度的定义
(Definition of Surface Roughness)

在机械加工过程中,由于刀具或砂轮切削后遗留的刀痕、切削过程中切削分离时的塑性变形,以及机床振动等原因,被加工零件的表面会产生微小间距的峰谷,这些微小间距峰谷的高低程度和间距状况称为表面粗糙度。它是一种微观几何形状误差,也称为微观不平度。

In the machining process, due to the tool or grinding wheel after cutting marks, cutting plastic deformation during the cutting process, as well as machine vibration and other reasons, the surface of the processed parts will produce the peak and valley of the small distance, the height and height of the peak and valley of these small distance and the distance condition is called surface roughness. It is a kind of micro geometric shape error, also known as micro irregularities.

表面粗糙度应与同属于表面结构的波纹度、形状误差(宏观几何形状误差)和表面缺陷(如沟槽、气孔、划痕等)区分开来。通常,波距小于 1 mm 的属于表面粗糙度,波距在 1~10 mm之间的属于表面波纹度,波距大于 10 mm 的属于形状误差,如图 5.1 所示。不同的表面结构的特性会对零件的性能和使用寿命产生不同的影响。

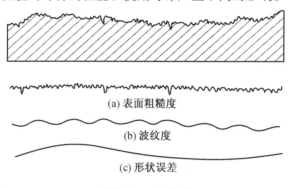

(a) 表面粗糙度

(b) 波纹度

(c) 形状误差

图 5.1　表面结构

5.1.2　表面粗糙度对机械零件使用性能的影响
(Impact of Surface Roughness on the Performance of Mechanical Parts)

表面粗糙度对机械零件的使用性能和寿命影响较大,尤其对在高温、高压、高速条件下工作的零件影响更大,主要表现在以下几个方面。

1. 影响零件的耐磨性(Impact on wear resistance of parts)

具有表面粗糙度的两个零件,当它们接触并产生相对运动时,峰顶间的接触作用会产生摩擦力,导致零件磨损。表面越粗糙,摩擦系数就越大,阻力越大,零件表面磨损越快。但需要指出,表面过于光滑,由于润滑油被挤出或分子间的吸附作用等原因,也会造成摩擦阻力增大和加速磨损。

2. 影响配合性质的稳定性(Impact on the stability of the complex properties)

表面粗糙度会影响零件间配合性能的可靠性和稳定性。对于间隙配合,相对运动的两个零件表面因其粗糙不平会迅速磨损,致使间隙增大;对于过盈配合,在装配时表面上微观峰顶被挤平,使装配后的实际有效过盈减小,降低连接强度。

3. 影响抗疲劳强度(Impact on resistance to fatigue)

零件在受变动载荷作用时,失效多数是表面产生疲劳裂纹造成的。疲劳裂纹主要是表面微观峰谷的波谷所造成的应力集中引起的。零件表面越粗糙,波谷越深,对应力集中越敏感。这种情况对钢制零件的疲劳强度影响较大,对铸铁件因其组织松散而影响较小,对有色金属影响更小。

4. 影响抗腐蚀性(Impact on corrosion resistance)

对于在有腐蚀性气体或液体条件下工作的零件,粗糙表面的微观凹谷处或裂纹处容易存积腐蚀性物质,并渗入金属内部,致使表面锈蚀。另外,聚集在粗糙表面的水汽和腐蚀性气体产生化学和电化学现象,也加速了零件的腐蚀。

此外,表面粗糙度对测量精度、振动和噪声、密封性、流体流动阻力、接触刚度、产品外观、表面光学性能、导电导热性能以及表面胶合强度等都有很大影响。因此,表面粗糙度是评定产品质量的重要指标,在保证零件尺寸和几何精度的同时,也要对表面粗糙度提出相应的要求。

5.2 表面粗糙度的评定
(Evaluation of Surface Roughness)

对于具有表面粗糙度要求的零件表面,加工后需进行测量和评定,以判别其表面粗糙度是否合格。

5.2.1 基本术语
(Basic Terms)

1. 一般术语(General terms)

(1)轮廓滤波器(Profile filter)。

轮廓滤波器是指把轮廓分成长波和短波成分的滤波器。

Filter which separates into longwave and shortwave components.

在测量粗糙度、波纹度和原始轮廓的仪器中通常使用 λs 轮廓滤波器(λs profile filter)、λc 轮廓滤波器(λc profile filter)和 λf 轮廓滤波器(λf profile filter)三种轮廓滤波器,粗糙度轮廓和波纹度轮廓的传输特性如图 5.2 所示。

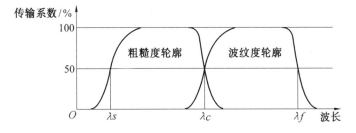

图 5.2 粗糙度轮廓和波纹度轮廓的传输特性

(2)坐标系(Coordinate system)。

坐标系是指定义表面结构参数的坐标系。

That coordinate system in which surface texture parameters are defined.

通常采用一个直角坐标体系,其轴线形成一个右旋笛卡尔坐标系,X 轴与中线方向一致,Y轴也处于实际表面中,而Z轴则在从材料到周围介质的外延方向上。

(3)实际表面(Real surface)。

实际表面是指物体与周围介质分离的表面,如图5.3所示。

Surface limiting the body and separating it from the surrounding medium.

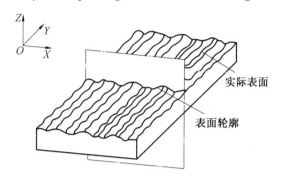

图5.3　实际表面与表面轮廓

(4)表面轮廓(Surface profile)。

表面轮廓是指一个指定平面与实际表面相交所得的轮廓,如图5.3所示。

Profile that results from the intersection of the real surface by a specified plane.

实际上,通常采用一条名义上与实际表面平行,并在一个适当方向上的法线来选择一个平面。

(5)原始轮廓(Primary profile)。

原始轮廓是指通过 λs 轮廓滤波器后的总轮廓。

Total profile after application of the short wavelength filter λs.

原始轮廓是评定原始轮廓参数的基础。

(6)粗糙度轮廓(Roughness profile)。

粗糙度轮廓是指对原始轮廓采用 λc 轮廓滤波器抑制长波成分以后形成的轮廓,是经过人为修正的轮廓。

Profile derived from the primary profile by suppressing the longwave component using the profile filter λc; this profile is intentionally modified.

粗糙度轮廓的传输带是由 λs 和 λc 轮廓滤波器来限定的,该轮廓是评定粗糙度轮廓参数的基础。

(7)波纹度轮廓(Waviness profile)。

波纹度轮廓是指对原始轮廓连续应用 λf 和 λc 两个轮廓滤波器以后形成的轮廓。采用 λf 轮廓滤波器抑制长波成分,而采用 λc 轮廓滤波器抑制短波成分。该轮廓是经过人为修正的轮廓。

Profile derived by subsequent application of the profile filter λf and the profile filter λc to the primary profile, suppressing the longwave component using the profile filter λf, and suppressing the shortwave component using the profile filter λc; this profile is intentionally modified.

在用 λf 轮廓滤波器分离波纹度轮廓前,应首先用最小二乘法的最佳拟合从总轮廓中提取坐标的形状,并将形状成分从总轮廓中去除。对于坐标形状为圆形的轮廓,建议在最小二乘的优化计算中考虑实际半径的影响,而不采用固定的标称值。波纹度轮廓的传输带是用 λf 和 λc 轮廓滤波器来限定的,该轮廓是评定波纹度轮廓参数的基础。

(8)中线(Mean lines)。

中线是指具有几何轮廓形状并划分轮廓的基础线。

Line corresponding to the lonewave profile component suppressed by the profile filter.

中线分为粗糙度轮廓中线(Mean line for the roughness profile)、波纹度轮廓中线(Mean line for the waviness profile)和原始轮廓中线(Mean line for the primary profile)三种。其中,粗糙度轮廓中线是指用 λc 轮廓滤波器所抑制的长波轮廓成分对应的中线;波纹度轮廓中线是指用 λf 轮廓滤波器所抑制的长波轮廓成分对应的中线;原始轮廓中线是指在原始轮廓上按照标称形状用最小二乘法拟合确定的中线。

(9)取样长度 lr(Sampling length lr)。

取样长度是指在 X 轴方向判别被评定轮廓不规则特征的长度。

Length in the direction of X-axis used for identifying the irregularities characterizing the profile under evaluation.

评定粗糙度轮廓和波纹度轮廓的取样长度 lr 和 lw 在数值上分别与 λc 和 λf 轮廓滤波器的截止波长相等。原始轮廓的取样长度 lp 等于评定长度。

(10)评定长度 ln(Evaluation length ln)

评定长度是指用于被评定轮廓的 X 轴方向上的长度。

Length in the direction of the X-axis used for assessing the profile under evaluation.

评定长度包含一个或几个取样长度。

2. 几何参数术语(Geometrical parameter terms)

(1)P-参数(P-parameter)。

P-参数是指在原始轮廓上计算所得的参数。

Parameter calculated from primary profile.

(2)R-参数(R-parameter)。

R-参数是指在粗糙度轮廓上计算所得的参数。

Parameter calculated from roughness profile.

(3)W-参数(W-parameter)。

W-参数是指在波纹度轮廓上计算所得的参数。

Parameter calculated from waviness profile.

(4)轮廓峰(Profile peak)。

轮廓峰是指被评定轮廓上连接轮廓与 X 轴两相邻交点的向外(从材料到周围介质)的轮廓部分。

An outwardly directed (from surrounding medium to material) portion of the assessed profile connecting two adjacent points of the intersection of the profile with the X-axis.

（5）轮廓谷（Profile valley）。

轮廓谷是指被评定轮廓上连接轮廓与 X 轴两相邻交点的向内（从周围介质到材料）的轮廓部分。

An inwardly directed (from material to surrounding medium) portion of the assessed profile connecting two adjacent points of the intersection of the assessed profile with the X-axis.

（6）高度和/或间距分辨力（Height and/or spacing discrimination）。

高度和/或间距分辨力是指应计入被评定轮廓的轮廓峰和轮廓谷的最小高度和最小间距。

Minimum height and minimum spacing of profile peaks and profile valleys of the assessed profile which should be taken into account.

轮廓峰和轮廓谷的最小高度通常用 Pz、Rz、Wz 或任意幅度参数的百分率来表示，最小间距则以取样长度的百分率表示。

（7）轮廓单元（Profile element）。

轮廓单元是指轮廓峰和相邻轮廓谷的组合，如图 5.4 所示。

Profile peak and the adjacent profile valley.

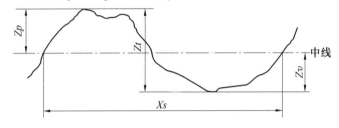

图 5.4　轮廓单元

在取样长度始端或末端的被评定轮廓的向外部分或向内部分应看作一个轮廓峰或一个轮廓谷。当在若干个连续的取样长度上确定若干个轮廓单元时，在每一个取样长度的始端或末端评定的峰和谷仅在每个取样长度的始端计入一次。

（8）纵坐标值 $Z(x)$（Ordinate value $Z(x)$）。

纵坐标值是指被评定轮廓在任意位置距 X 轴的高度。

Height of the assessed profile at any position x.

若纵坐标值位于 X 轴下方，该高度值被视作负值，反之则为正值。

（9）局部斜率 $\dfrac{\mathrm{d}Z}{\mathrm{d}X}$（Local slope $\dfrac{\mathrm{d}Z}{\mathrm{d}X}$）。

局部斜率是指评定轮廓在某一位置 x_i 的斜率，如图 5.5 所示。

Slope of the assessed profile at a position x_i.

局部斜率和参数 $R\Delta q$ 的数值主要视坐标间距 ΔX 而定。局部斜率可按公式（5.1）计算。

$$\frac{\mathrm{d}Z_i}{\mathrm{d}x_i}=\frac{1}{60\Delta X}(Z_{i+3}-9Z_{i+2}+45Z_{i+1}-45Z_{i-1}+9Z_{i-2}-Z_{i-3}) \qquad (5.1)$$

式中　x_i——评定轮廓在 X 轴方向的位置；

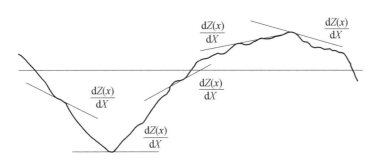

图 5.5　局部轮廓和局部斜率

Z_{i-1}、Z_{i-2}、Z_{i-3}、Z_{i+1}、Z_{i+2}、Z_{i+3}——x_{i-1}、x_{i-2}、x_{i-3}、x_{i+1}、x_{i+2}、x_{i+3} 所对应的 Z 向高度值；

ΔX——相邻两轮廓点之间的水平距离。

计算斜率时，应使用 GB/T 6062—2009 中规定的采样间距和滤波器。

（10）轮廓峰高 Zp（Profile peak height Zp）。

轮廓峰高是指轮廓峰的最高点距 X 轴的距离，如图 5.4 所示。

Distance between the X-axis and the highesi point of the profile peak.

（11）轮廓谷深 Zv（Profile peak height Zv）。

轮廓谷深 Zv 是指轮廓谷的最低点距 X 轴的距离，如图 5.4 所示。

Distance between the X-axis and the iowesi point of the profile valley.

（12）轮廓单元高度 Zt（Profile element height Zt）。

轮廓单元高度是指一个轮廓单元的轮廓峰高和轮廓谷深之和，如图 5.4 所示。

Sum of the height of the peak and depth of the valley of a profile element.

（13）轮廓单元宽度 Xs（Profile element width Xs）。

轮廓单元宽度是指一个轮廓单元与 X 轴相交线段的长度，如图 5.4 所示。

Length of the X-axis segment intersecting with the profile element.

（14）在水平截面高度 c 上轮廓的实体材料长度 $Ml(c)$（Material length of profile at the level $Ml(c)$）。

在水平截面高度 c 上轮廓的实体材料长度是指在一个给定水平截面高度 c 上用一条平行于 X 轴的线与轮廓单元相截所获得的各段截线长度之和，如图 5.6 所示。

Sum of the section lengths obtained, intersecting with the profile element by a line parallel to the X-axis at a given level, c.

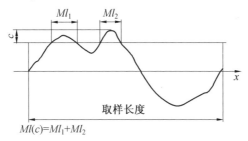

图 5.6　实体材料长度

3. 表面轮廓参数的定义（Surface profile parameters of definition）

（1）幅度参数（峰和谷）（Amplitude parameters（peak and valley））。

①最大轮廓峰高 Rp（Maximum profile peak height Rp）。

最大轮廓峰高是指在一个取样长度内，最大的轮廓峰高 Zp。粗糙度轮廓的最大轮廓峰高如图 5.7 所示。

Largest profile peak height Zp within a sampling length.

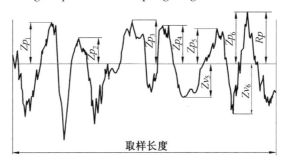

图 5.7　粗糙度轮廓的最大轮廓峰高

②最大轮廓谷深 Rv（Maximum profile valley depth Rv）

最大轮廓谷深是指在一个取样长度内，最大的轮廓谷深 Zv。粗糙度轮廓的最大轮廓谷深如图 5.8 所示。

Largest profile valley depth Zv within a sampling length.

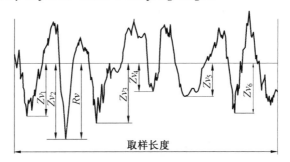

图 5.8　粗糙度轮廓的最大轮廓谷深

③轮廓最大高度 Rz（Maximum height of profile Rz）。

轮廓最大高度是指在一个取样长度内，最大的轮廓峰高与最大轮廓谷深之和。粗糙度轮廓的轮廓最大高度如图 5.9 所示。

Sum of height of the largest profile peak height Zp and the largest profile valley depth Zv within a sampling length.

④轮廓单元的平均高度 Rc（Mean height of profile element Rc）。

轮廓单元的平均高度是指在一个取样长度内，轮廓单元高度 Zt 的平均值，如图 5.10 所示。

Mean value of the profile element heights Zt within a sampling length.

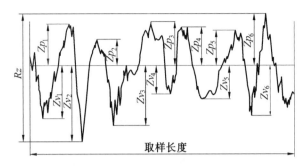

图 5.9　粗糙度轮廓的轮廓最大高度

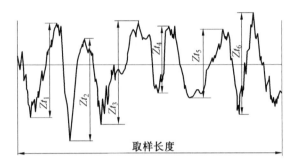

图 5.10　轮廓单元的平均高度

$$Rc = \frac{1}{m} \sum_{i=1}^{m} Zt_i \qquad (5.2)$$

式中　m——取样长度内轮廓单元数量；

　　　Zt_i——第 i 个轮廓单元高度。

在计算参数 Rc 时，需要判断轮廓单元的高度和间距。若无特殊规定，缺省的高度分辨力应分别按 Rz 的 10% 选取，缺省的间距分辨力应按取样长度的 1% 选取，上述两个条件都应满足。

⑤轮廓总高度 Rt（Total height of profile Rt）。

轮廓总高度 Rt 是指在评定长度内最大轮廓峰高与最大轮廓谷深之和。

Sum of the height of the largest profile peak height Zp and the largest profile valley depth Zv within the evaluation length.

由于 Rt 是评定长度上而不是在取样长度上定义的，以下关系对任何轮廓都成立：

$$Rt \geqslant Rz \qquad (5.3)$$

（2）幅度参数（纵坐标平均值）（Amplitude parameters（average of ordinates））。

①评定轮廓的算数平均偏差 Ra（Arithmetical mean deviation of the assessed profile Ra）。

评定轮廓的算数平均偏差是指在一个取样长度内纵坐标值 $Z(x)$ 绝对值的算术平均值。

Arithmetic mean of the absolute ordinate value $Z(x)$ within a sampling length.

$$Ra = \frac{1}{l} \int_0^l |Z(x)| \, \mathrm{d}x \qquad (5.4)$$

式中　l——取样长度，即 $l = lr$。

评定轮廓的算数平均偏差也可按下式近似计算：

$$Ra = \frac{1}{n} \sum_{i=1}^{n} |Z_i| \tag{5.5}$$

式中　n—— 取样长度内的采样点数；

　　　Z_i—— 取样长度内第 i 个采样点的轮廓高度。

②评定轮廓的均方根偏差 Rq（Root mean square deviation of the assessed profile Rq）。

评定轮廓的均方根偏差是指在一个取样长度内纵坐标值 $Z(x)$ 均方根值。

Root mean square value of the ordinate values $Z(x)$ within a sampling length.

$$Rq = \sqrt{\frac{1}{l} \int_0^l Z^2(x)\,dx} \tag{5.6}$$

评定轮廓的均方根偏差也可按下式近似计算：

$$Rq = \sqrt{\frac{1}{n} \sum_{i=1}^{n} Z_i^2} \tag{5.7}$$

式（5.6）和式（5.7）中的参数含义与式（5.4）和式（5.5）相同。

③评定轮廓的偏斜度 Rsk（Skewness of the assessed profile Rsk）。

评定轮廓的偏斜度是指在一个取样长度内纵坐标值 $Z(x)$ 三次方的平均值与均方根偏差 Rq 的三次方的比值。

Quotient of the mean cube value of the ordinate values $Z(x)$ and the cube of Pq, Rq and Wq respectively, within a sampling length.

$$Rsk = \frac{1}{Rq^3}\left[\frac{1}{lr} \int_0^{lr} Z^3(x)\right] \tag{5.8}$$

Rsk 是纵坐标值概率密度函数不对称性的测定，受独立峰或独立谷影响很大。

④评定轮廓的陡度 Rku（Kurtosis of the assessed profile Rku）

评定轮廓的陡度是指在一个取样长度内纵坐标值 $Z(x)$ 四次方的平均值与均方根偏差 Rq 的四次方的比值。

Quotient of the mean quartic value of the ordinate values $Z(x)$ and the fourth power of Pq, Rq or Wq respectively, within a sampling length.

$$Rku = \frac{1}{Rq^4}\left[\frac{1}{lr} \int_0^{lr} Z^4(x)\right] \tag{5.9}$$

式中　Rku——纵坐标值概率密度函数锐度的测定。

（3）间距参数（Spacing parameters）——轮廓单元的平均宽度 Rsm（Mean width of the profile elements Rsm）。

轮廓单元的平均宽度是指在一个取样长度内，轮廓单元宽度 Xs 的平均值。如图5.11所示。

Mean value of the profile element width Xs within a sampling length.

$$Rsm = \frac{1}{m} \sum_{i=1}^{m} Xsi \tag{5.10}$$

式中　m——取样长度内的轮廓单元数；

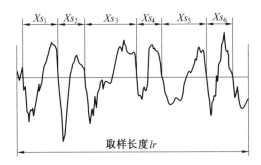

图 5.11　轮廓单元的平均宽度

Xs_i——第 i 个轮廓单元的宽度。

在计算参数 Rsm 时,需要判断轮廓单元的高度和间距。若无特殊规定,缺省的高度分辨力应分别按 Rz 的 10% 选取,缺省的水平间距分辨力按取样长度的 1% 选取,上述两个条件都应满足。

(4)混合参数(Hybrid parameters)——评定轮廓的均方根斜率 $R\Delta q$(Root mean square slope of the assessed profile $R\Delta q$)。

评定轮廓的均方根斜率是指在取样长度内,纵坐标斜率 dZ/dX 的均方根。

Root mean square value of the ordinate slopes dZ/dX, within a sampling length.

(5)曲线和相关参数(Curves and related parameters)。

所有曲线和相关参数均在评定长度上而不是在取样长度上定义,因为这样可提供更稳定的曲线和相关参数。

①轮廓支撑长度率 $Rmr(c)$(Material ratio of the profile $Rmr(c)$)

轮廓支撑长度率是指在给定水平截面高度 c 上轮廓的实体材料长度 $Ml(c)$ 与评定长度的比率。

Ratio of the material length of the profile elements $Ml(c)$ at a given level c to evaluation length.

$$Rmr(c) = \frac{Ml(c)}{ln} \qquad (5.11)$$

②轮廓支撑长度率曲线(Material ratio curve of the profile(Abbott Firestone curve))。

轮廓支撑长度率曲线是指表示支撑率随水平截面高度 c 变化关系的曲线。粗糙度轮廓支撑长度率曲线如图 5.12 所示。

Curve representingthe material radio of the profile as a function of level.

轮廓支撑长度率曲线可理解为在一个评定长度内,各个坐标值 $Z(x)$ 采样积累的分布概率函数。

③轮廓水平截面高度差 $R\delta c$(Profile section height difference $R\delta c$)。

轮廓水平截面高度差是指给定支撑比率的两个水平截面之间的垂直距离。

Vertical distance between two section levels of given material radio.

$$R\delta c = c(Rmr_1) - c(Rmr_2) \qquad (Rmr_1 < Rmr_2) \qquad (5.12)$$

④相对支撑长度率 Rmr(Relation material ratio Rmr)。

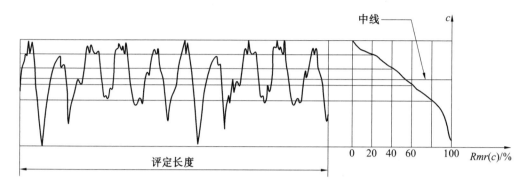

图 5.12　粗糙度轮廓支撑长度率曲线

相对支撑长度率是指在一个轮廓水平截面高度差 $R\delta c$ 确定的、与起始零位 c_0 相关的支撑长度率。粗糙度轮廓相对支撑长度率如图 5.13 所示。

Material ratio determined at a profile section level $R\delta c$ related to a reference c_0.

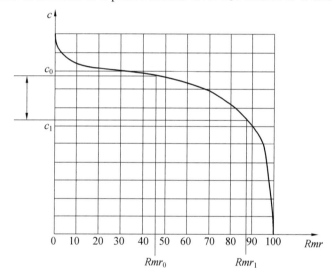

图 5.13　粗糙度轮廓水平截面高度差

$$Rmr = Rmr(c_1)\qquad\qquad(5.13)$$

式中　$c_1 = c_0 - R\delta c, c_0 = c(Rmr_0)$。

⑤轮廓幅度分布曲线(Profile height amplitude curve)。

轮廓幅度分布曲线是指在评定长度内,纵坐标 $Z(x)$ 采样的概率密度函数,如图 5.14 所示。

Sample probability density function of the ordinate $Z(x)$ within the evaluation length.

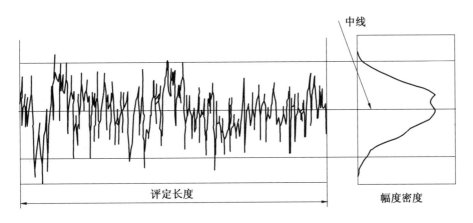

图 5.14　幅度分布曲线

5.2.2　表面粗糙度的评定参数及其数值系列
(Evaluation Parameters of Surface Roughness and Their Numerical Series)

1. 表面粗糙度的幅度参数(峰和谷)Ra 和 Rz 的数值(Theamplitude parameters of surface roughness(peak and valley), Ra and Rz)

采用中线制(轮廓法)评定表面粗糙度时,其参数可从轮廓的算数平均偏差 Ra 和轮廓的最大高度 Rz 中选取。在幅度参数(峰和谷)常用的参数值范围内(Ra 为 0.025 ~ 6.3 μm,Rz 为 0.1 ~ 25 μm)推荐优先选用 Ra。轮廓的算数平均偏差 Ra 的参数值见表 5.1,轮廓的最大高度 Rz 的参数值见表 5.2。

表 5.1　轮廓的算数平均偏差 Ra 的数值(摘自 GB/T 1031—2009)　　　　　　μm

Ra	0.012	0.2	3.2	50	
	0.025	0.4	6.3	100	
	0.05	0.8	12.5		
	0.1	1.6	25		

表 5.2　轮廓最大高度 Rz 的数值(摘自 GB/T 1031—2009)　　　　　　μm

Rz	0.025	0.4	6.3	100	1 600
	0.05	0.8	12.5	200	
	0.1	1.6	25	400	
	0.2	3.2	50	800	

2. 表面粗糙度的附加参数 Rsm 和 $Rmr(c)$ 的数值(Theadditional parameters of surface roughness, Rsm and $Rmr(c)$)

根据机械零件表面功能的要求,除表面粗糙度幅度参数 Ra 和 Rz 外,还可以选用轮廓单元的平均宽度 Rsm 和轮廓支撑长度率 $Rmr(c)$ 两个附加参数。轮廓单元的平均宽度 Rsm 见表 5.3,轮廓支撑长度率 $Rmr(c)$ 见表 5.4。

表5.3 轮廓单元的平均宽度 Rsm 的数值(摘自 GB/T 1031—2009) mm

Rsm	0.006	0.1	1.6
	0.012 5	0.2	3.2
	0.025	0.4	6.3
	0.05	0.8	12.5

表5.4 轮廓支撑长度率 $Rmr(c)$ 的数值(摘自 GB/T 1031—2009)

$Rmr(c)$	10	15	20	25	30	40	50	60	70	80	90

选用支撑长度率 $Rmr(c)$ 时,应同时给出轮廓截面高度 c 值,该值可用微米或 Rz 的百分数表示,Rz 的百分数系列如下:5%、10%、15%、20%、25%、30%、40%、50%、60%、70%、80%、90%。

3. 取样长度 lr 的值及幅度参数 Ra 和 Rz 的值与取样长度 lr 值的对应关系(The corresponding relationship between the sampling length lr and the amplitude parameters Ra and Rz and the sampling length lr)

取样长度 lr 的数值见表5.5;幅度参数 Ra 值与取样长度 lr 值的对应关系见表5.6;幅度参数 Rz 值与取样长度 lr 值的对应关系见表5.7。

表5.5 取样长度 lr(摘自 GB/T 1031—2009) mm

lr	0.08	0.25	0.8	2.5	8	25

表5.6 Ra 参数值与取样长度 lr 值的对应关系(摘自 GB/T 1031—2009)

$Ra/\mu m$	lr/mm	ln/mm ($ln=5lr$)
0.008~0.02	0.08	0.4
0.02~0.1	0.25	1.25
0.1~2.0	0.8	4.0
2.0~10.0	2.5	12.5
10.0~80.0	8.0	40.0

表5.7 Rz 参数值与取样长度 lr 值的对应关系(摘自 GB/T 1031—2009)

$Rz/\mu m$	lr/mm	ln/mm ($ln=5lr$)
0.025~0.10	0.08	0.4
0.10~0.50	0.25	1.25
0.50~10.0	0.8	4.0
10.0~50.0	2.5	12.5
50~320	8.0	40.0

一般情况下,在测量 Ra、Rz 时,推荐按表 5.6 和表 5.7 选用对应的取样长度,此时取样长度值的标注在图样上或技术文件中可省略。当有特殊要求时,应给出相应的取样长度值,并在图样上或技术文件中注出。

对微观不平度间距较大的端铣、滚铣及其他大进给量的加工表面,应按标准中规定的取样长度系列选取较大的取样长度值。由于加工表面不均匀,在评定表面粗糙度时,其评定长度应根据不同的加工方法和相应的取样长度来确定。如被测表面均匀性较好,测量时可选用小于 $5×lr$ 的评定长度值;均匀性较差的表面可选用大于 $5×lr$ 的评定长度值。

5.3 表面粗糙度评定参数及参数值的选用
(The Selection of Surface Roughness Evaluation Parameters and Parameter Values)

5.3.1 表面粗糙度参数的选用
(The Selection of Surface Roughness Parameter)

1. 幅度参数的选用(Theselection of amplitudeparameters)

幅度参数是评定表面粗糙度的基本参数,可以独立使用。对于一般有表面粗糙度要求的零件表面,至少要选用一个幅度参数,通常选用轮廓的算数平均偏差 Ra 或轮廓的最大高度 Rz 即可满足零件表面的功能要求。

轮廓的算数平均偏差 Ra 的概念直观,它能比较全面地反映被测表面微小峰谷高度特性,且用电感轮廓仪测量比较容易(可直接得到的参数就是 Ra),是目前各国普遍采用的一个表面粗糙度幅度参数。因此,对于 Ra 值为 $0.025 \sim 6.3 \ \mu m$ 光滑表面和半光滑表面,国家标准推荐选用轮廓的算数平均偏差 Ra 作为评定参数。轮廓的最大高度 Rz 只反映零件表面的局部特征,因此,评价表面粗糙度不如 Ra 全面,但对于某些不允许存在微观较深高度变化(如有疲劳强度要求)的表面和精密小零件(如仪器仪表中的零件、微小宝石轴承)的表面,以及 Ra 值小于 $0.025 \ \mu m$ 的极光表面和 Ra 值大于 $6.3 \ \mu m$ 的粗糙表面,选用轮廓的最大高度 Rz 作为评定参数比较适用。

2. 附加参数的选用(Theselection of additional parameters)

对于有特殊要求的表面,除选用幅度参数(Ra、Rz)外,还可以根据需要选用附加参数中轮廓单元的平均宽度 Rsm 或轮廓支撑长度率 $Rmr(c)$。例如,对零件有涂漆的均匀性、附着性、光洁性、抗震性、耐蚀性及流体流动摩擦阻力(如导轨、法兰)等要求的零件表面,可附加选用轮廓单元的平均宽度 Rsm 来控制零件表面的微观横向间距的细密度。而对于零件在耐磨性、接触刚度方面有较高要求的表面,则可附加选用轮廓支撑长度率 $Rmr(c)$ 来控制加工表面的质量。

5.3.2 表面粗糙度参数值的选用
(The Selection of Surface Roughness Parameter Values)

表面粗糙度参数值选用的适当与否,不仅影响零件的使用功能和性能,而且还关系到加工制造成本。所以,表面粗糙度参数值的选用应综合考虑零件的表面功能要求和加工经济性。在满足零件使用要求的前提下,表面粗糙度 Ra 和(或)Rz 的参数值尽可能选用大些,轮廓支撑长度率 $Rmr(c)$ 的参数值应尽可能小些,这样有利于降低零件的制造成本,取得较好的经济效益。

表面粗糙度的选用方法目前多采用类比法,即在参照一些经验证的实例的前提下,同时考虑下列情况:

(1)同一零件,工作表面比非工作表面的 Ra 值或 Rz 值小。

(2)摩擦表面比非摩擦表面、滚动摩擦表面比滑动摩擦表面的 Ra 值或 Rz 值小。

(3)相对运动速度高、单位面积压力大、受交变载荷作用的零件表面以及容易产生应力集中的圆角、沟槽部位的表面应选用较小的 Ra 值或 Rz 值。

(4)配合稳定性和可靠性要求高的表面,例如,小间隙配合表面、受重载作用的过盈配合表面,应选用较小的 Ra 值或 Rz 值。

(5)协调好表面粗糙度数值与尺寸公差及几何公差之间的关系,可参照表 5.8 所列的比例关系来确定。通常,尺寸、几何公差值小,表面粗糙度 Ra 值或 Rz 值也要小。尺寸公差等级相同时,轴比孔的 Ra 值或 Rz 值小。

表 5.8　表面粗糙度幅度参数值与尺寸公差值、几何公差值的一般关系

几何公差 t 占尺寸公差 T 的百分比 $(t/T)/\%$	表面粗糙度轮廓幅度参数值占尺寸公差值的百分比	
	$Ra/T/\%$	$Rz/t/\%$
约 60	≤ 5	≤ 30
约 40	≤ 2.5	≤ 15
约 25	≤ 1.2	≤ 7

(6)防腐蚀性、密封性要求高的表面以及外形要求美观的表面应选用较小的 Ra 值或 Rz 值。

(7)凡是有关标准已经对标准件或常用典型零件(如与滚动轴承配合的轴径和轴承座孔、与平键配合的键槽)的表面做出表面粗糙度规定的,应按相应标准确定表面粗糙度数值。

表 5.9 列出了各类配合要求的孔、轴表面粗糙度幅度参数的推荐值。表 5.10 列出了间隙或过盈配合与表面粗糙度幅度参数值的对应关系。

表 5.10　间隙或过盈配合与表面粗糙度幅度参数值的对应关系

间隙或过盈/μm	表面粗糙度 $Ra/\mu m$	
	轴	孔
≤ 2.5	0.025	0.05
$2.5 \sim 4$	0.05	0.10
$4 \sim 6.5$		0.20
$6.5 \sim 10$	0.10	0.40
$10 \sim 16$	0.20	
$16 \sim 25$	0.20	
$25 \sim 40$	0.40	0.80

表 5.9　各类配合要求的孔、轴表面粗糙度参数的推荐值

表面特征			$Ra/\mu m$（不大于）	

表面特征	公差等级	表面	公称尺寸/mm	
			−50	>−50～500
轻度装卸零件的配合表面（如交换齿轮、滚刀等）	5	轴	0.2	0.4
		孔	0.4	0.8
	6	轴	0.4	0.8
		孔	0.4～0.8	0.8～1.6
	7	轴	0.4～0.8	0.8～1.6
		孔	0.8	1.6
	8	轴	0.8	1.6
		孔	0.8～1.6	1.6～3.2

表面特征	公差等级		表面	公称尺寸/mm		
				～50	>50～120	>120～500
过盈配合的配合表面	装配按机械压入法	5	孔	0.1～0.2	0.4	0.4
			轴	0.2～0.4	0.8	0.8
		6～7	孔	0.4	0.8	1.6
			轴	0.8	1.6	1.6
		8	孔	0.8	0.8～1.6	1.6～3.2
			轴	1.6	1.6～3.2	1.6～3.2
	热装法			1.6		
				1.6～3.2		

表面特征	表面	径向跳动公差/μm					
		2.5	4	6	10	16	25
精密定义用配合的零件表面		$Ra/\mu m$（不大于）					
	轴	0.05	0.1	0.1	0.2	0.4	0.8
	孔	0.1	0.2	0.2	0.4	0.8	1.6

表面特征	表面	公差等级		液体湿摩擦条件
		6～9	10～12	
滑动轴承的配合表面		$Ra/\mu m$（不大于）		
	轴	0.4～0.8	0.8～3.2	0.1～0.4
	孔	0.8～1.6	1.6～3.2	0.2～0.8

表 5.11 列出了各种不同的表面粗糙度幅度参数值的选用实例。

表 5.11　各种不同的表面粗糙度幅度参数值的选用实例

表面粗糙度参数 Ra 值/μm	表面粗糙度参数 Rz 值/μm	表面形状特征		应用举例
40 ~ 80	—	粗糙	明显可见刀痕	表面粗糙度甚大的加工面,一般很少采用
20 ~ 40	—		可见刀痕	
10 ~ 20	63 ~ 125		微见刀痕	粗加工表面,应用范围较广,如轴端面、倒角、穿螺钉孔和铆钉孔的表面,垫圈的接触面等
5 ~ 10	32 ~ 63	半光	可见加工痕迹	半精加工面,支架、箱体、离合器、带轮侧面和凸轮侧面等非接触的自由表面,与螺栓头和铆钉头相接触的表面,轴和孔的退刀槽,一般遮板的结合面等
2.5 ~ 5	16.0 ~ 32		微见加工痕迹	半精加工面,箱体、支架、盖面和套筒等与其他零件连接而没有配合要求的表面,需要发蓝的表面,需要滚花的预先加工面,主轴非接触的全部外表面等
1.25 ~ 2.5	8.0 ~ 16.0		看不清加工痕迹	基面及表面质量要求较高的表面,中型机床(普通精度)工作台面,组合机床主轴箱箱座和箱盖的结合面,中等尺寸带轮的工作表面,衬套、滑动轴承的压入孔,低速转动的轴颈
0.63 ~ 1.25	4.0 ~ 8.0	光	可辨加工痕迹的方向	中型机床(普通精度)滑动导轨面,导轨压板,圆柱销和圆锥销的表面,一般精度的分度盘,需镀铬抛光的外表面,中速转动的轴颈,定位销压入孔等
0.32 ~ 0.63	2.0 ~ 4.0		微辨加工痕迹的方向	中型机床(提高精度)滑动导轨面、滑动轴承轴瓦的工作表面、夹具定位元件和钻套的主要表面、曲轴和凸轮轴的轴颈的工作面、分度盘表面、高速工作下的轴颈及衬套的工作面等
0.16 ~ 0.32	1.0 ~ 2.0		不可辨加工痕迹的方向	精密机床主轴锥孔、顶尖圆锥面、直径小的精密心轴和转轴的结合面、活塞的活塞销孔、要求气密的表面和支承面
0.08 ~ 0.16	0.5 ~ 1.0	极光	暗光泽面	精密机床主轴箱上与套筒配合的孔、仪器在使用中要承受摩擦的表面(例如导轨、槽面)、液压传动用的孔的表面、阀的工作面、气缸内表面、活塞销的表面等
0.04 ~ 0.08	0.25 ~ 0.5		亮光泽面	特别精密的滚动轴承套圈滚道、钢球及滚子表面,量仪中的中等精度间隙配合零件的工作面,工作量规的测量表面等
0.02 ~ 0.04	—		镜状光泽面	特别精密的滚动轴承套圈滚道、钢球及滚子表面,高压油泵中的柱塞和柱塞套的配合表面,保证高度气密的结合表面等
0.01 ~ 0.02	—		雾状镜面	仪器的测量表面、量仪中的高精度间隙配合零件的工作表面、尺寸超过 100 mm 的量块工作表面等
≤0.01	—		镜面	量块工作表面、高精度量仪的测量面以及光学量仪中的金属镜面等

表 5.12 列出了不同功能表面的 Ra 值的允许范围。表 5.13 列出了各种加工方法可能达到的表面粗糙度幅度数值,可供参考。

表 5.12 不同功能表面的 Ra 值的允许范围

不同功能的表面	表面粗糙度 Ra 值 / μm											
	0.05	0.1	0.2	0.4	0.8	1.6	3.2	6.3	12.5	25	50	100
刀刃的表面						├──┤						
电作用的表面						├──┤						
过盈及过渡配合						├──────┤						
收缩配合的表面							├──┤					
支撑表面							├──────────┤					
涂镀层的基面					├──────┤						
测量表面				├──────┤							
钢制量块的测量面	├──┤											
金相试样的表面			├──┤								
无密封材料的密封面					├──────────┤						
有密封材料的动密封				├──────┤							
有密封材料的静密封							├──────┤				
滑动面、间隙配合面			├──────────────┤								
导流表面				├──────────────────────┤						
制动的表面						├──────────┤					
滚动的表面			├──────────┤								
滚动表面					├──────────┤						
接合面				├──────────┤							
应力界面					├──────────────────────────────┤						

表 5.13　各种加工方法可能达到的表面粗糙度数值

加工方法		表面粗糙度 Ra/μm												
		0.012	0.025	0.05	0.100	0.20	0.40	0.80	1.60	3.20	6.30	12.5	25	50	100
砂模铸造											▬	▬	▬	▬	▬
压力铸造							▬	▬	▬	▬	▬	▬	▬	▬	
模锻									▬	▬	▬	▬	▬	▬	▬
挤压							▬	▬	▬	▬	▬	▬	▬	▬	
刨削	粗										▬	▬	▬	▬	
	半精								▬	▬	▬				
	精							▬	▬	▬	▬				
插削									▬	▬	▬	▬	▬		
钻孔									▬	▬	▬	▬	▬		
金刚镗孔				▬	▬	▬	▬	▬							
镗孔	粗										▬	▬	▬		
	半精							▬	▬	▬	▬	▬			
	精						▬	▬	▬	▬	▬				
端面铣	粗										▬	▬	▬		
	半精						▬	▬	▬	▬	▬				
	精					▬	▬	▬	▬						
车外圆	粗										▬	▬	▬	▬	
	半精								▬	▬	▬	▬			
	精					▬	▬	▬	▬						

5.4　表面粗糙度的标注
(The Indication of Surface Roughness)

在确定了表面粗糙度评定参数及参数值和其他技术要求后,需要按《产品几何技术规范(GPS)　技术产品文件中表面结构的表示法》(GB/T 131—2006)的规定,把表面粗糙度的技术要求正确地标注在机械零件的图样上。

5.4.1　表面粗糙度符号
(Surface Roughness Symbol)

在技术文件中对表面粗糙度的要求可用基本图形符号、扩展图形符号、完整图形符号及工件轮廓各表面的图形符号等几种不同的形式标注,见表5.14。每种符号都有特定的含义,如图5.14所示。使用基本符号和扩展符号时,应附加表面粗糙度的附加要求,其形式有数字、图形符号和文本。在特殊情况下,图形符号可以在技术图样中单独使用以表达特殊意义。

表 5.14　表面粗糙度图形符号（GB/T 131—2006）

名称	图形符号	含　义
基本图形符号		表示表面可用任何工艺方法获得。单独使用仅用于简化代号标注,没有补充说明不能单独使用
扩展图形符号		用去除材料的方法获得的表面,如机械加工中的车、铣、磨、抛光等
		用不去除材料的方法获得的表面,如铸、锻、冲压等,也可用于"保持原有表面状态不变"的要求
完整图形符号		分别比上面三个图形符号多一条横线,用于标注有关参数和说明,构成完整图形符号,图样上标注的是此种符号
多表面有相同表面结构要求时的图形符号		视图上构成某封闭轮廓的各相关表面有相同表面结构要求时,可在完整图形符号上面加一圆圈,标注在封闭轮廓的某条线上(若会引起歧义,则应分别标出)

1. 基本图形符号（Basic graphic symbol）

基本图形符号由两条不等长的与标注表面呈 60° 夹角的直线构成,如图 5.15(a) 所示。基本图形符号仅用于简化代号标注,没有补充说明时不能单独使用。

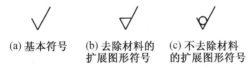

(a) 基本符号　　(b) 去除材料的　(c) 不去除材料
　　　　　　　　　扩展图形符号　　的扩展图形符号

图 5.15　基本图形符号和扩展图形符号

2. 扩展图形符号（Expanded graphic symbol）

(1)要求去除材料的图形符号（Requires removal of the graphic symbol of the material）。

在基本图形符号上加一横线,表示指定平面是用去除材料的方法获得的(如通过车、铣、钻、刨、镗、磨、抛光、电火花、剪切、气割等),如图 5.15(b) 所示。

(2)不允许去除材料的图形符号（Non allowed removal of the graphic symbol of the material）。

在基本图形符号上加一个圈,表示指定表面是用不去除材料的方法获得的(如铸、锻、冲压成型、热轧、冷轧、粉末冶金等),如图 5.15(c) 所示。

3. 完整图形符号（Complete graphic symbol）

当要求标注表面粗糙度特征的补充信息时,应在如图 5.15 所示的图形符号的长边加上一横线,如图 5.16 所示。

(a) 允许任何工艺　(b) 去除材料　(c) 不去除材料

图 5.16　完整图形符号

在报告和合同的文本中用文字表达完整图形符号时,用 APA 表示图 5.16(a),用 MRR 表示图 5.16(b),用 NMR 表示图 5.16(c)。

4. 工件轮廓各表面的完整图形符号(Complete graphical symbols for each surface of the workpiece)

当图样某个视图上构成封闭的各表面有相同的表面粗糙度要求时,应在图 5.16 的完整图形符号上加一个圈。标注在图样中工件的封闭轮廓线上,如图 5.17 所示。如果会引起歧义时,各表面应分别标注。

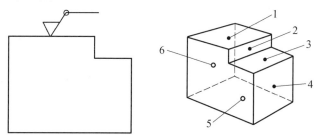

图 5.17　工件轮廓各表面的完整图形符号

5.4.2　表面粗糙度标注内容和方法
（**The content and Method of Surface Roughness Indication**）

1. 表面粗糙度要求标注的内容(The content of surface roughness indication)

为了全面表明表面粗糙度的要求,除了标注表面粗糙度参数及参数值外,必要时应标注补充要求,补充要求包括传输带、取样长度、加工工艺、表面纹理及方向和加工余量等。在表面粗糙度的完整图形符号中,对表面粗糙度的单一要求和补充要求应注写在如图 5.18所示的指定位置上。

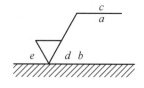

图 5.18　补充要求的注写位置($a \sim e$)

2. 表面粗糙度完整图形符号的标注(Indication of compete graphical for surface roughness)

（1）位置 a 处(Position a)。

注写表面粗糙度的单一要求(即第一个要求),该要求是不能省略的。它包括表面粗糙度参数代号、极限值和传输带或取样长度等内容。为了避免误解,在参数代号和极限值之间应插入空格。传输带或取样长度后有一斜线"/",之后是表面粗糙度参数代号,最后是数值。

示例 1　$0.025-0.8/Rz\,6.3$

表示在传输带为 $\lambda s=0.025$ mm、$\lambda c=0.8$ mm(取样长度 $lr=0.8$ mm)、评定长度 $ln=5lr$(默认,省略标注)时,轮廓最大高度 Rz 的上极限值为 6.3 μm。

示例 2　$-0.8/Rz\,6.3$

表示在取样长度 $lr=0.8$ mm、评定长度 $ln=5lr$(默认,省略标注)时,轮廓最大高度 Rz 的上极限值为 6.3 μm。

示例 3　$0.025-0.8/Ra\,4\,50$

表示在传输带为 $\lambda s=0.025$ mm、$\lambda c=0.8$ mm(取样长度 $lr=0.8$ mm)、评定长度 $ln=4lr$ 时,轮廓的算术平均偏差 Ra 的上极限值为 50 μm。

当评定长度 ln 给出具体数值,而非含取样长度 lr 的个数时,对图形法应标注传输带,后面应有一斜线"/",之后是评定长度值,再后是一斜线"/",最后是表面粗糙度参数代号及其数值。

示例 4　$0.008-0.5/16/Ra\,6.3$

表示在传输带为 $\lambda s=0.008$ mm、$\lambda c=0.5$ mm、评定长度值为 $ln=16$ mm 时,轮廓的算术平均偏差 Ra 的上极限值为 6.3 μm。

(2)位置 b 处(Position b)。

注写第二个表面粗糙度要求,如果要注写第三个或更多表面粗糙度要求,图形符号应在垂直方向扩大,以空出足够的空间,扩大图形符号时,a 和 b 的位置应一同上移,如图5.19所示。

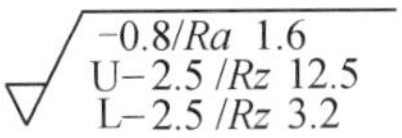

图 5.19　注写多个表面粗糙度要求的示例

图 5.19 中,位置 a 处的含义是:在取样长度 $lr=0.8$ mm、评定长度 $ln=5lr$ 时,轮廓的算术平均偏差 Ra 的上极限值为 1.6 μm;位置 b 处的含义是:在取样长度 $lr=2.5$ mm 时,轮廓的最大高度 Rz 的上极限值为 12.5 μm,下极限值为 3.2 μm。

表示表面粗糙度参数上、下双向极限时,应标注上极限符号"U"和下极限符号"L",上极限符号在上方,下极限符号在下方。如果同一表面粗糙度参数具有双向极限要求,在不引起歧义时,也可以省略"U"和"L"的标注;当只有单向极限要求时,若为单向上极限值,则可省略"U"的标注;若为单向下极限值,则必须加注"L"。

参数极限值的判断原则有"16%规则"和"最大规则"两种。"16%规则"是所有表面粗糙度要求标注的默认规则(省略标注),其含义是同一评定长度内幅度参数所有的实测值中,大于上极限值的个数少于总数的16%,且小于下极限值的个数也少于16%,则认为合格。"最大规则"是指在整个被测表面上幅度参数所有的实测值均不大于上极限值,且不小于下极限值,则认为合格。采用"最大规则"时,应在参数代号后增加标注一个"max"

的标记。

示例 5 *Ra* max 3.2

表示单项上极限值(省略标注),在传输带为默认传输带(省略标注)、评定长度值为 $ln=5lr$(省略标注)、参数极限值判断原则为“最大规则”时,轮廓的算术平均偏差 *Ra* 不得超过上极限值为 3.2 μm。

(3)位置 *c* 处(Position *c*)。

零件表面轮廓曲线的特征对实际表面的表面粗糙度参数值影响很大,标注的参数代号、参数值作为表面粗糙度要求,有时不一定能够完全准确地表示表面功能。加工工艺在很大程度上决定了轮廓曲线的特征,因此,一般应注明加工工艺。该项要求注写在位置 *c* 处,包括加工方法、表面处理、涂层或其他加工工艺要求等,如车、磨、镀等加工表面,如图 5.20 所示。

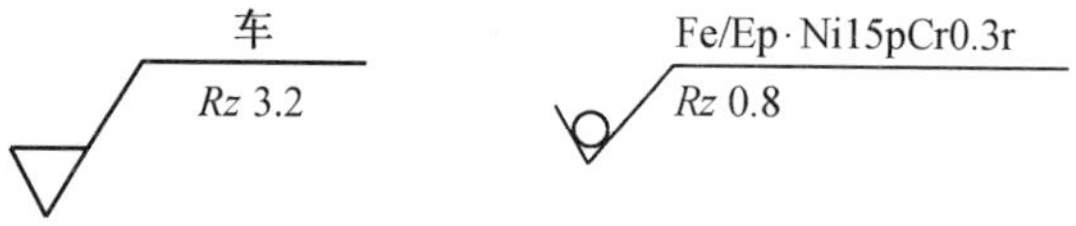

(a) 车削　　(b) 镀涂

图 5.20　加工工艺和表面粗糙度要求的示例

(4)位置 *d* 处(Position *d*)。

注写所要求的表面纹理和纹理方向,如图 5.21 所示。

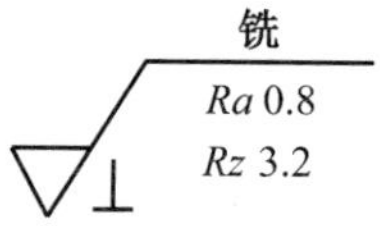

图 5.21　表面纹理和表面粗糙度要求的示例

国家标准 GB/T 131—2006 规定的表面纹理和纹理方向见表 5.15。

表 5.15　表面纹理和纹理方向　(摘自 GB/T 131—2006)

符号	解　释	示　例	符号	解　释	示　例
=	纹理平行于视图所在的投影面	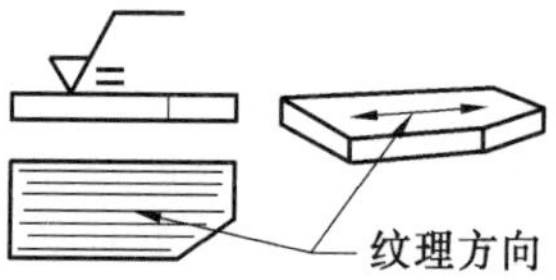	C	纹理呈近似同心圆与表面中心相关	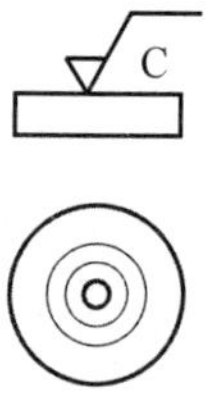
⊥	纹理垂直于视图所在的投影	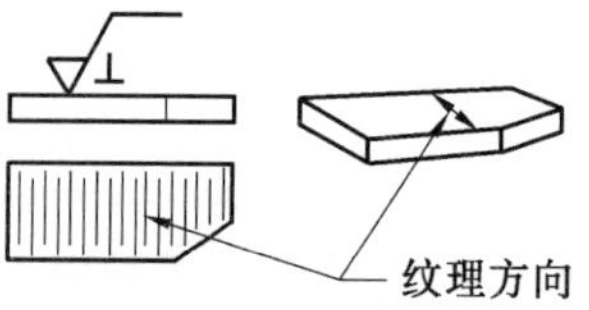	R	纹理呈近似放射状且与表面圆心相关	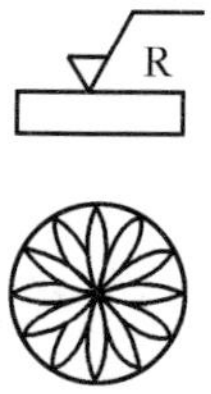

续表5.15

符号	解 释	示 例	符号	解 释	示 例
×	纹理呈两斜向交叉且与视图所在的投影面相交	纹理方向	P	纹理呈微粒、凸起，无方向	
M	纹理呈多方向				

（5）位置 e 处（Position e）。

注写加工余量，以 mm 为单位给出数值。

在同一图样中，有多个加工工序的表面可标注加工余量，例如，在表示完工零件形状的铸锻件图样中给出加工余量，如图 5.22 所示，表示所有表面均有 3 mm。加工余量可以是加注在完整图形符号上的唯一要求，也可以同表面粗糙度要求一起标注。

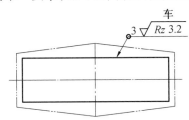

图 5.22　加工余量和表面粗糙度要求的示例

5.4.3　表面粗糙度要求在图样中的注法
（Position on Drawing and Other Technical Product Documentation）

1. 基本要求（Basic requirement）

表面粗糙度要求对零件的每一表面只标注一次，并尽可能注在相应的尺寸及其公差的同一视图上。除非另有说明，所标注的表面粗糙度要求是对完工零件表面的要求。

2. 表面粗糙度符号、代号的标注位置和方向（Position and orientation of graphical symbol and annotation）

总的原则是表面粗糙度的注写和读取方向与尺寸的注写和读取方向一致，如图 5.23 所示。

（1）标注在轮廓线上或指引线上（On outline or by reference line and leader line）。

表面粗糙度要求可标注在轮廓线上，其符号应从材料外指向并接触表面。必要时，表面粗糙度符号也可用带箭头或黑点的指引线引出标注，如图 5.24 和图 5.25 所示。

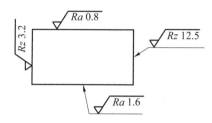

图 5.23 表面粗糙度要求的注写方向

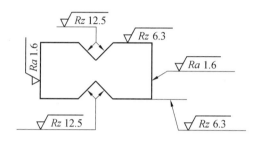

图 5.24 表面粗糙度要求在轮廓线上的标注

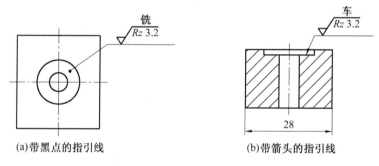

(a)带黑点的指引线　　　　　　　(b)带箭头的指引线

图 5.25 表面粗糙度要求在指引线引出线上的标注

（2）标注在特征尺寸的尺寸线上（On dimension line in connection with feature-of-size dimension）。

在不致引起误解时,表面粗糙度要求可以标注在给定的尺寸线上,如图 5.26 所示。

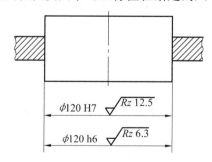

图 5.26 表面粗糙度要求在特征尺寸的尺寸线上的标注

（3）标注在几何公差的公差框格上（On tolerance frame for geometrical tolerance）。

表面粗糙度要求可标注在几何公差公差框格的上方,如图 5.27 所示。

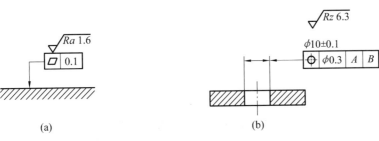

图 5.27　表面粗糙度要求在几何公差公差框格上的标注

（4）标注在延长线上（On extension line）。

表面粗糙度要求可以直接标注在延长线上，或用带箭头的指引线引出标注，如图5.24
和图 5.28 所示。

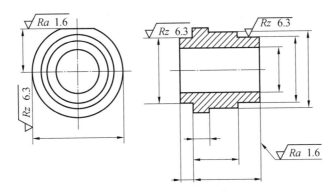

图 5.28　表面粗糙度要求在圆柱特征的延长线上的标注

（5）标注在圆柱和棱柱表面上（On cylindrical and prismatic surface）。

圆柱和棱柱表面的表面粗糙度要求只标注一次，如图 5.28 所示。但是，如果每个棱
面有不同表面粗糙度要求时，则应分别单独标注，如图 5.29 所示。

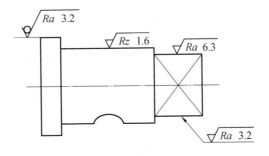

图 5.29　表面粗糙度要求在圆柱和棱柱表面上的标注

3. 表面粗糙度要求的简化注法（Simplified drawing indication of surface roughness requirement）

（1）有相同表面粗糙度要求的简化注法（Majority of surface having same surface roughness requirement）。

如果在工件的多数（包括全部）表面有相同的表面粗糙度要求，则其表面粗糙度要求可统一标注在图样的标题栏附近。此时（除全部表面有相同要求的情况外），表面粗糙度要求的符号后面应有：

①在圆括号内给出无任何其他标注的基本符号，如图5.30所示。

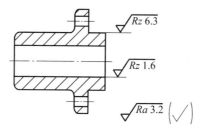

图5.30　大多数表面有相同表面粗糙度要求的简化注法（一）

②在圆括号内给出不同的表面粗糙度要求，如图5.31所示。不同的表面粗糙度要求应直接标注在图形中（图5.30和图5.31）。

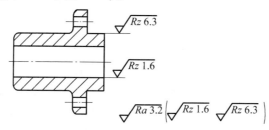

图5.31　大多数表面有相同表面粗糙度要求的简化注法（二）

（2）多个表面有共同要求的注法（Common requirements on multiple surfaces）。

当多个表面具有相同的表面粗糙度要求或图纸空间有限时，可以采用简化注法。

①用带字母的表面粗糙度完整图形符号，以等式的形式在图形或标题栏附近对有相同表面粗糙度要求的表面进行标注，如图5.32所示。

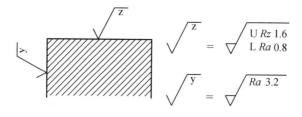

图5.32　在图纸空间有限时的简化注法

②用表面粗糙度基本符号，以等式形式给出对多个表面共同的表面粗糙度要求，如图5.33所示。

(a)未指定工艺方法　(b)去除材料方法　(c)不允许去除材料方法

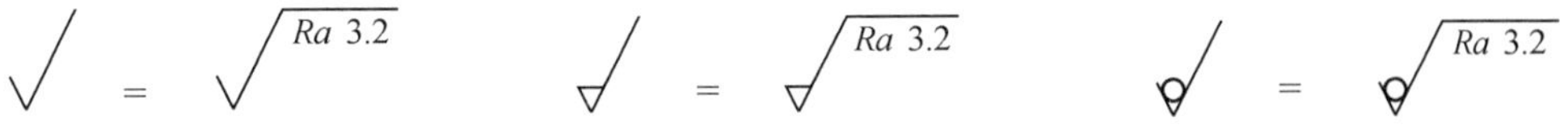

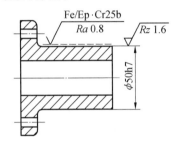

图5.33　用表面粗糙度基本符号表示多个表面粗糙度要求的简化注法

4. 两种或多种工艺获得的同一表面的注法(Indication of two or more manufacturing methods)

由几种不同的工艺方法获得的同一表面,当需要明确每种工艺方法的表面粗糙度要求时,可按图5.34所示的形式进行标注。

图5.34　同时给出镀覆前后的表面粗糙度要求的注法

在设计零件各几何部分的尺寸公差和几何公差的基础上,还要进行相应轮廓表面的表面粗糙度设计。

【例5.1】　对例4.1减速器输出轴(图4.184)轮廓表面进行表面粗糙度设计。

解　为保证减速器输出轴的配合性质和使用性能,表面粗糙度评定参数通常选用轮廓的算数平均偏差 Ra 的上极限值,可采用类比法确定。

(1)两个 ϕ55k6 轴径分别与两个相同规格的0级滚动轴承形成基孔制过盈配合,查阅表5.9,对应尺寸公差等级为IT6级、公称尺寸为 ϕ55 mm 的轴径的表面粗糙度 Ra 的上极限值对应为0.8 μm。同时,因该轴径与标准件滚动轴承相配合,所以,还应同时查阅相关表格,查阅表5.9可知,与滚动轴承相配合的轴径当尺寸公差等级为IT6级,采用磨削加工工艺时,其表面粗糙度 Ra 的上极限值对应为0.8 μm。综合考虑后确定两个 ϕ55k6 轴径的表面粗糙度 Ra 的上极限值对应为0.8 μm。

(2)ϕ58r6 轴径与齿轮孔形成基孔制的过盈配合,要求保证定心及配合特性,查阅表5.9可知,对于尺寸公差等级为IT6级、公称尺寸为 ϕ58 mm 的轴径的表面粗糙度 Ra 的上极限值应为0.8 μm。

(3)ϕ45n7 轴径与联轴器或其他传动件的孔形成基孔制过渡配合,为使传动平稳,必须保证定心好配合性质,通过查阅表5.9可知,对于尺寸公差等级为IT7级、公称尺寸为 ϕ45 mm的轴径的表面粗糙度 Ra 的上极限值应为0.4~0.8 μm,取 Ra=0.8 μm。

(4)ϕ52 mm 的轴径属于非配合尺寸,没有标注尺寸公差等级(按一般公差等级处理),其表面粗糙度 Ra 的上极限值可以放宽要求,按半精加工车削,查表5.12,Ra 值为1.6~12.5 μm,考虑到与本轴其他表面的表面粗糙度相匹配,取 Ra=1.6 μm。

(5)ϕ58r6 和 ϕ45n7 轴径上的键槽,查阅GB/T 1095—2003可知,键槽两侧面(工作

表面)的表面粗糙度 Ra 的上极限值推荐为 $1.6 \sim 3.2\ \mu m$，底面 Ra 的上极限值为 $6.3\ \mu m$，故键槽两侧面 $Ra = 1.6\ \mu m$，底面 $Ra = 6.3\ \mu m$。

　　(6)其余表面均为非工作表面和非配合表面,其表面粗糙度 Ra 的上极限值均取 $Ra = 12.5\ \mu m$。

　　将以上表面粗糙度选择的全部内容,按照要求合理地标注在图样上,如图 4.184 所示。

5.5　表面粗糙度的检测
(Surface Roughness Detection)

常用的表面粗糙度测量方法有比较法、光切法、干涉法和针描法等。

5.5.1　比较法
(Comparison Method)

　　比较法是指将被测表面与已知轮廓的算数平均偏差 Ra 值的表面粗糙度轮廓比较样块进行触觉和视觉比较的方法。所选用的样块和被测零件的加工方法必须相同,并且样块的材料、形状、表面色泽等尽可能与被测零件一致。

　　触觉比较是指用手指甲触感来判别,适用于检验 Ra 值大于 $2.5\ \mu m$ 的外表面。视觉比较法是指靠目测或用放大镜、比较显微镜观察,适用于检验 Ra 值大于 $0.2\ \mu m$ 的外表面。

　　比较法简单易行,测量精度不高,多用于车间评定一些表面粗糙度参数值较大的工件。评定的准确性在很大程度上取决于检验人员的经验。

5.5.2　光切法
(Light Cut Method)

　　光切法是指利用光切原理测量表面粗糙度的方法,属于非接触测量,常用的仪器是双管显微镜。这种方法适用于测量轮廓的最大高度 Rz 值为 $0.5 \sim 60\ \mu m$ 的车、铣、刨或其他类似加工方法所加工的零件平面和外圆表面。

5.5.3　干涉法
(Interferometry)

　　干涉法是指利用光波干涉原理测量表面粗糙度的方法,属于非接触测量。干涉法测量表面粗糙度的仪器是干涉显微镜。这种方法适用于测量轮廓的最大高度 Rz 值为 $0.032 \sim 0.08\ \mu m$ 的轮廓表面。

5.5.4　针描法
(Needle Method)

　　针描法是指利用触针探测被测表面,并把表面轮廓放大描绘出来,经过计算处理装置直接给出粗糙度、波纹度和原始轮廓的各种参数的方法，又称触针法(Touch the stitch method)或轮廓法(Profile method)。

针描法使用的测量仪器是触针式轮廓仪，其典型框图如图5.35所示。触针式轮廓仪的主要部件有：测量环、导向基准、驱动器、测量头(传感器)、拾取单元、针尖、转换器、放大器、数/模转换器、数据输入、轮廓滤波和评定装置、轮廓记录器等、可测量轮廓度的算数平均偏差 Ra、轮廓的最大高度 Rz、轮廓单元的平均宽度 Rsm 和轮廓支撑长度率 $Rmr(c)$ 等多个表面粗糙度参数值。

这种方法适用于测量轮廓的最大高度 Rz 值为 $0.5 \sim 60\ \mu m$ 的车、铣、刨或其他类似加工方法所加工的零件平面和外圆表面。

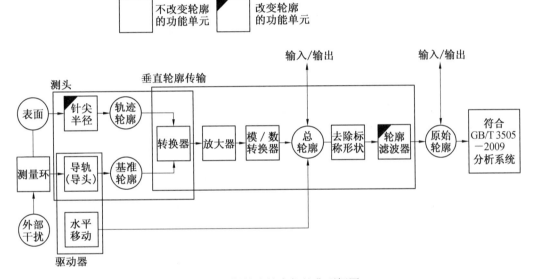

图 5.35　触针式轮廓仪的典型框图

思考题与习题
(Questions and Exercises)

一、思考题

1.表面粗糙度的含义是什么？对零件的工作性能有哪些影响？

2.什么是取样长度？什么是评定长度？为什么要规定取样长度、评定长度？二者之间有什么关系？轮廓中线的含义是什么？

3.评定表面粗糙度常用的参数有哪些？其代号和含义是什么？如何选用？

4.选择表面粗糙度参数值时，应考虑哪些因素？

5.设计时如何协调尺寸公差、几何公差和表面粗糙度参数值之间的关系？

6.常用的表面粗糙度测量方法有哪几种？电动轮廓仪、光切显微镜、干涉显微镜各适用于测量哪些参数？

二、习题

1. 将下列要求标注在习题 1 图上。

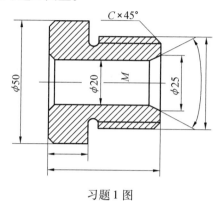

习题 1 图

（1）直径为 φ50 的圆柱外表面粗糙度 Ra 的允许值为 3.2 μm。

（2）左端面的表面粗糙度 Ra 的允许值为 0.8 μm。

（3）直径为 φ50 的圆柱体的右端面的表面粗糙度 Ra 的允许值为 1.6 μm。

（4）内孔表面粗糙度 Rz 的允许值为 0.8 μm。

（5）螺纹工作表面的表面粗糙度 Ra 的最大值为 1.6 μm，最小值为 0.8 μm。

（6）其余各加工表面的表面粗糙度 Ra 的允许值为 6.3 μm。

（7）各加工表面均采用去除材料法获得。

2. 用类比法分别确定 φ50t5 轴和 φ50T6 孔的配合表面粗糙度 Ra 的上限值或最大值。

3. 有一个轴，其尺寸为 φ40k6，圆柱度公差为 2.5 μm，试参照尺寸公差和几何公差确定该轴表面粗糙度评定参数 Ra 的值。

4. 在一般情况下，φ40H7 和 φ6h7 相比，φ40H6/f5 和 φ40H6/d5 相比，其表面何者选用较小的粗糙度的上限值或最大值。

第 6 章　滚动轴承与孔、轴结合的互换性
(Interchangeability of Rolling Bearing With Hole and Shaft)

【内容提要】　本章主要介绍滚动轴承与孔、轴结合的互换性的基本概念、基本原理和选用的基本方法。

【课程指导】　通过本章的学习,了解滚动轴承的构成,掌握滚动轴承的精度等级和应用,熟练掌握滚动轴承内、外径公差带的特点,与滚动轴承结合的孔、轴的尺寸公差、几何公差和表面粗糙度选用原则及选用方法。

6.1　概　　述
(Overview)

滚动轴承是机器上广泛应用的一种起传动支承作用的标准部件,其工作原理是以滚动摩擦代替滑动摩擦。与滑动摩擦相比,滚动轴承具有摩擦力小、消耗功率小、启动容易、机械效率高以及更换简便等优点。

滚动轴承一般由内圈、外圈、滚动体(钢球或滚珠)和保持架(又称保持器或隔离圈)组成,如图 6.1 所示。内圈(推力轴承中称为轴圈)与轴径装配,外圈(推力轴承中称为孔圈)与轴承座孔装配,滚动体是承载并使轴承形成滚动摩擦的元件,它们的尺寸、形状和数量由承载能力和载荷方向等因素决定。保持架是一组隔离元件,其作用是将轴承内一组滚动体均匀分开,使每个滚动体均匀地轮流承受相等的载荷,并保持滚动体在轴承内、外滚道间正常滚动。

滚动轴承的工作性能取决于滚动轴承本身的制造精度,滚动轴承与轴径、轴承座孔的配合性质,以及轴径和轴承座孔的尺寸公差、几何公差和表面粗糙度等因素。设计时,应根据上述因素合理选用,以实现滚动轴承及其相配件(轴径和轴承座孔)的互换性。本章涉及的国家标准有:《滚动轴承　向心轴承公差　产品几何技术规范(GPS)和公差值》(GB/T 307.1—2017)、《滚动轴承　通用技术规则》(GB/T 307.3—2017)、《滚动轴承　公差　定义》(GB/T 4199—2003)、《滚动轴承　游隙　第 1 部分:向心轴承的径向游隙》(GB/T 4604—2012)、《滚动轴承　配合》(GB/T 275—2015)等。

滚动轴承按承受载荷的方向,可分为主要承受径向载荷的向心轴承(图 6.1(a))、同时承受径向和轴向载荷的向心推力轴承(图 6.1(b))和仅承受轴向载荷的推力轴承(图 6.1(d))。按滚动体的形状,可分为球轴承和滚子(圆柱或圆锥体)轴承,如图 6.1 所示。

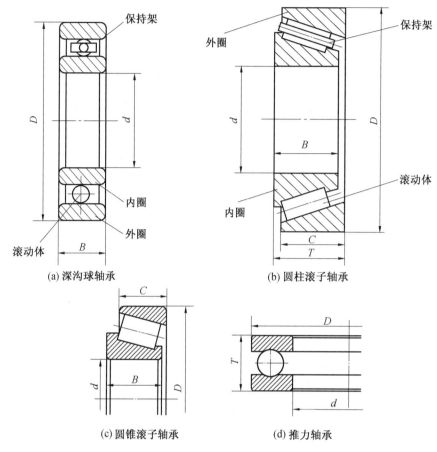

(a) 深沟球轴承　　　　　(b) 圆柱滚子轴承

(c) 圆锥滚子轴承　　　　(d) 推力轴承

图 6.1　滚动轴承的结构与尺寸

滚动轴承综合分类结构图如图 6.2 所示。

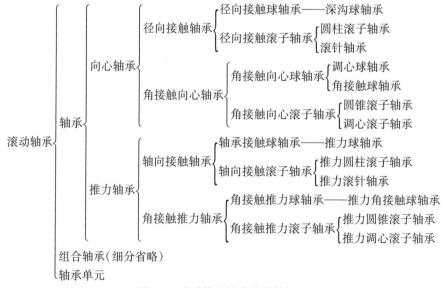

图 6.2　滚动轴承综合分类结构图

6.2 滚动轴承精度等级及其应用
(Precision Grades of Rolling Bearing and its Application)

滚动轴承的公差等级由轴承的尺寸精度和旋转精度决定。轴承的尺寸精度是指轴承内径 d、外径 D、宽度 B 的尺寸公差。轴承的旋转精度是指轴承内、外圈做相对转动时跳动的程度,包括成套轴承内、外圈的径向圆跳动,成套轴承内、外圈端面对滚道的跳动,内圈基准端面对内孔的跳动,以及滚动轴承内、外圈单件两端面的平行度等几何公差要求等。

对于滚动轴承的尺寸精度和旋转精度,《滚动轴承 通用技术规则》(GB/T 307.3—2017)把滚动轴承的精度等级分为 2、4、5、6(6X)和普通级五个公差等级,精度依次由高到低,2 级最高,普通级最低,见表 6.1。其中,仅向心轴承有 2 级,其他类型的轴承则无 2级,圆锥滚子轴承有 6X 级,而无 6 级。6X 级圆锥滚子轴承与其他类型的 6 级轴承的内径公差、外径公差和径向圆跳动公差均分别相同,只是前者装配宽度要求较为严格。

表 6.1 滚动轴承精度等级

轴承类型	公差等级				
向心轴承	普通	6	5	4	2
圆锥滚子轴承	普通	6X	5	4	—
推力轴承	普通	6	5	4	—

各个精度等级的滚动轴承的应用范围见表 6.2。

表 6.2 各个公差等级的滚动轴承的应用范围

轴承公差等级	应用示例
普通级	广泛用于旋转精度和运转平稳性要求不高的一般旋转机构中,如普通机床的变速机构、进给机构,汽车、拖拉机的变速机构,普通减速器、水泵及农业机械等通用机械的旋转机构
6 级、6X 级(中级)、5 级(较高级)	多用于旋转精度和运转平稳性要求较高或转速较高的旋转机构中,如普通机床主轴轴系(前支承采用 5 级,后支承采用 6 级)和比较精密的仪器、仪表、机械的旋转机构
4 级(高级)	多用于转速很高或旋转精度要求很高的机床和机器的旋转机构中,如高精度磨床和车床、精密螺纹车床和齿轮磨床等的主轴轴系
2 级(精密级)	多用于精密机械的旋转机构中,如精密坐标镗床、高精度齿轮磨床和数控机床等的主轴轴系

普通级轴承在机械制造中的应用最为广泛,主要用于旋转精度要求不高的机构中。除普通级外,其他各级轴承主要用于高的线速度和高的旋转精度的场合,这类精度的轴承在各种金属切削机床上应用较多。金属切削机床主轴轴承常用的滚动轴承的精度等级见表 6.3。

表6.3　金属切削机床主轴轴承常用的滚动轴承的公差等级

轴承类型	精度等级	应用示例
深沟球轴承	4	高精度磨床、丝锥磨床、螺纹磨床、磨齿机和插齿刀磨床
角接触球轴承	5	精密镗床、内圆磨床和齿轮加工机床
	6	卧式车床和铣床
单列圆柱滚子轴承	4	精密丝杠车床、高精度车床和高精度外圆磨床
	5	精密车床、精密铣床、转塔车床、普通外圆磨床、多轴车床和镗床
	6	卧式车床、自动车床、铣床和立式车床
向心短圆柱滚子轴承、调心滚子轴承	6	精密车床及铣床的后轴承
圆锥滚子轴承	4	坐标镗床、磨齿机
	5	精密机床、精密铣床、镗床、精密转塔车床和滚齿机
	6X	铣床、车床
推力球轴承	6	一般精度车床

6.3　滚动轴承内、外径的公差带
(Rolling Bearing Inner and Outer Diameter Tolerance Zone)

滚动轴承是标准件,其内圈与轴颈的配合采用基孔制,外圈与轴承座孔的配合采用基轴制。

多数情况下,轴承内圈装在传动轴上,随轴一起旋转,以传递扭矩。为防止内圈和轴颈的配合面相对滑动而产生磨损,要求配合具有一定的过盈。但是,由于内圈是薄壁零件,又常需维修拆换,故过盈量也不易过大。若采用GB/T 1800.1—2020中基本偏差代号为H的基准孔公差带位置,即下极限偏差EI为零,当选用过盈配合时,则其过盈量太大;如果改用过渡配合又可能出现间隙,使内圈与轴径在工作时发生相对滑动,导致结合面被磨损;若采用非配合制配合,又违反了标准化和互换性原则。为此,国家标准规定滚动轴承内圈d_{mp}的公差带分布在零线下方,即上极限偏差ES为零,如图6.3所示。此时,当轴承内圈与一般过渡配合的轴颈相配合时,不但能保证获得较小的过盈,而且还不会出现间隙,从而既能满足轴承内圈与轴颈的配合要求,又能按标准偏差加工轴颈。

外圈固定于轴承座孔中,起支承作用,通常不旋转。工作时温度升高,会使轴膨胀,两端轴承中有一端应是游动支承,因此,可把轴承外圈与轴承座孔的配合稍微松一点,使之能够补偿轴的热伸长。为此,国家标准规定滚动轴承外圈D_{mp}的公差带位置,仍按一般基轴制规定,将其布置在零线以下,即上极限偏差es为零(见图6.3)。

滚动轴承内、外圈都是薄壁零件,在制造和自由状态下都易变形,在装配后又得到矫正。根据这些特点,滚动轴承公差的国家标准不仅规定了两种尺寸公差,还规定了两种几

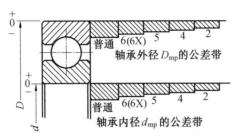

图 6.3　滚动轴承内、外径公差带

何公差。其目的是控制轴承的变形程度、轴承与轴径和轴承座孔配合的尺寸精度。

尺寸公差是轴承单一平面平均内径(d_{mp})与轴承单一平面平均外径(D_{mp})的极限偏差($t_{\Delta dmp}$,$t_{\Delta Dmp}$)。

几何公差是:轴承单一径向平面内,单一内径(d_s)与单一外径(D_s)的变动量($t_{\Delta dsp}$,$t_{\Delta Dsp}$)和轴承平均内径与平均外径的变动量($t_{\Delta dmp}$、$t_{\Delta Dmp}$)。

凡是合格的滚动轴承,应同时满足所规定的两种公差要求。

向心轴承内、外径的尺寸公差和几何公差以及轴承的旋转精度公差见表 6.4 和表 6.5。

表 6.4　向心轴承(圆锥滚子轴承除外)——内圈公差(摘自 GB/T 307.1—2017)　　μm

d/mm	精度等级	$t_{\Delta dmp}$ 上极限偏差 U	$t_{\Delta dmp}$ 下极限偏差 L	$t_{\Delta dsp}$ 直径系列 9	$t_{\Delta dsp}$ 0,1	$t_{\Delta dsp}$ 2,3,4	$t_{\Delta dmp}$	t_{Kia}	t_{Sd}	t_{Sia}	$t_{\Delta Bs}$ 全部 上极限偏差 U	$t_{\Delta Bs}$ 正常 下极限偏差 L	$t_{\Delta Bs}$ 修正[1] 下极限偏差 L	t_{VBs}
18 ~ 30	普通级	0	−10	13	10	8	8	13	—	—	0	−120	−250	20
	6	0	−8	10	8	6	6	8	—	—	0	−120	−250	20
	5	0	−6	6	5	5	3	4	8	8	0	−120	−250	5
	4	0	−5	5	4	4	2.5	3	4	4	0	−120	−250	3
	2	0	−2.5	2.5			1.5	2.5	1.5	2.5	0	−120	−250	1.5
30 ~ 50	普通级	0	−12	15	12	9	9	15	—	—	0	−120	−250	20
	6	0	−10	13	10	8	8	10	—	—	0	−120	−250	20
	5	0	−8	8	6		4	5	8	8	0	−120	−250	5
	4	0	−6	6	5		3	4	4	4	0	−120	−250	3
	2	0	−2.5	2.5			1.5	2.5	1.5	2.5	0	−120	−250	1.5

[1]适用于成对或成组安装时单个轴承的内、外圈,也适用于 $d \geqslant 50$ mm 锥孔轴承的内圈。

表 6.5　向心轴承(圆锥滚子轴承除外)——外圈公差(摘自 GB/T 307.1—2017)　　μm

d/mm	精度等级	$t_{\Delta Dmp}$ 上极限偏差 U	下极限偏差 L	t_{VDmp}① 开型轴承 直径系列 9	0,1	2,3,4	闭型轴承 2,3,4	t_{VDmp}①②	t_{Kea}	t_{SD}③ / t_{SD1}②	t_{Sea}③	t_{Seal}	$t_{\Delta Bs}$ ($t_{\Delta Cls}$②) 上极限偏差 U	下极限偏差 L	t_{VCs} / t_{VCls}②
50～80	普通级	0	−13	16	13	10	20	10	25	—	—	—			与同一轴承内圈的 t_{VBs} 相同
	6	0	−11	14	11	8	16(含0和1系列)	6	8	—	—	—			与同一轴承内圈的 t_{VBs} 相同
	5	0	−9	9	7	7	—	5	8	4	10	14	与同一轴承内圈的 $t_{\Delta Bs}$ 及 $t_{\Delta Bs}$ 相同		6
	4	0	−7	7	5	5	—	3.5	5	2	5	7			3
	2	0	−4	4	4	4	—	2	4	0.75	4	6			1.5
80～120	普通级	0	−15	19	19	11	26	11	35	—	—	—			与同一轴承内圈的 t_{VBs} 相同
	6	0	−13	16	16	10	20(含0和1系列)	8	10	—	—	—			与同一轴承内圈的 t_{VBs} 相同
	5	0	−8	8	8	8	—	5	10	4.5	11	16			8
	4	0	−6	6	6	6	—	4	6	2.5	6	8			4
	2	0	−5	4	4	4	—	2.5		1.25	5	7			2.5

①适用于内、外级止动环安装前或拆卸后。

②仅适用于沟型球轴承。

③不适用于凸缘外圈轴承。

表 6.4 和表 6.5 中，t_{Kia}、t_{Kea} 为成套轴承内、外圈的径向跳动允许值；t_{Sia}、t_{Sea} 为成套轴承内、外圈端面(背面)对滚道圆跳动的允许值；t_{Sd} 为内圈基准端面对内孔的圆跳动允许值；t_{SD} 为外径表面素线对基准端面的倾斜度的允许值；t_{VBs} 为内圈宽度变动的允许值；$t_{\Delta Bs}$ 为内圈单一宽度极限偏差允许值；$t_{\Delta Cs}$ 为外圈宽度极限偏差允许值；t_{VCs} 为外圈宽度变动的允许值。直径系列是指对于同一内径的轴承，由于不同的使用场合所需承受的载荷大小和寿命极不相同，必须使用不同大小的滚动体，因而使轴承的外径和宽度也随之改变，这种内径相同而外径不同的变化称为直径系列。

【例 6.1】　有两个 4 级的中系列向心轴承，公称内径 $d=40$ mm，从表 6.4 查得内径的尺寸公差及几何公差为

$$d_{smax} = 40 \text{ mm}, d_{smin} = (40-0.006)\text{mm} = 39.994 \text{ mm}$$

$$d_{mpmax} = 40 \text{ mm}, d_{mpmin} = (40-0.006)\text{mm} = 39.994 \text{ mm}$$

$$t_{\Delta dsp} = 0.005\text{mm}, t_{\Delta Dmp} = 0.003 \text{ mm}$$

如果两个轴承测得的内径尺寸如表 6.6 所示，则其合格与否要按表 6.6 中的计算结果确定。

表 6.6　两个轴承的内径尺寸计算结果　　　　　　　　mm

测量平面		第一个轴承			第二个轴承		
		I	II	合格	I	II	合格
测得的单一内径尺寸 d_s		$d_{smax}=40.000$ $d_{smin}=39.998$	$d_{smax}=39.997$ $d_{smin}=39.995$	合格	$d_{smax}=40.000$ $d_{smin}=39.994$	$d_{smax}=39.997$ $d_{smin}=39.995$	合格
计算结果	d_{mp}	$d_{mpI}=\dfrac{40+39.998}{2}$ $=39.999$	$d_{mpII}=\dfrac{39.997+39.995}{2}$ $=39.996$	合格	$d_{mpI}=\dfrac{40+39.994}{2}$ $=39.997$	$d_{mpII}=\dfrac{39.997+39.995}{2}$ $=39.996$	合格
计算结果	$t_{\Delta dsp}$	$t_{\Delta dspI}=40-39.998$ $=0.002$	$t_{\Delta dspII}=39.997-39.995$ $=0.002$	合格	$t_{\Delta dspI}=40-39.994$ $=0.006$	$t_{\Delta dspII}=39.997-39.995$ $=0.002$	不合格
	$t_{\Delta Dmp}$	$t_{\Delta Dmp}=d_{mpI}-d_{mpII}$ $=39.999-39.996$ $=0.003$		合格	$t_{\Delta Dmp}=d_{mpI}-d_{mpII}$ $=39.997-39.996$ $=0.001$		合格
结论		内径尺寸合格			内径尺寸不合格		

6.4　滚动轴承配合及选择
(Rolling Bearing Fit and Selection)

由于滚动轴承内圈内径和外圈外径的公差带在生产轴承时已经确定,因此,轴承在使用时,与轴颈和外壳孔的配合性质要由轴颈和轴承座孔的公差带确定。为了实现各种松紧程度的配合性质要求,《滚动轴承　配合》(GB/T 275—2015)规定了轴承内圈内径与轴颈配合的 17 种常用公差带,如图 6.4 所示,轴承外圈外径与轴承座孔相配合的 16 种常用公差带,如图 6.5 所示。这些公差带选自 GB/T 1800.1—2020 中的轴、孔常用公差带,适用于对轴承的旋转精度和运转平稳性无特殊要求、轴为实心或厚壁钢制轴、外壳材料为铸钢或铸铁、轴承的工作温度不超过 100 ℃ 的使用场合。

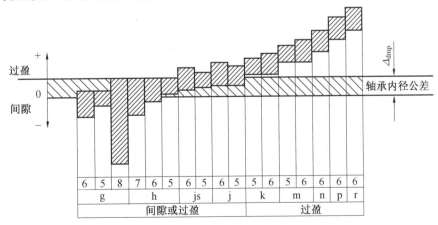

图 6.4　滚动轴承内圈内径与轴颈配合的常用公差带

正确地选择轴承配合,对保证机器正常运转、提高轴承寿命、充分发挥轴承的承载能力影响很大。选择轴承配合时,应综合考虑轴承的工作条件,作用在轴承上载荷的类型、

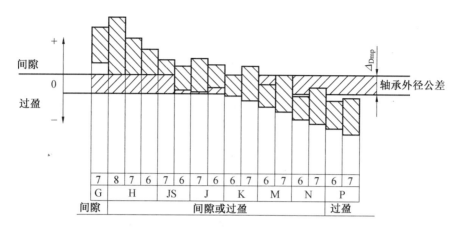

图6.5 滚动轴承外圈外径与轴承座孔配合的常用公差带

大小,工作温度,旋转精度和速度,轴承类型和尺寸等一系列因素。

6.4.1 载荷类型
（Load Type）

轴承运转时,根据作用于轴承上合成径向载荷相对套圈旋转情况,可将套圈承受的载荷分为局部载荷、循环载荷和摆动载荷三类,如图6.6所示。

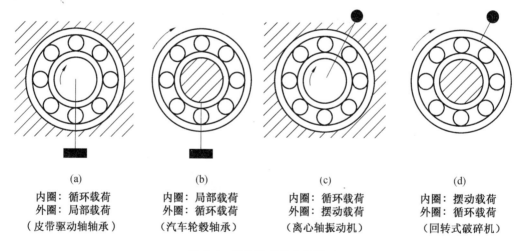

(a)	(b)	(c)	(d)
内圈：循环载荷	内圈：局部载荷	内圈：循环载荷	内圈：摆动载荷
外圈：局部载荷	外圈：循环载荷	外圈：摆动载荷	外圈：循环载荷
（皮带驱动轴轴承）	（汽车轮毂轴承）	（离心轴振动机）	（回转式破碎机）

图6.6 轴承承受的载荷类型

1. 局部载荷（Local load）

轴承运转时,作用于轴承上的合成径向载荷与套圈（内圈或外圈）相对静止（套圈固定——载荷固定,套圈旋转——载荷以同速转动）,即载荷方向始终不变地作用在套圈滚道的局部区域上,该套圈所承受的这种载荷称为局部载荷,如图6.6(a)、图6.6(b)所示。承受这类载荷的套圈与轴颈（或轴承座孔）的配合,一般选较松的过渡配合或较小的间隙配合,以便能够让套圈在与滚道间摩擦力矩的带动下转位,延长轴承的使用寿命。

2. 循环载荷(Cyclic load)

轴承运转时,作用于轴承上的合成径向载荷与套圈(内圈或外圈)相对旋转(套圈旋转——载荷固定,套圈不转——载荷旋转),即合成径向载荷顺次地作用在套圈滚道的整个圆周上,该套圈所承受的这种载荷称为循环载荷,如图 6.6 所示。通常承受循环载荷的套圈与轴颈(或轴承座孔)的配合,应选用过盈配合或较紧的过渡配合,其过盈量的大小以不使套圈与轴颈(或轴承座孔)配合表面间产生爬行现象为原则。

3. 摆动载荷(Oscillating load)

轴承运转时,作用于轴承上的合成径向载荷在套圈滚道的一定区域内相对摆动,即此载荷连续摆动地作用在该套圈的局部滚道上,该套圈所承受的载荷性质为摆动载荷,如图 6.6(c)、图 6.6(d)所示。承受摆动载荷的套圈与轴颈(或轴承座孔)的配合要求与循环载荷相同或略松一些。

6.4.2 载荷大小
(Load Size)

滚动轴承与轴颈(或轴承座孔)配合的最小过盈量取决于载荷的大小。GB/T 275—2015 依据径向当量载荷 P_r 与径向额定动载荷 C_r(轴承能够旋转 10^6 次而不发生点蚀破坏的概率为 90% 时的载荷值)的比值将载荷的大小分为三类,见表 6.7。

表 6.7 向心轴承径向当量载荷 P_r 与径向额定动载荷 C_r 的比值

载荷大小	轻载荷	正常载荷	重载荷
P_r/C_r	≤0.06	>0.06 ~ 0.12	>0.12

承受较重的载荷或冲击载荷时,将引起轴承较大的变形,使结合面间实际过盈量减小和轴承内部的实际间隙增大,这时,为了使轴承运转正常,应选较大的过盈配合。同理,承受较轻的载荷,可选用较小的过盈配合。

当轴承内圈承受循环载荷时,它与轴颈配合所需的最小过盈 $Y_{\text{min计算}}$(单位:mm)可按下式计算:

$$Y_{\text{min计算}} = \frac{-13Fk}{10^6 b} \tag{6.1}$$

式中 F——轴承承受的最大径向负荷,kN;

  k——与轴承系列有关的系数,轻系列 $k=2.8$,中系列 $k=2.3$,重系列 $k=2.0$;

  b——轴承内圈的配合宽度,m,$b=B-2r$(B 为轴承宽度,r 为内圈倒圆半径)。

为避免套圈破裂,必须按不超出套圈允许的强度计算其最大过盈 $Y_{\text{max计算}}$(单位:mm),即

$$Y_{\text{max计算}} = \frac{-11.4kd[\sigma_p]}{(2k-2)\times 10^3} \tag{6.2}$$

式中 $[\sigma_p]$——允许的拉应力,轴承钢的拉应力 $[\sigma_p] \approx 400 \times 10^5 \text{Pa}$;

  d——轴承内圈内径,m;

k——同式(6.1)。

根据计算得到的 $Y_{\text{min计算}}$,可从 GB/T 1800.1—2020 中选取最接近的配合。

6.4.3　径向游隙
(Radial Internal Clearance)

《滚动轴承　游隙　第 1 部分:向心轴承的径向游隙》(GB/T 4604.1—2012)规定,向心轴承的径向游隙分为五组,分别是 2 组、N 组、3 组、4 组和 5 组,游隙的大小依次由小到大。其中,N 组为基本组游隙,应优先选用。

游隙的大小要适度。当游隙过大时,不仅会使转轴发生径向跳动和轴向窜动,还会使轴承工作时产生较大的振动和噪声。当游隙过小,且轴承与轴颈、轴承座孔的配合为过盈配合时,会使轴承中的滚动体与套圈间产生较大的接触应力,增加轴承工作时的摩擦发热,进而降低轴承的使用寿命。

具有 N 组游隙的轴承,在常温状态的一般条件下工作时,它与轴颈、轴承座孔配合的过盈应适中;对于游隙比 N 组游隙大的轴承,配合的过盈量应增大;对于游隙比 N 组游隙小的轴承,配合的过盈量应减小。

6.4.4　工作温度
(Working Temperature)

轴承工作时,因受摩擦发热和其他热源的影响,套圈的温度会高于轴颈和轴承座孔的温度,导致内圈与轴颈的配合变松,外圈与轴承座孔的配合变紧,因此,在选择配合时应考虑温度的影响。轴承的工作温度一般应低于 100 ℃,在高于此温度中工作的轴承,应将所选用的配合进行适当的修正。

6.4.5　旋转精度与速度
(Radial Internal Clearance)

对于承受载荷较大,且要求有较高旋转精度的轴承,为了消除弹性变形和振动的影响,应避免采用间隙配合。对精密机床的轻负荷轴承,为了避免轴承座孔与轴颈的几何误差对轴承精度影响,常采用较小的间隙配合。例如,内圆磨床磨头处的轴承,其内圈间隙为 1~4 μm,外圈间隙为 4~10 μm。

当轴承在旋转速度较高、又有冲击振动载荷的条件下工作时,轴承套圈与轴颈和轴承座孔的配合应选择过盈配合,旋转速度越高,配合应越紧。

6.4.6　尺寸
(Size)

滚动轴承的尺寸越大,选取的配合应越紧。但对于重型机械上使用的特别大尺寸的轴承,应采用较松的配合。

6.4.7 其他因素
(Other Factors)

剖分式轴承座与轴承外圈配合时,宜采用较松配合,但也不应使外圈在轴承座孔内转动,以防止由于轴承座孔或轴颈的几何误差引起的轴承内、外圈的不正常变形。当轴承装于薄壁轴承座体、轻合金轴承座体或空心轴颈上时,应采用比厚壁轴承座体、钢或铸铁轴承座体或实心轴颈更紧的配合,以保证轴承有足够的连接强度。

为了便于安装和拆卸,特别对于重型机械,宜采用较松的配合。如果要求拆卸方便而又要用紧配合时,可采用分离型轴承或内圈为锥孔并带紧定套或退卸套的轴承。

当要求轴承的一个套圈(内圈或外圈)在旋转工作中能沿轴向游动时,该套圈(内圈或外圈)与轴颈或轴承座孔的配合应较松。

由于过盈配合会使轴承径向游隙减小,当轴承的两个套圈之一需采用过盈特大的过盈配合时,应选择具有大于基本组的径向游隙的轴承。

滚动轴承与轴颈和轴承座孔的配合要综合考虑上述各因素,采用类比的方法选取公差带。表 6.8 和表 6.9 列出了国家标准 GB/T 275—2015 推荐的与向心轴承相配合的轴颈或轴承座孔的公差带,供选择时参考。

表 6.8　向心轴承和轴的配合——轴公差带(摘自 GB/T 275—2015)

		圆柱孔轴承			
载荷情况	举例	深沟球轴承、调心球轴承和角接触球轴承	圆柱滚子轴承和圆锥滚子轴承	调心滚子轴承	公差带
		轴承公称内径/mm			
内圈承受旋转载荷或方向不定载荷	轻负荷 输送机、轻载齿轮箱	≤18	—	—	h5
		18~100	≤40	≤40	j6[a]
		100~200	40~140	40~100	k6[a]
		—	140~200	100~200	m6[a]
	正常负荷 一般通用机械、电动机、泵、内燃机、正齿轮传动装置	≤18	—	—	j5、js5
		18~100	≤40	≤40	k5[b]
		100~140	40~100	40~65	m5[b]
		140~200	100~140	65~100	m6
		200~280	140~200	100~140	n6
		—	200~400	140~280	p6
		—	—	280~500	r6
	重负荷 铁路机车车辆轴箱、牵引电机、破碎机等	—	50~140	50~100	n6[c]
			140~200	100~140	p6[c]
			>200	140~200	r6[c]
				>200	r7[c]

续表6.8

圆柱孔轴承					
内圈承受固定载荷	所有载荷	内圈需在轴向易移动	非旋转轴上的各种轮子	所有尺寸	f6 / g6[a]
		内圈不需在轴向易移动	张紧轮、绳轮		h6 / j6
仅有轴向负荷				所有尺寸	j6、js6

a 凡精度要求较高的场合,应用 j5,k5,m5 代替 j6,k6,m6。

b 圆锥滚子轴承、角接触球轴承配合对游隙影响不大,可用 k6、m6 代替 k5、m5。

c 重载荷下轴承游隙应选大于 N 组。

d 凡精度要求较高或转速要求较高的场合,应选用 h7(IT5)代替 h8(IT6)等。

e IT6、IT7 表示圆柱度公差数值。

表 6.9　向心轴承和轴承座孔的配合——孔公差带(摘自 GB/T 275—2015)

载荷情况		举例	其他状况	公差带[a]	
				球轴承	滚子轴承
外圈承受固定载荷	轻、正常、重	一般机械、铁路机车车辆轴箱	轴向易移动,可采用剖分式外壳	H7、G7[b]	
	冲击		轴向能移动,可采用整体或剖分式外壳	J7、JS7	
方向不定载荷	轻、正常	电动机、泵、曲轴主轴承			
	正常、重			K7	
	重、冲击	牵引电机		M7	
外圈承受旋转载荷	轻	皮带张紧轮	轴向不移动,采用整体式外壳	J7	K7
	正常	轮毂轴承		K7、M7	M7、N7
	重			—	N7、P7

a 并列公差带随尺寸的增大从左至右选择,对旋转精度有较高要求时,可相应提高一个公差等级。

b 不适用于剖分式外壳。

6.5　轴颈和轴承座孔的几何公差和表面粗糙度参数值的确定
(Determination of Shaft and Housing Geometrical Tolerance and Surface Roughness for Rolling Bearing)

为了保证轴承的工作质量及使用寿命,除选定轴颈和轴承座孔的公差带之外,还应规定相应的几何公差和表面粗糙度参数值。轴承内、外圈是薄壁件,易变形,但其几何误差在装配后靠轴颈和轴承座孔的正确形状可以得到矫正。为保证轴承安装正确、运转平稳,通常对轴颈和轴承座孔表面提出圆柱度公差要求;为保证轴承工作时有较高的旋转精度,应限制与套圈端面接触的轴肩和轴承座孔肩的倾斜,对轴肩和轴承座孔肩提出跳动公差要求。国家标准 GB/T 275—2015 规定的轴颈和轴承座孔的几何公差值见表 6.10。

表 6.10　轴和外壳孔的几何公差（摘自 GB/T 275—2015）　　　　　μm

基本尺寸/mm		圆柱度 t/μm				端面圆跳动 t_1/μm			
		轴颈		轴承座孔		轴肩		轴承座孔肩	
		轴承公差等级							
>	≤	0	6(6X)	0	6(6X)	0	6(6X)	0	6(6X)
—	6	2.5	1.5	4	2.5	5	3	8	5
6	10	2.5	1.5	4	2.5	6	4	10	6
10	18	3	2	5	3	8	5	12	8
18	30	4	2.5	6	4	10	6	15	10
30	50	4	2.5	7	4	12	8	20	12
50	80	5	3	8	5	15	10	25	15
80	120	6	4	10	6	15	10	25	15
120	180	8	5	12	8	20	12	30	20
180	250	10	7	14	10	20	12	30	20
250	315	12	8	16	12	25	15	40	25
315	400	13	9	18	13	25	15	40	25
400	500	15	10	20	15	25	15	40	25
500	600	—	—	22	16	—	—	50	30
630	800	—	—	25	18	—	—	50	30
800	1 000	—	—	28	20	—	—	60	40
1 000	1 250	—	—	33	24	—	—	60	40

　　轴颈和轴承座孔的表面粗糙度直接影响轴承的使用性能,尤其是在高速、高温、高压条件下工作的轴承部件,合理地提出表面粗糙度要求,是稳定配合性质、提高过盈配合连接强度、提高轴承运转性能和使用寿命的关键。国家标准 GB/T 275—2015 规定的各级轴承配合的表面粗糙度见表 6.11。

表 6.11　配合表面及端面的表面粗糙度（摘自 GB/T 275—2015）　　　　　μm

轴或轴承座孔直径/mm		轴和轴承座孔配合表面直径公差等级					
		IT7		IT6		IT5	
		表面粗糙度 Ra/μm					
>	≤	磨	车	磨	车	磨	车
—	80	1.6	3.2	0.8	1.6	0.4	0.8
80	500	1.6	3.2	1.6	3.2	0.8	1.6
500	1 250	3.2	6.3	1.6	3.2	1.6	3.2
端面		3.2	6.3	6.3	6.3	6.3	3.2

【例 6.2】　如图 6.7 所示,在 C616 车床主轴后支承上,装有两个单列向心球轴承,其外形尺寸为 $d×D×B=50$ mm×90 mm×20 mm,试选定轴承的精度等级、轴承与轴颈和轴承座孔的配合以及几何公差和表面粗糙度。

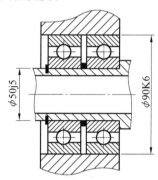

图 6.7　C616 车床主轴后轴承支承结构

解　(1)分析确定轴承的精度等级。

C616 车床轻载的普通卧式车床,主轴承受轻载荷。C616 车床主轴的旋转精度和旋转速度较高,选择 6 级精度的向心球轴承。

(2)分析确定轴承与轴颈和轴承座孔的配合。

轴承内圈与主轴配合一起旋转,外圈装在轴承座孔中不转。主轴后支承主要承受齿轮传递力,故内圈承受循环载荷外圈承受局部载荷,前者配合应紧些,后者配合应松些。参照表 6.8、表 6.9 选出轴颈的公差带为 $\phi50j5$,轴承座孔的公差带为 $\phi90J6$。

该车床主轴前轴承轴向已定位,若后轴承外圈与轴承座孔配合无间隙,则不能补偿由于温度而引起的主轴的伸缩性;若外圈与轴承座孔配合有间隙,会引起主轴跳动,进而影响车床加工精度。为满足使用要求,将轴承座孔公差带改为 $\phi90K6$。

按国家标准 GB/T 307.1—2017,由表 6.4 查得 6 级轴承单一平面平均内径偏差($t_{\Delta dmp}$)为 ES=0 mm,EI=−0.01 mm,由表 6.5 查出 6 级轴承单一平面平均外径偏差($t_{\Delta Dmp}$)为 es=0 mm,ei=−0.013 mm。根据国家标准 GB/T 1800.1—2015 由表3.3、表 3.6 和表 3.8 查得,轴颈为 $\phi50j5(^{+0.006}_{-0.005})$ mm,轴承座孔为 $\phi90K6(^{+0.004}_{-0.019})$ mm。

图 6.8 为 C616 车床主轴后支承轴承的公差与配合图解,由此可知,轴承内圈与轴颈的配合比外圈与轴承座孔的配合要紧些。

轴承内圈与轴颈配合:$X_{max}=+0.005$ mm;$Y_{max}=−0.016$ mm,$Y_{平均}=−0.005\ 5$ mm。

轴承外圈与轴承座孔配合:$X_{max}=+0.017$ mm;$Y_{max}=−0.018$ mm,$Y_{平均}=−0.000\ 5$ mm。

由表 6.10 和表 6.11 查得轴颈和轴承座孔的几何公差和表面粗糙度值标注在反映轴颈和轴承座孔的零件图上,如图 6.9 和图 6.10 所示。

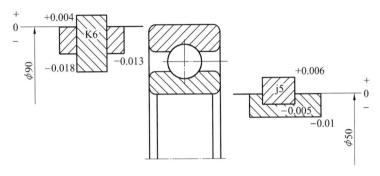

图 6.8　C616 车床主轴后轴承的公差与配合图解

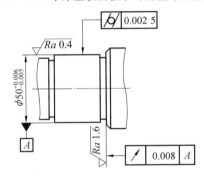

图 6.9　轴颈的公差标注

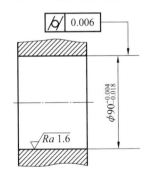

图 6.10　轴承座孔的公差标注

思考题与习题
(Questions and Exercises)

一、思考题

1.向心球轴承的公差等级分几级？划分的依据是什么？使用最多的是哪些等级？

2.滚动轴承内圈与轴颈、外圈与轴承座孔的配合,分别采用何种基准制？有什么特点?

3.选择滚动轴承与轴颈、轴承座孔的配合时,应考虑哪些主要因素？

4.滚动轴承内圈内径公差带分布的特点是什么？为什么？

5. 滚动轴承与孔、轴结合的精度设计包括哪些内容？

6. 滚动轴承配合标注有何特点？

二、习题

1. 精度等级为 6 级的滚动轴承 6306（外径为 72 mm，内径为 30 mm）与内圈配合的轴用 k5，与外圈配合的孔用 J6，试画出它们配合的尺寸公差带图，并计算极限间隙和极限过盈。

2. 如习题 2 图所示，应用在闭式传动减速器中的普通级 6207 滚动轴承（$d = 35$ mm，$D = 72$ mm，额定动载荷 $C_r = 19.8$ kN），其工作情况为：轴承座固定，轴旋转，转速为 980 r/min，轴承承受的定向径向载荷 $P = 1\ 300$ N，试确定：轴颈和轴承座孔的公差带代号、几何公差和表面粗糙度数值，并将它们分别标注在装配图和零件图上。

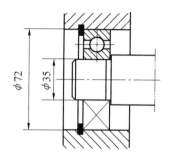

习题 2 图

3. 已知减速箱的从动轴上装有齿轮，其两端的轴承为普通级单列深沟球轴承（轴承内径 $d = 55$ mm，外径为 100 mm），各承受的径向载荷 $= 2\ 000$ N，C_r 额定动载荷 34 000 N，试确定轴颈和轴承座孔的公差带、几何公差和表面粗糙度数值，并标注在图样上。

第7章 螺纹结合的互换性
(Interchangeability of Screw Thread Matching)

【内容提要】 本章主要介绍螺纹结合的互换性的基本概念、基本原理和选用的基本方法。

【课程指导】 通过本章的学习,理解螺纹的使用要求、螺纹的基本牙型和几何参数,掌握影响螺纹结合互换性的几何参数。熟练掌握螺纹公差与配合的选用原则、选用方法,以及在图样上的标注,了解普通螺纹的检测。

7.1 概 述
(Overview)

螺纹结合是机械制造中应用最广泛的一种典型的具有互换性的连接结构。为了满足普通螺纹的使用要求,保证其互换性,我国颁布了一系列普通螺纹国家标准。本章涉及的国家标准有:《螺纹 术语》(GB/T 14791—2013)、《普通螺纹 基本牙型》(CB/T 192—2003)、《普通螺纹直径与螺距系列》(GB/T 193—2003)、《普通螺纹 基本尺寸》(GB/T 196—2003)、《普通螺纹 公差》(GB/T 197—2018)、《普通螺纹 极限偏差》(GB/T 2516—2003)、《普通螺纹 优选系列》(GB/T9144—2003)、《普通螺纹 中等精度、优选系列的极限尺寸》(GB/T9145—2003)、《普通螺纹 粗糙精度、优选系列的极限尺寸》(GB/T 9146—2003)、《普通螺纹量规 技术条件》(GB/T 3934—2003)等。

7.1.1 螺纹的种类和使用要求
(Type of Screw Thread and Requirements of Use)

螺纹按其结合性质和使用要求分为紧固螺纹、传动螺纹和紧密螺纹三类。

1. 紧固螺纹(Fastening thread)

紧固螺纹主要用于联接或紧固零部件,其牙型多为三角形,如米制普通螺纹等。对这类螺纹的主要要求是良好的旋合性和可靠的连接性。

2. 传动螺纹(Driving thread)

传动螺纹主要用于传递精确的位移和动力,其牙型多为梯形、锯齿形和矩形等,如机床中的丝杠和螺母、千斤顶的起重螺杆等。对这类螺纹的主要要求是足够的位移精度、恒定的传动比和灵活可靠的动力传递。

3. 紧密螺纹(Sealing thread)

紧密螺纹主要用于具有气密性或水密性要求的密封联接,如管螺纹联接。对这类螺纹的主要要求是良好的旋合性和可靠的密封性。

7.1.2 普通螺纹的基本牙型和几何参数
(Basic Profile and Geometrical Parameters of General Thread)

1. 普通螺纹的基本牙型(Basic profile of general thread)

普通螺纹的基本牙型是指螺纹轴线剖面内截去原始三角形的顶部和底部所形成的螺纹轮廓形状,如图7.1所示。该牙型具有螺纹的公称尺寸。

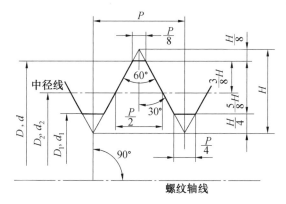

图7.1 普通螺纹的基本牙型

2. 普通螺纹的几何参数(Geometrical parameters of general thread)

(1)大径(D 或 d)(Major diameter(D or d))。

大径是指与外螺纹牙顶或内螺纹牙底相切的假想圆柱的直径。螺纹大径(D 或 d)为内或外螺纹的公称直径(代表螺纹规格的直径),其系列尺寸与螺距见表7.1。

表7.1 直径与螺距标准组合系列(摘自 GB/T 193—2003) mm

公称直径 D、d			螺距 P						
				细牙					
第1系列	第2系列	第3系列	粗牙	3	2	1.5	1.25	1	0.75
	7		1						0.75
8			1.25					1	0.75
		9	1.25					1	0.75
10			1.5				1.25	1	0.75
		11	1.5			1.5		1	0.75
12			1.75				1.25	1	

续表7.1

公称直径 D、d			螺距 P						
第 1 系列	第 2 系列	第 3 系列	粗牙	细牙					
				3	2	1.5	1.25	1	0.75
	14		2			1.5	1.25ª	1	
		15				1.5		1	
16			2			1.5		1	
		17				1.5		1	
	18		2.5		2	1.5		1	
20			2.5		2	1.5		1	
	22		2.5		2	1.5		1	
24			3		2	1.5		1	
		25			2	1.5		1	
		26				1.5			
	27		3		2	1.5		1	
		28			2	1.5		1	
30			3.5	(3)	2	1.5		1	
	32				2	1.5			
		33	3.5	(3)	2	1.5			

注:① a 仅用于发动机的火花塞。

②在表内,应选择与直径处于同一行内的螺距。

③优先选用第 1 系列直径,其次选用第 2 系列,最后选用第 3 系列直径。

④尽可能避免选用括号内的螺距。

(2)小径(D_1 或 d_1)(Minor diameter(D_1 or d_1))。

小径是指与外螺纹牙底或内螺纹牙顶相切的假想圆柱的直径。

外螺纹的大径(d)和内螺纹的小径(D_1)又称为顶径,外螺纹的小径(d_1)和内螺纹的大径(D)又称为底径,如图 7.2 所示。

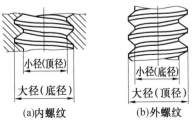

图 7.2　螺纹的大径与小径

（3）中径(D_2 或 d_2)（Pitch diameter(D_2 or d_2)）。

中径是一个假想圆柱的直径,该圆柱的母线通过牙型上沟槽和凸起宽度相等的地方。中径圆柱的母线称为中径线(图7.1)。

中径与大径和原始三角形高度 H(图7.1)有如下关系:

对于内螺纹:

$$D_2 = D - 2 \times \frac{3}{8} H \tag{7.1}$$

对于外螺纹:

$$d_2 = d - 2 \times \frac{3}{8} H \tag{7.2}$$

式中,三角形高度 H 为

$$H = \frac{\sqrt{3}}{2} P \tag{7.3}$$

式中　P——螺距。

（4）螺距(P)与导程(Ph)（Pitch(P)and lead(Ph)）。

螺距是指相邻两牙在中径线上对应两点间的轴向距离。导程是指同一条螺旋线上的相邻两牙在中径线上对应两点的轴向距离。对于单线螺纹,导程等于螺距;对于多线螺纹,导程等于螺距与螺纹线数的乘积。

（5）单一中径(D_{2s} 或 d_{2s})（Simple Pitch diameter(D_{2s} or d_{2s})）。

单一中径是一个假想圆柱的直径,该圆柱的母线通过牙型上沟槽宽度等于螺距公称尺寸一半($P/2$)的地方,如图7.3所示。当螺距没有误差时,单一中径就等于中径。通常用单一中径近似表示实际中径(D_{2a} 或 d_{2a})。

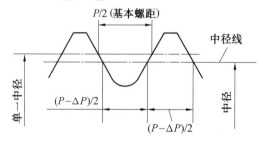

图7.3　普通螺纹的中径与单一中径

（6）牙型角 α、牙型半角 $\alpha/2$ 和牙侧角(α_1、α_2)（Thread angle α, half of thread angle $\alpha/2$ flank angle(α_1、α_2)）。

如图7.4所示,牙型角是指螺纹牙型上两相邻牙侧间的夹角,普通螺纹的理论牙型角 $\alpha = 60°$。牙型半角是指牙型角的一半,普通螺纹的理论牙型半角 $\alpha/2 = 30°$。牙侧角是指某一牙侧与螺纹轴线的垂线之间的夹角。实际螺纹的牙型角正确并不一定说明牙侧角正确。

（7）旋合长度（Length of thread engagement）。

旋合长度是指两个相互配合的螺纹沿螺纹轴线方向相互旋合部分的长度,如图7.5所示。

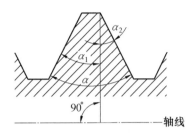

图 7.4　普通螺纹牙型角及牙侧角

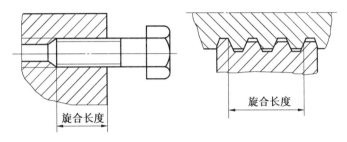

图 7.5　旋合长度

7.2　影响螺纹结合互换性的几何参数
(Geometric Parameters That Affect Thread Interchangeability)

螺纹在加工过程中,会不可避免地产生一定的误差。螺纹几何参数的加工误差对螺纹的互换性都有不同程度的影响,其中影响较大的主要因素是中径偏差、螺距偏差和牙侧角偏差。另外,为保证螺纹具有足够的连接强度,对螺纹顶径也提出了一定的精度要求。

7.2.1　中径偏差对互换性的影响
(Influence of Deviation in Pitch Diameter on Interchangeability)

中径偏差是指螺纹中径实际尺寸(单一中径)与中径公称尺寸的代数差。实际中径的大小决定了螺纹牙侧的径向位置,由于螺纹是靠牙型侧面进行工作的,所以,中径大小直接影响螺纹配合的松紧程度。假设其他几何参数均为理想状态,仅考虑中径偏差对螺纹互换性影响,那么只要外螺纹的中径小于内螺纹的中径就能保证内、外螺纹的旋合。但若外螺纹中径与内螺纹中径相比过小,则结合过松,导致牙侧的接触面积减小,进而降低了螺纹的连接强度和密封性。因此,必须对中径偏差加以限制。

7.2.2　螺距偏差对互换性的影响
(Influence of Deviation in Pitchon Interchangeability)

螺距偏差包括局部螺距偏差(ΔP)和螺距累积偏差(ΔP_Σ)。局部螺距偏差是指螺距的实际值与螺距公称值的代数差;螺距累积偏差是指在规定的螺纹长度内,任意两同名牙侧的实际轴向距离与其公称值之代数差中的最大绝对值。前者与旋合长度无关,后者与旋合长度有关,而且后者对螺纹的旋合性影响最大。因此,必须对螺距加以控制。

假设仅有螺距累积偏差 ΔP_Σ 的外螺纹与一个没有任何偏差的理想内螺纹结合,那么,在内、外螺纹中径线重合的情况下,在牙侧就会发生干涉而无法旋合,如图 7.6 阴影部分所示。

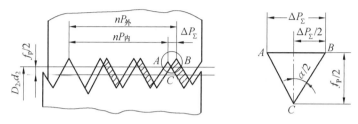

图 7.6　螺距累积偏差对螺纹旋合性的影响

为消除干涉,保证内、外螺纹的旋合性,可将有螺距偏差的外螺纹的中径减小一个数值 f_p(同样如果内螺纹有螺距偏差,那么就将这个有螺距偏差的内螺纹的中径增大一个数值 f_p),这个数值 f_p 是为了补偿螺距偏差而折算到中径上的数值,称为螺距偏差的中径补偿值。对于牙型角为 60° 的米制普通螺纹,有

$$f_p = \Delta P_\Sigma \cot\left(\frac{\alpha}{2}\right) = 1.732\,|\Delta P_\Sigma| \tag{7.4}$$

7.2.3　牙侧角偏差对互换性的影响
(Influence of Deviation of Flank Angle on Interchangeability)

牙侧角偏差是指牙侧角的实际值与其公称值的代数差,它包括螺纹牙侧的形状误差和牙侧相对于螺纹轴线的垂线方向误差,如图 7.7 所示。牙侧角偏差直接影响螺纹的旋合性和牙侧接触面积,因此必须加以控制。

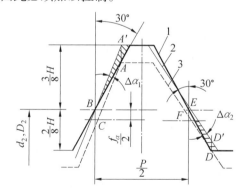

图 7.7　牙侧角偏差对螺纹旋合性的影响

假设内螺纹是没有任何偏差的理想内螺纹 1(粗实线),而外螺纹 2(细实线)仅有牙侧角偏差(左牙侧角偏差 $\Delta\alpha_1 < 0$,右牙侧角偏差 $\Delta\alpha_2 > 0$),为保证内、外螺纹的旋合性,消除由于外螺纹牙侧角偏差产生的干涉。将外螺纹径向移至虚线 3 处,即将外螺纹中径减少一个数值 f_α 或将内螺纹加大一个数值 f_α,这个为补偿牙侧角偏差而折算到中径上的数值 f_α 称为牙侧角偏差补偿值。

对于普通螺纹,由任意三角形的正弦定理可推导出牙侧角偏差的中径补偿值

$$f_\alpha = 0.073P(K_1|\Delta\alpha_1| + K_2|\Delta\alpha_2|)$$ (7.5)

式中　P——螺距,mm;

$\Delta\alpha_1$、$\Delta\alpha_2$——牙侧角偏差,($'$);

K_1、K_2——修正系数,对于内螺纹,当 $\Delta\alpha_1>0$、$\Delta\alpha_2>0$ 时,$K_1=K_2=3$;当 $\Delta\alpha_1<0$、$\Delta\alpha_2<0$ 时,$K_1=K_2=2$;对于外螺纹,当 $\Delta\alpha_1>0$、$\Delta\alpha_2>0$ 时,$K_1=K_2=2$;当 $\Delta\alpha_1<0$、$\Delta\alpha_2<0$ 时,$K_1=K_2=3$。

7.2.4　螺纹作用中径和中径合格条件
（Virtual Pitch Diameter and Pitch Diameter Qualified Conditions）

1. 作用中径（Virtual pitch diameter）

当实际内螺纹存在中径偏差、螺距偏差和牙侧角偏差时,它只能与一个中径较小的外螺纹旋合,其效果相当于内螺纹的中径减小了。这个减小了的假想中径是旋合时起作用的中径,即内螺纹的作用中径,其值为

$$D_{2fe} = D_{2a} - (f_p + f_\alpha)$$ (7.6)

同理,当实际外螺纹存在中径偏差、螺距偏差和牙侧角偏差时,也相当于实际外螺纹的中径增大了 f_p 和 f_α 的值。这个增大了的外螺纹的假想中径是旋合时起作用的中径,即外螺纹的作用中径,其值为

$$d_{2fe} = d_{2a} + (f_p + f_\alpha)$$ (7.7)

综上所述,螺纹的作用中径是指在规定的旋合长度内,恰好能包容实际螺纹的一个假想的理想螺纹的中径,如图 7.8 所示。此螺纹具有基本牙型的螺距、半角以及牙型高度,并在牙顶和牙底留有间隙,以保证不与实际螺纹的大、小径发生干涉。

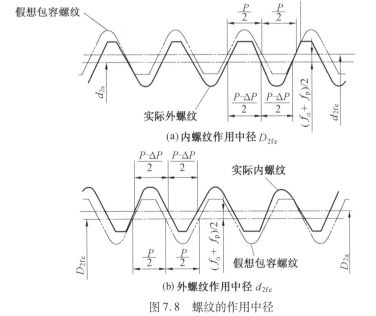

图 7.8　螺纹的作用中径

2. 中径(综合)公差(Tolerance in pitch diameter)

在实际生产中,螺纹的中径偏差、螺距偏差和牙侧角偏差是同时存在的,后两者偏差可以按中径补偿值折算成中径偏差的一部分,因此,国家标准 GB/T 197—2018《普通螺纹公差》中只规定用普通螺纹的内、外螺纹中径(综合)公差 T_{D2} 和 T_{d2} 来综合控制中径偏差、螺距偏差和牙侧角偏差的影响,即

对于内螺纹:

$$T_{D2} \geqslant f_{D2} + f_{p} + f_{\alpha} \tag{7.8}$$

对于外螺纹:

$$T_{d2} \geqslant f_{d2} + f_{p} + f_{\alpha} \tag{7.9}$$

式中　f_{D2}、f_{d2}——内、外螺纹的中径偏差;

f_{p}、f_{α}——内、外螺纹的螺距偏差和牙侧角偏差。

3. 中径合格条件(Qualified condition of pitch diameter)

螺纹中径是螺纹的配合直径,如果把螺纹看成是光滑的圆柱体,那么螺纹中径就相当于这个圆柱体的直径。因此,中径的合格条件与光滑圆柱体极限尺寸判断原则(泰勒原则)相似,实际螺纹的作用中径不能超出最大实体牙型的中径,而实际螺纹上任何部位的实际中径(用单一中径代替)都不能超出最小实体牙型的中径,即

对于内螺纹:

$$D_{2a} - f \geqslant D_{2\min}, D_{2a} \leqslant D_{2\max} \tag{7.10}$$

对于外螺纹:

$$d_{2a} + f \leqslant d_{2\max}, d_{2a} \geqslant d_{2\min} \tag{7.11}$$

式中　$D_{2\max}$、$D_{2\min}$——内螺纹中径的上、下极限尺寸;

$d_{2\max}$、$d_{2\min}$——外螺纹中径的上、下极限尺寸;

f——内、外螺纹半径误差。

7.3　普通螺纹的公差与配合
(Tolerance and Fit of General Thread)

7.3.1　螺纹公差标准的基本结构
(Structure of Tolerance Forgeneral Purpose Metric Screw Thread)

国家标准 GB/T 197—2018 只对螺纹的中径和顶径(内螺纹小径和外螺纹大径)规定了公差,而对底径(内螺纹大径和外螺纹小径)未给出公差要求,由加工的刀具控制。如图 7.9 所示,普通螺纹分粗糙级、中等级和精密级三种公差精度,由公差带和旋合长度构成普通螺纹公差标准的基本结构。

7.3.2　螺纹公差带
(Tolerance Zone of General Purpose Metric Screw Thread)

普通螺纹的公差带是沿基本牙型的牙侧、牙顶和牙底分布的牙型公差带,如图 7.10

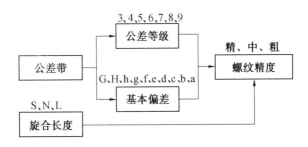

图 7.9 普通螺纹公差标准的基本结构

所示。公差带以基本牙型为零线,其宽度由中径公差值(T_{D2}、T_{d2})和顶径公差值决定,位置由基本偏差(EI、es)决定。公差带宽度的方向在垂直于螺纹轴线的方向上。

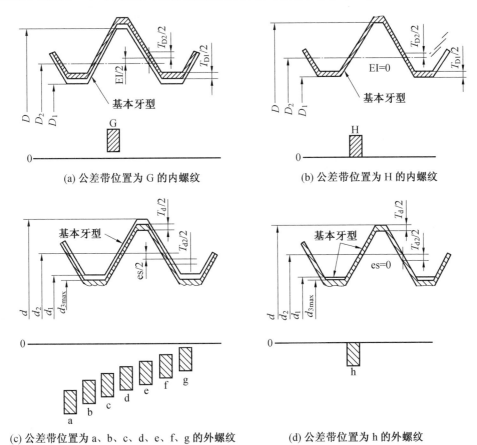

图 7.10 螺纹公差带

1. 普通螺纹的公差等级(Tolerance grade of general purpose metric screw thread)

国家标准 GB/T 197—2018 规定的普通螺纹中径和顶径的公差等级见表 7.2,其中 6 级为基本级。各级中径公差和顶径公差的数值见表 7.3 ~ 表 7.6。

表7.2 螺纹公差等级（摘自 GB/T 197—2018）

种别	螺纹直径		公差等级
内螺纹	中径	D_2	4,5,6,7,8
	小径（顶径）	D_1	
外螺纹	中径	d_2	3,4,5,6,7,8,9
	大径（顶径）	d	4,6,8

表7.3 内螺纹中径公差（T_{D2}）（摘自 GB/T 197—2018）　　μm

基本大径 D/mm		螺距 P/mm	公差等级				
>	≤		4	5	6	7	8
5.6	11.2	0.75	85	106	132	170	—
		1	95	118	150	190	236
		1.25	100	125	160	200	250
		1.5	112	140	180	224	280
11.2	22.4	1	100	125	160	200	250
		1.25	112	140	180	224	280
		1.5	118	150	190	236	300
		1.75	125	160	200	250	315
		2	132	170	212	265	335
		2.5	140	180	224	280	355
22.4	45	1	106	132	170	212	—
		1.5	125	160	200	250	315
		2	140	180	224	280	355
		3	170	212	265	335	425
		3.5	180	224	280	355	450
		4	190	236	300	375	475
		4.5	200	250	315	400	500

表 7.4　外螺纹中径公差(T_{d2})（摘自 GB/T 197—2018）　　　　　　　μm

基本大径 D/mm		螺距	公差等级						
>	≤	P/mm	3	4	5	6	7	8	9
5.6	11.2	0.75	50	63	80	100	125	—	—
		1	56	71	90	112	140	180	224
		1.25	60	75	95	118	150	190	236
		1.5	67	85	106	132	170	212	265
11.2	22.4	1	60	75	95	118	150	190	236
		1.25	67	85	106	132	170	212	265
		1.5	71	90	112	140	180	224	280
		1.75	75	95	118	150	190	236	300
		2	80	100	125	160	200	250	315
		2.5	85	106	132	170	212	265	335
22.4	45	1	63	80	100	125	160	200	250
		1.5	75	95	118	150	190	236	300
		2	85	106	132	170	212	265	335
		3	100	125	160	200	250	315	400
		3.5	106	132	170	212	265	335	425
		4	112	140	180	224	280	355	450
		4.5	118	150	190	236	300	375	475

表 7.5　内螺纹小径（顶径）公差(T_{D1})（摘自 GB/T 197—2018）　　　　　　　μm

螺纹 P/mm	基本偏差				
	4	5	6	7	8
0.75	118	150	190	236	—
0.8	125	160	200	250	315
1	150	190	236	300	375
1.25	170	212	265	335	425
1.5	190	236	300	375	475
1.75	212	265	335	425	530
2	236	300	375	475	600
2.5	280	355	450	560	710
3	315	400	500	630	800

表7.6 外螺纹大径(顶径)公差(T_d)(摘自 GB/T 197—2018)　　　　mm

螺距 P/mm	公差等级		
	4	6	8
0.75	90	140	—
0.8	95	150	236
1	112	180	280
1.25	132	212	335
1.5	150	236	375
1.75	170	265	425
2	180	280	450
2.5	212	335	530
3	236	375	600
5	335	530	850
5.5	355	560	900
6	375	600	950
8	450	710	1 180

2. 普通螺纹的基本偏差(Fundamental deviation of general purpose metric screw thread)

国家标准 GB/T 197—2018 对内螺纹只规定了 H、G 两种基本偏差,而对外螺纹规定了 h、g、f、e、d、c、b、a 八种基本偏差(图7.9)。内、外螺纹的中径、顶径和底径基本偏差数值相同,见表7.7。

表7.7 内、外螺纹的基本偏差(摘自 GB/T 197—2018)　　　　mm

螺距 P/mm	基本偏差/μm									
	内螺纹		外螺纹							
	G	H	a	b	c	d	e	f	g	h
	EI	EI	es	es	es	es	es	es	es	es
0.75	+22	0	—	—	—	—	−56	−38	−22	0
0.8	+24	0	—	—	—	—	−60	−38	−24	0
1	9+26	0	−290	−200	−130	−85	−60	−40	−26	0
1.25	+28	0	−295	−205	−135	−90	−63	−42	−28	0
1.5	+32	0	−300	−212	−140	−95	−67	−45	−32	0
1.75	+34	0	−310	−220	−145	−100	−71	−48	−34	0
2	+38	0	−315	−225	−150	−105	−71	−52	−38	0
2.5	+42	0	−325	−235	−160	−110	−80	−58	−42	0
3	+48	0	−335	−245	−170	−115	−85	−63	−48	0

7.3.3 螺纹的旋合长度
(Length of Thread Engagement for General Purpose Metric Screw Thread)

国家标准 GB/T 197—2003 规定了三组螺纹旋合长度,分别为短旋合长度(S)、中等旋合长度(N)和长旋合长度(L),部分规格螺纹的各旋合长度的数值见表7.8。按螺纹公差带和旋合长度形成的三种螺纹精度等级推荐的公差带见表7.9。

表7.8 螺纹的旋合长度(摘自 GB/T 197—2018) mm

基本大径 D、d		螺距 P	旋合长度			
			S		N	L
>	≤		≤	>	≤	>
1.4	2.8	0.2	0.5	0.5	1.5	1.5
		0.25	0.6	0.6	1.9	1.9
		0.35	0.8	0.8	2.6	2.6
		0.4	1	1	3	3
		0.45	1.3	1.3	3.8	3.8
2.8	5.6	0.35	1	1	3	3
		0.5	1.5	1.5	4.5	4.5
		0.6	1.7	1.7	5	5
		0.7	2	2	6	5
		0.75	2.2	2.2	6.7	6.7
		0.8	2.5	2.5	7.5	7.5
5.6	11.2	0.75	2.4	2.4	7.1	7.1
		1	3	3	9	9
		1.25	4	4	12	12
		1.5	5	5	15	15
11.2	22.4	1	3.8	3.8	11	11
		1.25	4.5	4.5	13	13
		1.5	5.6	5.6	16	16
		1.75	6	6	18	18
		2	8	8	24	24
		2.5	10	10	30	30
22.4	45	1	4	4	12	12
		1.5	6.3	6.3	19	19
		2	8.5	8.5	25	25
		3	12	12	36	36
		3.5	15	15	45	45
		4	18	18	53	53
		4.5	21	21	63	63

表 7.9 普通螺纹的选用公差带(摘自 GB/T 197—2018)

	公差精度	G			H		
		S	N	L	S	N	L
内螺纹	精密	—	—	—	4H	5H	6H
	中等	(5G)	**6G**	(7G)	**5H**	6H	**7H**
	粗糙	—	(7G)	(8G)	—	7H	8H

	公差精度	e			f			g			h		
		S	N	L	S	N	L	S	N	L	S	N	L
外螺纹	精密	—	—	—	—	—	—	—	(4g)	(5g4g)	(3h4h)	**4h**	(5h4h)
	中等	—	**6e**	(7e6e)	—	6f	—	(5g6g)	**6g**	(7g6g)	(5h6h)	6h	(7h6h)
	粗糙	—	(8e)	(9e8e)	—	—	—	—	8g	(9g8g)	—	—	—

注:①优先选用粗字体公差带,其次选用一般字体公差带,最后选用括号内公差带。
②带方框的粗字体公差带用于大量生产的紧固件螺纹。

7.3.3 螺纹的旋合长度
(Length of Thread Engagement for General Purpose Metric Screw Thread)

国家标准 GB/T 197—2003 规定了三组螺纹旋合长度,分别为短旋合长度(S)、中等旋合长度(N)和长旋合长度(L),部分规格螺纹的各旋合长度的数值见表 7.8。按螺纹公差带和旋合长度形成的三种螺纹精度等级推荐的公差带见表 7.9。

7.3.4 保证螺纹配合性质的其他技术要求
(Other Technical Requirements for General Purpose Metric Screw Thread)

对于普通螺纹一般不规定几何公差,其几何误差不得超出螺纹轮廓公差带所限定的极限区域。仅对高精度螺纹规定了在旋合长度内的圆柱度、同轴度和垂直度等公差,它们的公差值一般不大于中径公差的 50%,并按包容要求控制。

普通螺纹牙侧的表面粗糙度,主要按用途和公差等级来确定,可参考表 7.10。

表 7.10 普通螺纹牙侧的表面粗糙度 Ra 值

工件	螺纹中径公差等级		
	4,5	6,7	8,9
	$Ra/\mu m$		
螺栓、螺钉和螺母	≤1.6	≤3.2	3.2~6.3
轴及套筒上的螺纹	0.8~1.6	≤1.6	≤3.2

7.3.5 螺纹公差与配合的选用
（Selection of Tolerance and Fit for General Purpose Metric Screw Thread）

1. 螺纹公差精度与旋合长度的选用（Selection of tolerance and length of threaden- gagement for general purpose metric screw thread）

螺纹公差等级的选择主要取决于螺纹的用途。精密级，用于精密联接螺纹，即要求配合性质稳定，配合间隙小，需保证一定的定心精度的联接螺纹；中等级，用于一般用途的螺纹联接；粗糙级，用于不重要的螺纹联接，以及制造比较困难（如长盲孔的攻丝螺纹）或热轧棒上和深盲孔加工的螺纹。

旋合长度一般选用中等旋合长度。粗牙普通螺纹的中等旋合长度约为螺纹公称直径（大径）的 0.5~1.5 倍，中等旋合长度是最常用的旋合长度。对于调整用的螺纹，可根据调整行程的长短选取旋合长度。对于铝合金等强度较低的零件上的螺纹，为了保证螺牙的强度，可选用长旋合长度，但旋合长度越长，加工越难保证精度，在装配时，由于弯曲和螺距偏差的影响，也难保证配合性质。对于受力不大且受空间位置限制的螺纹，如锁紧用的特薄螺母的螺纹，可选用短旋合长度。

2. 螺纹公差带与配合的选用（Selection of tolerance and fit for general purpose metric screw thread）

将不同的公差等级和不同的基本偏差组合，可以形成各种不同的公差带，为了减少专业螺纹刀具和螺纹检具的品种、规格和数量，提高技术经济效益，必须对公差带的种类加以限制。为此，国家标准 GB/T 197—2018 规定了内、外螺纹的推荐公差带（表 7.9）。公差带选用顺序为：优先选用粗字体公差带，其次选用一般字体公差带，加括号的公差带尽量不用。带方框的粗字体公差带用于大量生产的精制紧固螺纹。表中只有一个公差带代号的（如 6H）表示螺纹的中径和顶径公差带相同；有两个公差带代号的（如 5H6H），前者表示中径公差带（5H），后者表示顶径公差带（6H）。

内、外螺纹选用的公差带可以任意组合，但是为了保证内、外螺纹间有足够的接触强度，加工后的内、外螺纹最好优先组成 H/g、H/h 或 G/h 的配合。其中 H/h 配合的最小间隙为零，通常采用此种配合。对于要求易于装拆，特别是需要在高温条件下装拆的以及需要改善疲劳强度的螺纹结合，为了保证间隙可选用 H/g 与 G/h 配合。对于需要涂镀保护层的外螺纹，当镀层厚度为 10 μm 时，可选用 g；当涂层厚度为 20 μm 时，可选用 f；当涂层厚度为 30 μm 时，可选用 e。当内、外螺纹均需涂镀时，可选用 G/e 或 G/f 配合。对于公称直径≤1.4 mm 的螺纹，应选用 5H/6h、4H/6h 或更精密的配合。

7.3.6 螺纹标记
（Mark of General Purpose Metric Screw Thread）

普通螺纹的完整标记由特征代号、尺寸代号、公差带代号、旋合长度代号和旋向代号组成。

1. 特征代号(Signature code of general purpose metric screw thread)

普通螺纹的特征代号用字母"M"表示。

2. 尺寸代号(Size code of general purpose metric screw thread)

尺寸代号包括公称直径、导程和螺距代号,对于粗牙螺纹可省略标注其螺距项,其数值单位均为 mm。单线螺纹的尺寸代号为"公称直径×螺距"。多线螺纹的尺寸代号为"公称直径×P_h 导程 P 螺距"。对于多线螺纹如需说明螺纹线数时,可在螺距 P 的数值后面加括号用英语说明,如双线为 two starts、三线为 three starts、四线为 four starts。

3. 公差带代号(Tolerance zone code of general purpose metric screw thread)

公差带代号包括中径公差带代号和顶径公差带代号。中径公差带代号在前,顶径公差带代号在后。如果中径和顶径公差带代号相同,只标注一个公差带代号。各直径的公差带代号由表示公差带大小的公差等级数值和表示公差带位置的基本偏差的字母(内螺纹用大写字母,外螺纹用小写字母)组成。螺纹尺寸代号与公差带代号间用半字线"-"分开。

对于最常用的中等公差精度,公称直径≤1.4 mm 的 5H,公称直径≥1.6 mm 的 6H,螺距为 0.2 mm、其公差精度等级为 4 级的内螺纹和公称直径≤1.4 mm 的 6 h,公称直径大于等于 1.6 mm 的 6 g 的外螺纹,不标注公差带代号。

内、外螺纹配合时,它们的公差带中间用斜线"/"分开,左边为内螺纹公差带,右边为外螺纹公差带。如 M20-6H/5g6g,表示内螺纹的中径和顶径公差带相同均为 6H,外螺纹的中径公差带为 5g,顶径公差带为 6g。

4. 旋合长度代号(Length code of threadengagement for general purpose metric screw thread)

对于短旋合长度组和长旋合长度组的螺纹,必须在公差带代号后标注短旋合长度代号"S"或长旋合长度代号"L",并与公差带代号用半字线"-"分开,中等旋合长度代号"N"可省略,不进行标注。

5. 旋向代号(Direction code of threadengagement for general purpose metric screw thread)

对于左旋螺纹,要在旋合长度代号后标注"LH",与旋合长度代号用半字线"-"分开。右旋螺纹省略右旋螺纹代号"RH",不进行标注。

6. 螺纹标注示例(Examples of indication for general purpose metric screw thread)

(1)在零件图上(On the part drawing)。

公称直径为 10 mm、螺距为 1.25 mm、中径公差带为 5h、顶径公差带为 6h、短旋合长度、左旋单线细牙的普通外螺纹:M10×1.25-5h6h-S-LH。

公称直径为 16 mm、导程为 3 mm、螺距为 1.5 mm、中径和顶径公差带均为 7H、长旋合长度、左旋双线细牙的普通内螺纹:M16×Ph3P1.5(two starts)-7H-L-LH。

公称直径为 12 mm、中径和顶径公差带均为 6g、中等公差精度、中等旋合长度、右旋单线粗牙的普通外螺纹:M12。

（2）在装配图上（On the assembly drawing）。

公称直径为 20 mm、螺距为 2 mm、中径和顶径公差带均为 6H、长旋合长度、左旋单线细牙的内螺纹与公称直径为 20 mm、螺距为 2 mm、中径公差带为 5g 和顶径公差带为 6g、长旋合长度、左旋单线细牙的外螺纹组成的配合：M20×2-6H/5g6g-L-LH。

公称直径为 6 mm、中径和顶径公差带均为 6H、中等公差精度、中等旋合长度、右旋单线粗牙的普通内螺纹与公称直径为 6 mm、中径和顶径公差带均为 6g、中等公差精度、中等旋合长度、右旋单线粗牙的普通外螺纹组成的配合：M6。

7.4 普通螺纹的检测
（Testing of Precision for General Thread）

普通螺纹是多参数要素，其检测方法可分为单项测量和综合检验两类。

7.4.1 单项测量
（Single Testing）

螺纹单项测量是指分别测量螺纹的各个几何参数，一般用于螺纹零件的工艺分析，螺纹量规、螺纹刀具以及精密螺纹的检测。常用的单项测量方法有三针法和影像法。

用三针法可以精确地测出精密外螺纹的单一中径 d_{2s}。如图 7.11 所示，将三根直径不同的量针放在被测外螺纹的牙槽中，然后用指示量仪测出针距 M 值，则

$$d_{2s} = M - d_0\left\{1 + \frac{1}{\sin(\alpha/2)}\right\} + \frac{P}{2}\cot(\alpha/2) \tag{7.12}$$

式中　P──螺纹螺距；

　　　$\alpha/2$──螺纹牙型半角；

　　　d_0──量针直径。

对于普通螺纹 $\alpha/2 = 30°$，代入式（7.12）得

$$D_{2s} = M - 3d_0 + 0.866P \tag{7.13}$$

为避免牙型半角偏差对测量结果的影响，使量针与牙侧的接触点落在中径上，最佳量针直径应为

$$d_0 = \frac{P}{2\cos(\alpha/2)} \tag{7.14}$$

对于内螺纹的单项测量，可用卧式测长仪或三坐标测量机测量。

7.4.2 综合检验
（Comprehensive Testing）

综合检验是用泰勒原则设计的螺纹量规检验被测螺纹的可旋合性，主要用于检验批量生产的、只要求保证可旋合性的螺纹。

检查内螺纹的量规称为螺纹塞规，如图 7.12 所示。检查外螺纹的量规称为螺纹环规，如图 7.13 所示。螺纹量规的通规模拟体现被测螺纹的最大实体牙型，并具有完全牙型，其长度等于被测螺纹的旋合长度，用来检验被测螺纹的作用中径是否超出其最大实体

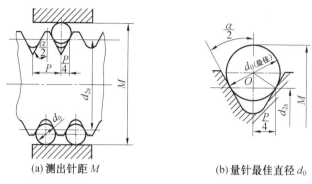

(a) 测出针距 M (b) 量针最佳直径 d_0

图 7.11 三针法测量外螺纹的单一中径 d_{2s}

牙型的中径,合格的螺纹应该能旋合通过。此外,通规还顺便用来检验被测螺纹底径的实际尺寸是否超出其最大实体尺寸。螺纹量规的止规用来检验被测螺纹的单一中径是否超出其最小实体牙型的中径。因此,止规采用截短牙型,且螺纹长度只有 2~3 个螺距,以减少牙侧角偏差和螺距误差对检验结果的影响。若止规不能旋入或不能完全旋入被测螺纹(只允许与被测螺纹的两端旋合,旋合量不得超过两个螺距),则认为联接强度合格,否则不合格。内螺纹的小径和外螺纹的大径分别用光滑极限塞规和卡规检验。

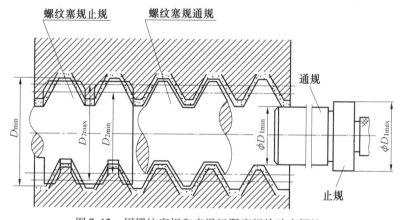

图 7.12 用螺纹塞规和光滑极限塞规检验内螺纹

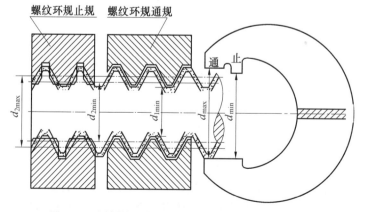

图 7.13 用螺纹环规和光滑极限卡规检验外螺纹

思考题与习题
(Questions and Exercises)

一、思考题

1. 影响螺纹互换性的主要参数有哪些?

2. 什么是螺纹中径? 它和单一(实际)中径有什么关系?

3. 中径合格的判断原则是什么? 如果实际中径在规定的范围内,能否说明该中径合格?

4. 普通内、外螺纹的中径公差等级相同时,它们的公差数值相同吗? 为什么?

5. 如何选用普通螺纹的公差与配合?

二、习题

1. 查表决定螺栓 M24×2-6h 的顶径和中径的极限尺寸并绘出其公差带图。

2. 有一个 M12-6g 的外螺纹,现为改进工艺、提高产品质量要涂镀保护层,其镀层厚度要求在 5~8 μm 之间,求该螺纹基本偏差为何值时,才能满足镀后螺纹的互换性要求。

3. 查表写出 M20×2—6H/5g6g 的大、中、小径尺寸,中径和顶径的上、下极限偏差和公差。

4. 测得某螺栓 M16-6g 的单一中径为 14.6 mm,$\Delta P_\Sigma = 35$ μm,$\Delta\frac{\alpha_1}{2} = -50'$,$\Delta\frac{\alpha_2}{2} = 4'$,试求其实际中径和作用中径所允许的变化范围。此螺栓是否合格? 若不合格,能否修复? 怎样修复?

第8章 键和花键的互换性
(Interchangeability of Square Rectangular Key and Straight-sided spline)

【内容提要】 本章主要介绍普通平键和矩形花键的互换性的基本概念、基本原理和选用的基本方法。

【课程指导】 通过本章的学习,理解普通平键和矩形花键的用途、分类;熟练掌握普通平键和矩形花键的公差与配合的选用原则与方法,以及在图样上的标注;了解普通平键和矩形花键的检测。

8.1 概 述
(Overview)

键联接是可拆卸的刚性联接,用于轴和轴上传动件(如齿轮、带轮和联轴器)之间的联接,用以传递扭矩和运动,也可起导向作用(如变速箱中的齿轮沿花键轴移动完成变速换挡)。

键联接分为单键联接和花键联接。单键联接按其单键的的结构形状分为平键、半圆键、楔形键和切向键等几种联接形式,见表8.1。在四种单键联接中,普通平键和半圆键联接应用最为广泛。花键联接按其键齿形状分为矩形花键、渐开线花键和三角形花键三种联接形式,如图8.1所示。在三种花键联接中,矩形花键联接应用最为普遍。

表8.1 单键的类型

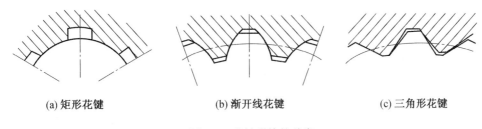

(a) 矩形花键　　　　　　　　(b) 渐开线花键　　　　　　　　(c) 三角形花键

图 8.1　花键联接的种类

　　两类键联接进行比较,花键联接具有键与轴联接强度高、载荷分布均匀、传递扭矩大、联接可靠、导向精度高、定心性好等优点。但是,由于花键加工比较复杂,故其成本较高。

　　本章主要讨论普通平键和矩形花键的互换性,涉及的国家标准有:《平键　键槽的剖面尺寸》(GB/T 1095—2003)、《普通型　平键》(GB/T 1096—2003)、《矩形花键尺寸、公差和检验》(GB/T 1144—2001)、《花键基本术语》(GB/T 15758—2008)等。

8.2　普通平键的互换性
(Interchangeability of Square Rectangular Keys Matching Parts)

8.2.1　普通平键结合的结构与尺寸参数
(Structure and Size Parameters of Square Rectangular Keys Matching Parts)

　　普通平键联接是键、轴和轮毂三个零件的结合,如图 8.2 所示。键与键槽的侧面是传递扭矩的工作表面,所以键宽和键槽宽 b 是决定配合性质的配合尺寸,应选用较小的公差;键高 h 与键长 L 及轴槽深度 t_1 和轮毂键槽深度 t_2 为非配合尺寸,应选用较大的公差。普通平键、轴和轮毂键槽尺寸及其极限偏差见表 8.2。

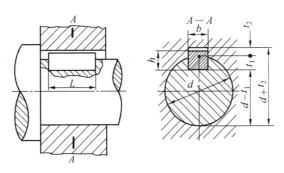

图 8.2　普通平键联结的剖面尺寸

表 8.2　普通平键和键槽的尺寸及键槽公差（摘自 GB/T 1095—2003 和 GB/T 1096—2003）　　mm

键尺寸 b×h	键 宽度 极限偏差 b:h8	键 高度 极限偏差 h:h11(h8)①	键槽 宽度b 基本尺寸	正常联结 轴 N9	正常联结 毂 JS9	紧密联结 轴和毂 P9	松联结 轴 H9	松联结 毂 D10	深度 轴 t1 公称尺寸	深度 轴 t1 极限偏差	深度 毂 t2 公称尺寸	深度 毂 t2 极限偏差	公称直径 d②
2×2	0 / −0.014	(0 / −0.014)	2	−0.004 / −0.029	±0.012 5	−0.006 / −0.031	+0.025 / 0	+0.060 / +0.020	1.2	+0.1 / 0	1.0	+0.1 / 0	6～8
3×3			3						1.8		1.4		8～10
4×4	0 / −0.018	(0 / −0.018)	4	0 / −0.030	±0.015	−0.012 / −0.042	+0.030 / 0	+0.078 / +0.030	2.5		1.8		10～12
5×5			5						3.0		2.3		12～17
6×6			6						3.5		2.8		17～22
8×7	0 / −0.022	0 / −0.090	8	0 / −0.036	±0.018	−0.015 / −0.051	+0.036 / 0	+0.098 / +0.040	4.0	+0.2 / 0	3.3	+0.2 / 0	22～30
10×8			10						5.0		3.3		30～38
12×8	0 / −0.027		12	0 / −0.043	±0.021 5	−0.018 / −0.061	+0.043 / 0	+0.120 / +0.050	5.0		3.3		38～44
14×9			14						5.5		3.8		44～50
16×10			16						6.0		4.3		50～58
18×11			18						7.0		4.4		58～65
20×12	0 / −0.033	0 / −0.110	20	0 / −0.052	±0.026	−0.022 / −0.074	+0.052 / 0	+0.149 / +0.065	7.5		4.9		65～75
22×14			22						9.0		5.4		75～85
25×14			25						9.0		5.4		85～95
28×16			28						10.0		6.4		95～110

注：①普通平键的截面形状为矩形时，高度 h 公差带为 h11，截面形状为方形时，其高度 h 公差带为 h8。
　　②公称直径 d 标准中未给出，此处给出仅供使用者参考。

8.2.2　普通平键结合的公差带与配合种类及选用
(Selection of Tolerance Zone and Fit Type for Square and Rectangular Keys Matching Parts)

键是标准件，故键与键槽宽度的配合采用基轴制。国家标准 GB/T 1095—2003 对平键联结规定了松联结、正常联结和紧密联结三种配合方式，以满足各种不同用途的需要。图 8.3 所示为三种配合方式的公差带图。各类配合的配合性质及应用场合见表 8.3。

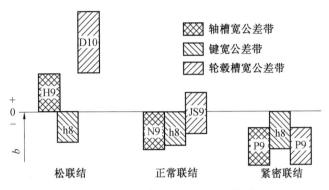

图 8.3 键宽和键槽宽 b 的公差带图

表 8.3 平键与键槽的配合及其应用

配合种类	宽度 b 的公差带			应用
	键	轴键槽	轮毂键槽	
松联结		H9	D10	用于导向平键,轮毂在轴上移动
正常联结	h8	N9	JS9	键在轴键槽中和轮毂键槽中均固定,用于载荷不大的场合
紧密联结		P9	P9	键在轴键槽中和轮毂键槽中均牢固地固定,用于载荷较大、有冲击和双向转矩的场合

普通平键的非配合尺寸中,键高 h 的公差带采用 h11;键长 l 的公差带采用 h14;轴键槽长度 L 的公差带采用 H14。GB/T 1095—2003 规定了轴键槽深度 t_1 和轮毂键槽深度 t_2 的极限偏差,见表 8.2。为了便于测量,在图样上对轴键槽深和轮毂键槽深度分别标注尺寸"$d-t_1$"和"$d+t_2$"(d 为孔和轴的公称尺寸),其极限偏差分别按 t_1 和 t_2 的极限偏差选取并换算得到,因此"$d-t_1$"的上极限偏差为零,下极限偏差为负号。

8.2.3 普通平键结合的几何公差和表面粗糙度的选用
(Selection of Geometric Tolerance and Surface Roughness for Square Rectangular Keys Matching Parts)

为了保证键与键槽侧面有足够的接触面积并避免装配困难,国家标准还规定了轴键槽和轮毂键槽对轴线的对称度公差和键的两个配合侧面的平行度公差。

对称度公差按 GB/T 1184—1996 确定,一般取 7~9 级。其公称尺寸是指键宽 b。

当键长 L 与键宽 b 之比大于或等于 8 时,键的两工作侧面在长度方向上的平行度的公差等级应符合 GB/T 1184—1996 的规定,当 $b \leqslant 6$ mm 时取 7 级;当 $8 \leqslant b \leqslant 36$ mm 时取 6 级;当 $b \geqslant 40$ mm 时取 5 级。

键槽配合表面(两侧面)的表面粗糙度 Ra 的上限值一般取 $1.6 \sim 3.2$ μm,非配合表面(包括轴键槽底面、轮毂键槽底面)Ra 的上限值取 $6.3 \sim 12.5$ μm。

8.2.4 键槽尺寸和公差在图样上的标注
(Indication of Square and Rectangular Keyway Size and Tolerances on the Part Drawing)

轴槽和轮毂槽的剖面尺寸、几何公差及表面粗糙度在图样上的标注如图8.4所示。

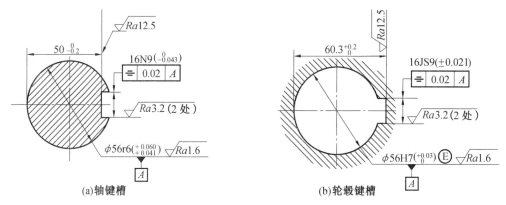

图8.4　键槽尺寸及几何公差标注示例

8.2.5 键及键槽的检测
(Testing of Square and Rectangular Key and Keyway)

对于普通平键联接,需要检测的项目有键宽,轴键槽和轮毂键槽的宽度、深度及键槽两侧面的对称度。

(1)键和键槽宽的检测(Testing of square and rectangular key and keyway width)。

单件小批量生产时,一般采用通用测量器具(如千分尺、游标卡尺等)测量;大批量生产时,用极限量规控制,如图8.5(a)所示。

(2)轴键槽和轮毂键槽深度的检测(Testing of square and rectangular keyway depth on shaft and hole)。

单件小批量生产时,一般用游标卡尺或外径千分尺测量轴的尺寸($d-t_1$),用游标卡尺或内径千分尺测量轮毂的尺寸($d+t_2$);大批量生产时,则用专用量规,如图8.5(b)、图8.5(c)所示的轮毂槽深量规和轴槽深量规。

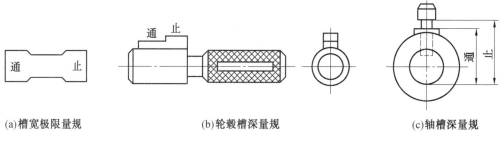

(a)槽宽极限量规　　　　　　(b)轮毂槽深量规　　　　　　(c)轴槽深量规

图8.5　键槽尺寸量规

（3）键槽对称度误差的检测(Testing of square and rectangular keyway symmetry error)。

单件小批生产时,可采用通用量具分度头、V 型块和百分表测量;大批量生产时,可采用图 8.6 所示的综合量规检测。

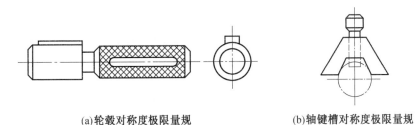

(a)轮毂对称度极限量规　　　　　(b)轴键槽对称度极限量规

图 8.6　键槽对称度量规

8.3　矩形花键的互换性
(Interchangeability of Straight-sided Spline Matching Parts)

花键联接即花键(轴)和花键孔的结合。花键联接的主要使用要求是保证内、外花键的同轴度,以及键与键槽侧面接触的均匀性,保证传递一定的扭矩。

矩形花键联接的互换性包括:花键和花键孔的公差配合、几何公差及表面粗糙度的选用。

8.3.1　矩形花键的几何参数
(Straight-sided Spline Geometric Parameter)

矩形花键联结的几何参数有键数 N、小径 d、大径 D 和键槽宽 B,如图 8.7 所示,其中图 8.7(a)为内花键(花键孔),图 8.7(b)为外花键(花键轴)。

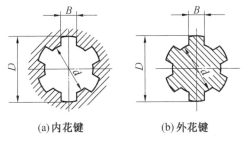

(a)内花键　　　　(b)外花键

图 8.7　矩形花键的几何参数

为了便于加工和测量,矩形花键的键数 N 规定为偶数,有 6、8、10 三种。按承载能力的不同,分为中、轻两个系列,中系列的键高尺寸较大,承载能力强;轻系列的键高尺寸较小,承载能力相对较低。矩形花键的尺寸系列见表 8.4。

表 8.4　矩形花键的尺寸系列(摘自 GB/T 1144—2001)　　　mm

小径 d	轻系列				中系列			
	规格 N×d×D×B	键数 N	大径 D	键宽 B	规格 N×d×D×B	键数 N	大径 D	键宽 B
11					6×11×14×3	6	14	3
13					6×13×16×3.5	6	16	3.5
16					6×16×20×4	6	20	4
18					6×18×22×5	6	22	5
21					6×21×25×5	6	25	5
23	6×23×26×6	6	26	6	6×23×28×6	6	28	6
26	6×26×30×6	6	30	6	6×26×32×6	6	32	6
28	6×28×32×7	6	32	7	6×28×34×7	6	34	7
32	6×32×36×6	6	36	6	8×32×38×6	8	38	6
36	8×36×40×7	8	40	7	8×36×42×7	8	42	7

8.3.2　矩形花键的小径定心
(Straight-sided Spline Minon Diameter Centering)

为保证内、外花键的同轴度,花键轴和花键孔需要保证良好的配合性质。确定配合性质的结合面称为定心表面,花键联接有三个结合面,即大径、小径和键侧面,选一个作为定心表面即可。《矩形花键尺寸、公差和检测》(GB/T 1144—2001)中规定矩形花键以小径定心,理由是大径定心在工艺上难以实现,当定心表面硬度高时,花键孔的大径热处理后的变形难以用拉刀修正;若采用小径定心,当表面硬度高时,花键轴的小径可用成形磨削进行加工,而花键孔小径也可用一般内圆磨进行修正,所以小径定心工艺性好,容易达到较高的定心精度,且定心稳定性好。

对定心直径(即小径 d)应有较高的精度要求,对非定心直径(即大径 D)的精度要求较低,且规定有较大的间隙。但是对非定心的键和键槽侧面也要求有足够的精度,因为它们要传递扭矩和起导向作用。

8.3.3　矩形花键结合的公差配合及其选用
(Selection Tolerance Zone and Fit Type for Straight-sided Spline Matching Parts)

国家标准 GB/T 1144—2001 规定,矩形花键的联接采用基孔制,目的是减少拉刀和花键检验量规的规格和数量。

标准中规定了两种矩形花键的联接精度:一般用和精密传动用。每种精度的联接又都有三种装配形式:滑动、紧滑动和固定联接。其区别在于,前两种在工作过程中,除可传递扭矩外,花键孔还可在轴上移动;后者只用来传递扭矩,花键孔在轴上无轴向移动。三种不同的装配形式是通过改变花键轴的小径和键宽的尺寸公差带达到的,其公差带见表8.5,其公差带图如图8.8所示。由于几何误差的影响,各结合面的配合均比预定的要紧些。

表8.5　矩形花键的尺寸公差带(摘自 GB/T 1144—2001)

内花键				外花键			装配形式
$d^②$	D	B		d	D	B	
		拉削后不热处理	拉削后热处理				
一般用							
H7	H10	H9	H11	f7	a11	d10	滑动
				g7		f9	紧滑动
				h7		h10	固定
精密传动用							
H5	H10	H7、H9^①		f5	a11	d8	滑动
				g5		f7	紧滑动
				h5		h8	固定
H6				f6		d8	滑动
				g6		f7	紧滑动
				h6		h8	固定

注:① 精密传动用的内花键,当需要控制键侧配合间隙时,槽宽可选用 H7,一般情况下可选用 H9。
　　② d 为 H6Ⓔ和 H7Ⓔ的内花键,允许与提高一级的外花键配合。

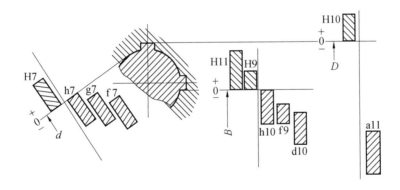

图8.8　矩形花键的配合公差带图

花键结合的公差配合的选用主要是确定联接精度和装配形式。

精密级多用于精密机床主轴变速箱等场合,其定心精度高,传递扭矩大而且平稳;一般级多用于载重汽车、拖拉机的变速箱等场合,其传递扭矩较大但定心精度要求不高。

对于内、外花键之间要求有较长距离、较高频率的相对移动的情况,应选用滑动联接,以保证运动灵活性及配合面间有足够的润滑油层,例如,汽车、拖拉机等变速箱中的齿轮与轴的联接。对于内、外花键定心精度要求高,传递扭矩大或经常有反向转动的情况,则应选用紧滑动联接。对于内、外花键间无须在轴向移动,只用来传递扭矩时,则应选用固定联接。

8.3.4 矩形花键的几何公差和表面粗糙度的选用
(Selection of Geometric Tolerance and Surface Roughness for Straight-Sided Spline)

内、外花键的几何公差要求,主要包括小径 d 的形状公差和花键的位置度(或对称度)公差等。

(1)小径 d(Minon diameter d for straight-sided spline)。

内、外花键小径定心表面的几何公差和尺寸公差的关系遵守 0 公差的最大实体要求。

(2)花键的位置度公差(Position tolerance for straight-sided spline)。

为控制内、外花键的分度误差,一般应规定位置度公差,并采用最大实体要求,图样标注如图 8.9 所示,其位置度公差值见表 8.6。

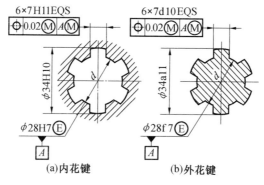

图 8.9 花键的位置度公差标注

表 8.6 花键的位置度公差(摘自 GB/T 1144—2001)　　　　　　mm

	键槽宽或键宽 B		3	3.5 ~ 6	7 ~ 10	12 ~ 18
t_1		键槽宽	0.010	0.015	0.020	0.025
	键宽	滑动、固定	0.010	0.015	0.020	0.025
		紧滑动	0.006	0.010	0.013	0.016

(3)花键的对称度公差(Symmetry tolerance for straight-sided spline)。

在单件小批生产时,一般规定键或键槽两侧面的中心平面对定心表面轴线的对称度公差和等分度公差,并遵守独立原则,图样标注如图 8.10 所示,花键各键(键槽)沿圆周均匀分布是它们的理想位置,允许它们偏离理想位置的最大值为花键均匀分度公差值,即等分度公差值,国家标准 GB/T 1144—2001 规定,其值等于对称度公差值。花键的对称度公差值见表 8.7。

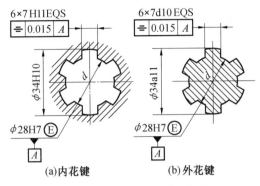

图 8.10　花键的对称度公差标注

表 8.7　花键的对称度公差(摘自 GB/T 1144—2001)　　　　mm

键槽宽或键宽 B		3	3.5 ~ 6	7 ~ 10	12 ~ 18
t_1	一般用	0.010	0.012	0.015	0.018
	精密传动用	0.006	0.008	0.009	0.011

对于较长的长键,应根据产品性能自行规定键(键槽)侧面对定心表面轴线的平行度公差值。

矩形花键的表面粗糙度推荐值见表 8.8。

表 8.8　矩形花键的表面粗糙度推荐值(摘自 GB/T 1144—2001)　　　　mm

加工表面	内花键	外花键
	Ra 不大于	
大径	6.3	3.2
小径	0.8	0.8
键侧	3.2	0.8

8.3.5　矩形花键代号的图样标注
(Symbols of Straight-sided Spline and its Indication on Part Drawing)

矩形花键代号在图样上标注的内容,按顺序包括键数 N、小径 d、大径 D、键(槽)宽 B,其各自的公差带代号标注于公称尺寸之后,并注明矩形花键标准号 GB/T 1144—2001。

例如,对 $N=6$、$d=23\dfrac{H7}{f7}$、$D=26\dfrac{H10}{a11}$、$B=6\dfrac{H11}{d10}$ 的花键标记如下:

花键规格: $N×d×D×B$　6×23×26×6

花键副: $6×23\dfrac{H7}{f7}×26\dfrac{H10}{a11}×6\dfrac{H11}{d10}$　GB/T 1144—2001

内花键: 6×23H7×26H10×6H11　GB/T 1144—2001

外花键: 6×23f7×26a11×6d10　GB/T 1144—2001

矩形花键在装配图和零件图上的标注示例如图 8.11 所示。

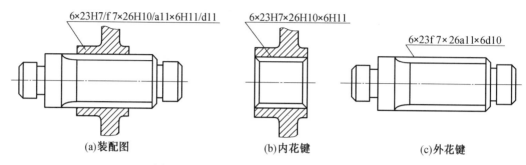

6×23H7/f 7×26H10/a11×6H11/d11

6×23H7×26H10×6H11

6×23f 7×26a11×6d10

(a)装配图　　　　　　　　(b)内花键　　　　　　　　(c)外花键

图 8.11　形花键在装配图和零件图上的标注

8.3.6　矩形花键的检测
(Testing of Straight-sided Spline)

在单件小批生产中或没有花键量规可以使用时,可用千分尺、游标卡尺、指示表等通用量具分别对各尺寸(d、D 和 B)进行单项测量,并检测键宽的对称度、键齿(槽)的等分度和大小径的同轴度等几何误差项目。

对大批量的生产,用量规进行综合检验,即用综合通规(对内花键为塞规,对外花键为环规,如图 8.12 所示)来综合检验小径 d、大径 D 和键(键槽)宽 B 的关联作用尺寸,包括了上述位置度(包含分度误差和对称度误差)和同轴度等几何误差;然后用单项止端量规(或其他量具)分别检验尺寸 d、D 和 B 的最小实体尺寸。综合通规能通过,而止规不能通过,则零件合格。

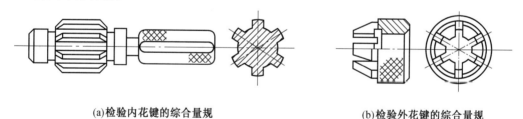

(a)检验内花键的综合量规　　　　　　　　(b)检验外花键的综合量规

图 8.12　矩形花键综合量规

思考题与习题
(Questions and Exercises)

一、思考题

1. 平键联接为什么只对键(键槽)宽规定较严的公差?

2. 平键联接的配合采用何种配合制? 平键联接有几种配合类型? 它们各应用在什么场合?

3. 矩形花键联接的结合面有哪些? 国家标准规定的定心表面是哪个? 为什么?

4. 矩形花键联接各结合面的配合采用何种配合制? 有几种装配形式? 应用如何?

二、习题

1. 如习题 1 图所示,某减速器中输出轴的伸出端与相配件孔采用平键联接,要求键在轴槽和轮毂孔中均固定,且承受的载荷不大。轴与孔的直径为 $\phi40$ mm,现选定键的公称尺寸为 12 mm×8 mm。试确定轴槽和轮毂槽的剖面尺寸及其极限偏差、键槽对称度公差和键槽表面粗糙度的参数值,将各项公差值标注在零件图上。

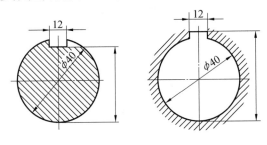

习题 1 图

2. 在装配图上,花键联接的标注为:$6 \times 26 \dfrac{\text{H7}}{\text{f7}} \times 30 \dfrac{\text{H10}}{\text{a11}} \times 6 \dfrac{\text{H11}}{\text{d10}}$,试查出该配合中的内、外花键的极限偏差,画出公差带图,并指出该矩形花键配合的用途及装配形式。

3. 某机床变速箱中有 6 级精度齿轮的花键孔与花键轴联接,花键规格为 6×26×30×6,花键孔长为 30 mm,花键轴长为 75 mm,齿轮花键孔经常需要相对花键轴做轴向移动,要求定心精度较高。试确定齿轮花键孔和花键轴的公差带代号,计算小径、大径及键(键槽)宽的极限尺寸,分别写出在装配图上和零件图上的标记。

第9章 圆柱齿轮传动的互换性
(Interchangeability of Cylindrical Geardrive)

【内容提要】 本章主要介绍齿轮传动的使用要求、齿轮偏差的来源、齿轮加工偏差的分类、单个齿轮的评定指标、渐开线圆柱齿轮精度标准、齿轮副的精度、圆柱齿轮精度设计和齿轮精度检测等内容。

【课程指导】 本章要求明确齿轮传动的基本要求,了解齿轮的加工误差,理解并掌握单个齿轮的偏差项目及其选择,掌握单个齿轮的精度等级及其选用的基本方法,理解齿轮副的偏差项目,掌握齿厚极限偏差的确定方法,理解并掌握齿轮坯的精度及各表面的粗糙度要求,掌握齿轮精度设计方法。

本章所涉及的国家标准主要有:《齿轮 术语和定义 第1部分:几何学定义》(GB/T 3374.1—2010)、《圆柱齿轮 精度制 第1部分:轮齿同侧齿面偏差的定义和允许值》(GB/T 10095.1—2008)、《圆柱齿轮 精度制 第2部分:径向综合偏差和径向跳动的定义和允许值》(GB/T 10095.2—2008)、《圆柱齿轮 检验实施规范 第1部分:轮齿同侧齿面的检验》(GB/Z 18620.1—2008)、《圆柱齿轮 检验实施规范 第2部分:径向综合偏差、径向跳动、齿厚和侧隙的检验》(GB/Z 18620.2—2008)、《圆柱齿轮 检验实施规范 第3部分:齿轮坯、轴中心距和轴线平行度的检验》(GB/Z 18620.3—2008)、《圆柱齿轮 检验实施规范 第4部分:表面结构和轮齿接触斑点的检验》(GB/Z 18620.4—2008)等。

9.1 概　　述
(Overview)

齿轮传动是一种常用的机械传动形式,主要用于运动或动力的传递。由于齿轮传动具有结构紧凑、能保持恒定的传动比、传动效率高、使用寿命长及维护保养简单等特点,所以被广泛应用于机器制造和仪器制造的各部门。

各种齿轮传动都是由齿轮、轴、轴承和箱体等零、部件组成的。这些零、部件的制造和安装精度都会对齿轮传动产生影响,其中齿轮本身的制造精度和齿轮副的安装精度又起了主要的作用。

9.1.1 齿轮传动的使用要求
（Using Requirement of Gear Drive）

各种机器和仪器中使用的传动齿轮因使用场合不同对齿轮传动的要求也各不相同，现综合各种使用要求，归纳为以下四个主要方面。

（1）传递运动的准确性（Accuracy of drive motion）。

要求齿轮在一转范围内传动比的变化尽量小，以保证从动齿轮与主动齿轮的相对运动协调一致。齿轮的该项要求也称为齿轮的运动精度要求。

（2）传递运动的平稳性（Stationarity of drive motion）。

要求齿轮在转过一个齿的范围内，瞬时传动比的变化尽量小，以保证齿轮传动平稳，降低齿轮传动过程中的冲击，减小振动和噪声。齿轮的该项要求也称为齿轮的工作平稳性要求。

（3）载荷分布的均匀性（Uniformity of the load distribution）。

要求齿轮在啮合时齿面接触良好，载荷分布均匀，避免齿轮局部受力而引起应力集中，造成局部齿面的过度磨损和折齿，保证齿轮的承载能力和较长的使用寿命。齿轮的该项要求也称为齿轮的接触精度要求。

（4）齿侧间隙的合理性（Rationality of backlash）。

要求齿轮副啮合时，非工作齿面间应留有一定的间隙，用以储存润滑油，补偿齿轮受力后的弹性变形，热变形以及齿轮传动机构的制造、安装误差，防止齿轮在工作过程中卡死或烧伤齿面。但过大的间隙会在启动或反转时引起冲击，造成回程误差，因此侧隙的选择应在一个合理的范围内。

在以上四方面要求中，前三项是针对齿轮本身提出的要求，第四项是对齿轮副提出的要求。

针对不同用途的齿轮，提出的要求也不一样。

（1）对于控制系统和测试机构中使用的分度齿轮，应对齿轮的运动精度提出较高的要求，以保证主动齿轮与从动齿轮运动协调一致，传动比准确。

（2）对于矿山机械、轧钢机、起重机等重型机械中使用的齿轮，因其工作载荷大、传动速度低，选用齿轮的模数和齿宽都较大，应对齿轮的接触精度提出较高的要求。

（3）对于航空发动机、汽轮机中使用的齿轮，因其传递功率大、圆周速度高，要求工作时振动、冲击和噪声要小，所以除对齿轮的接触精度提出相应的要求以外，还应对齿轮的工作平稳性提出较高的要求。

（4）对于机械制造业中常用的齿轮，如机床、汽车、拖拉机、内燃机及通用减速器等行业用的齿轮，对齿轮的运动精度、工作平稳性和接触精度的要求则基本相同。需要说明的是，无论是哪种齿轮传动，为了保证运动的灵活性，都必须要求有合理的齿侧间隙。

9.1.2 齿轮偏差的来源
（Source of Gear Deviation）

齿轮的加工方法有无屑加工方法（压铸、热轧和挤压等）和切削加工方法之分。其中切削加工按切齿原理又可分为成形法和展成法两类。

用成形法加工(如铣齿、成形磨齿等)齿轮时,其切齿刀具的刀刃形状与被切齿轮的渐开线齿廓相同,靠逐齿间断分度来完成整个齿轮齿圈的加工;用展成法加工(如滚齿、插齿、磨齿、剃齿、珩齿、研齿等)齿轮时,齿轮表面通过专用齿轮加工机床的展成运动形成渐开线齿面。

组成齿轮加工工艺系统的机床、刀具、夹具、齿坯的制造、安装等存在着产生多种误差的因素,致使加工后的齿轮存在各种形式的偏差。由于齿轮加工过程中造成工艺误差的因素很多,齿轮加工后的偏差也很多。为了区分和分析齿轮各种偏差的性质、规律以及对传动质量的影响,需将齿轮的加工偏差做出分类。

1. 长周期偏差和短周期偏差(Long cycle deviation and short cycle deviation)

按偏差出现的频率有长周期偏差和短周期偏差。齿轮回转一周出现一次的周期性偏差称为长周期偏差(也称为低频偏差)。长周期偏差是以齿轮的一转为周期的,如图 9.1(a)所示。长周期偏差会对齿轮一转内传递运动的准确性产生影响。高速时,还会对齿轮传动的平稳性产生影响。

齿轮转动一个齿距角的过程中出现一次或多次的周期性偏差称为短周期偏差(也称为高频偏差)。短周期偏差以齿轮的一齿为周期,在齿轮一转中多次出现,如图 9.1(b)所示。短周期偏差会对齿轮传动的平稳性产生影响。

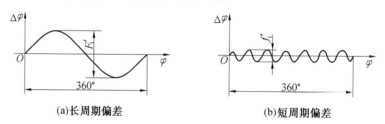

(a)长周期偏差 (b)短周期偏差

图 9.1 齿轮的周期性偏差

2. 径向偏差、切向偏差和轴向偏差(Radial deviation, tangential deviation and axial deviation)

在齿轮的加工过程中,由切齿刀具与齿坯之间的径向距离变化而引起的加工偏差称为径向偏差。

在齿轮的加工过程中,滚刀的运动相对于齿坯回转速度的不均匀,致使齿廓沿齿轮切线方向产生的偏差称为切向偏差。

在齿轮的加工过程中,由于切齿刀具沿齿轮轴线方向进给运动偏斜产生的加工偏差称为轴向偏差。

9.2 单个齿轮的评定指标
(Gear Evaluation Index)

图样上设计的齿轮都是理想的齿轮,由于齿轮加工机床传动链误差,刀具、齿坯的制造和安装误差,以及加工过程中的受力变形、热变形等因素,制造出的齿轮都存在误差。在《圆柱齿轮 精度制 第 1 部分:齿轮同侧齿面偏差的定义和允许值》(GB/T 10095. 1—2008)和《圆柱齿轮 精度制 第 2 部分:径向综合偏差和径向跳动的定义和允许值》(GB/T 10095.2—2008)中,齿轮误差、偏差统称为齿轮偏差,并将偏差与公差(或极限偏差)共用一个符号表示,例如 F_α 既表示齿廓总偏差,又表示齿廓总公差。单项要素偏差符号用小写字母(如 f)加上相应的下标表示;而表示若干单项要素偏差组成的"累积"或"总"偏差所用的符号,采用大写字母(如 F)加上相应的下标表示。

9.2.1 齿轮同侧齿面偏差的定义和允许值

(Definition of Deviation Relevant to Corresponding Flanks of Gear Tooth)

1. 切向综合总偏差(F_i')(Total tangential composite deviation(F_i'))

F_i' 是指被测齿轮与测量齿轮(基准)单面啮合检验时,被测齿轮一转内,齿轮分度圆上实际圆周位移与理论圆周位移的最大差值。

在齿轮单面啮合测量仪上画出的切向综合偏差曲线图,如图 9.2 所示,横坐标表示被测齿轮转角,纵坐标表示偏差。如果齿轮没有偏差,偏差曲线应是与横坐标重合的直线。在齿轮一转范围内,过曲线最高、最低点作与横坐标平行的两条直线,则此平行线间的距离即为 F_i'。

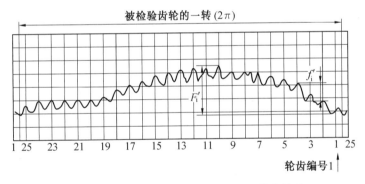

图 9.2 切向综合总偏差与一齿切向综合偏差

F_i' 反映了齿轮一转的转角误差,体现了齿轮运动的不均匀性。在一转过程中,转速时快时慢,做周期性变化。由于测量齿轮的切向综合总偏差时,被测齿轮与测量齿轮处于无载单面啮合状态,接近于齿轮的工作状态。切向综合总偏差是评定齿轮运动准确性的较好的参数,但不是必检项目。由于切向综合总偏差是在齿轮单面啮合测量仪上进行测量的,所以仅限于评定高精度齿轮。

2. 一齿切向综合偏差(f_i')(Tooth-to-tooth tangential composite deviation(f_i'))

f_i' 是指被测齿轮一转中对应一个齿距角($360°/z$)内实际圆周位移与理论圆周位移的最大差值,在测量齿轮的切向综合总偏差时同时测得。如图 9.2 所示,过偏差曲线的最高、最低点作与横坐标平行的两条平行线,此平行线间的距离即为 f_i'(取所有齿的最大值）。这种齿轮一转中多次重复出现每个齿距角内的转角的变化，将会影响到齿轮传递运动的平稳性。

3. 单个齿距偏差（±f_{pt}）（Single pitch deviation（±f_{pt}））

±f_{pt}是指在端平面上，在接近齿高中部的一个与齿轮轴线同心的圆上，实际齿距与理论齿距的代数差。如图9.3所示，+f_{pt}为第2个齿距偏差。当齿轮存在齿距偏差时，无论是正值还是负值都会在一对齿啮合完毕而另一对齿进入啮合时，主动齿与被动齿产生冲撞，影响齿轮传递运动的平稳性。

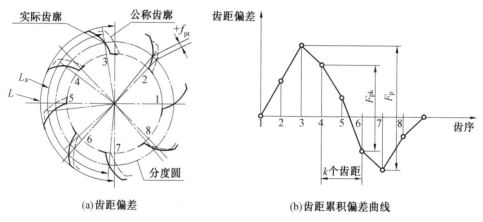

(a)齿距偏差　　　　　　(b)齿距累积偏差曲线

图9.3　齿距偏差与齿距累积偏差

4. 齿距累积偏差（±F_{pk}）（Cumulative pitch deviation（±F_{pk}））

±F_{pk}是指在端平面上，在接近齿高中部的一个与齿轮轴线同心的圆上，任意k个齿距的实际弧长与理论弧长的代数差。如图9.3所示，理论上齿距累积偏差等于k个齿距的各单个齿距偏差的代数和。标准规定（除另有规定），一般±F_{pk}适用于齿距数k为2～$z/8$范围，通常$k=z/8$就足够了。对于特殊应用的高速齿轮还需检验较小弧段，并规定相应的k数。

齿距累积偏差控制了齿轮局部圆周上（2～$z/8$个齿距）的齿距累积误差，影响齿轮传递运动的准确性。

5. 齿距累积总偏差（F_p）（Total cumulative pitch deviation（F_p））

F_p是指齿轮同侧任意弧段（$k=1~z$）内的最大齿距累积偏差，它表现为齿距累积偏差曲线的总幅值，如图9.3所示。

齿距累积总偏差反映齿轮转一转过程中传动比的变化，因此它影响齿轮传递运动的准确性。

6. 齿廓总偏差（F_α）（Total profile deviation（F_α））

为了说明齿廓总偏差F_α的含义，首先要了解与齿廓总偏差F_α有关的一些概念。

如图9.4所示，假设只研究由虚线表示的左齿面，用虚线画出的齿轮与基圆的交点Q为渐开线齿形滚动的起点，滚动终点为R，也是啮合的终点。直线AQ为两共轭齿轮基圆的公切线，即啮合线。检查齿廓偏差实际上就是检查齿面上各点的展开长度是否等于理

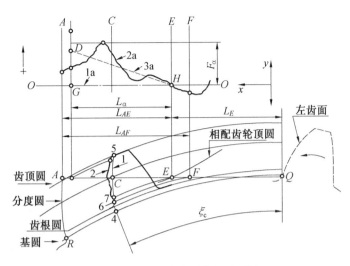

图9.4 渐开线齿形偏差展开图

论展开长度,理论展开长度等于基圆半径 r_b 与展开角弧度 ξ(弧度值)的乘积。例如齿面上分度圆上的 C 点,若该点无齿形偏差,则有 $\overline{CQ}=r_b\xi_c$。如果 $\overline{CQ}>r_b\xi_c$,产生正的齿形偏差;如果 $\overline{CQ}<r_b\xi_c$,则产生负的齿形偏差。图9.4中1为设计齿廓(即理论渐开线),2为实际齿廓。在图的上方画出一条与啮合线 AQ 平行的直线 OO,以此作为直角坐标系的横坐标 x 表示展开长度,与其垂直的纵坐标 y 表示齿廓偏差值,向上为正,向下为负。OO 线上的1a段称为设计齿廓迹线,理论上应是直线。对渐开线齿轮来说,若齿形上各点均无齿廓偏差时,齿廓偏差曲线是一条直线且与设计齿廓迹线重合。无论是用逐点展开法测量渐开线齿形,还是用渐开线仪器测量齿形,都是测齿形上各点实际展开长度与理论展开长度的差值,并可画出图中的齿廓偏差曲线2a,也称为实际齿廓迹线(图中曲线 y 方向放大若干倍)。图中的 F 点为齿根圆角线或挖根的起始点与啮合线的交点(相应于齿形上的点6),E 点为相配齿轮齿顶圆与啮合线的交点(相应于齿形上的点7),图上 A 点为齿顶圆(或倒角)与啮合线的交点(相应于齿形上的点5),该点为滚动啮合终止点。

图9.4中沿啮合线方向 AF 长度称为可用长度(因为只有这一段是渐开线),用 L_{AF} 表示。AE 长度称为有效长度,用 L_{AE} 表示,因为齿轮只可能 AE 段啮合,所以这一段才有效。从 E 点开始延伸的有效长度 L_{AE} 的92%称为齿廓计值范围 L_α。有了上述概念,对齿廓总偏差 F_α 可定义如下。

F_α 是指在计值范围(L_α)内,包容实际齿廓迹线的两条设计齿廓迹线间的距离,即图9.4中过齿廓迹线最高、最低点作设计齿廓迹线的两条平行直线间的距离 F_α。

如果齿轮存在齿廓总偏差 F_α,其齿廓不是标准的渐开线,不能保证瞬时传动比为常数,容易产生振动与噪声,齿廓总偏差 F_α 是影响齿轮传递运动的平稳性的主要因素。

7. 螺旋线总偏差(F_β)(Total helix deviation(F_β))

F_β 是指在计值范围(L_β)内,包容实际螺旋线迹线的两条设计螺旋线迹线间的距离,如图9.5所示。螺旋线总偏差 F_β 主要影响载荷分布的均匀性。

在螺旋线检查仪上测量非修形螺旋线的斜齿轮螺旋线偏差,原理是将被测齿轮的实

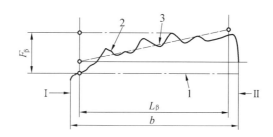

图 9.5　螺旋线偏差展开图

际螺旋线与标准的理论螺旋线逐点进行比较,并将所得的差值在记录纸上画出偏差曲线图,如图 9.5 所示。没有螺旋线偏差的螺旋线展开后应该是一条直线(设计螺旋线迹线),即图9.5 中的1。如果无 F_β,仪器的记录笔应该走出一条与1重合的直线,而当存在 F_β 时,则走出一条曲线2(实际螺旋线迹线)。齿轮从基准面 I 到非基准面 II 的轴向距离为齿宽 b。齿宽 b 两端各减去5%的齿宽或减去一个模数长度后得到的两者中的较小值为螺旋线计值范围 L_β,过实际螺旋线迹线最高、最低点作与设计螺旋线迹线平行的两条直线的距离即为 F_β。

9.2.2　径向综合偏差与径向跳动的定义
(Definitions of Deviation Relevant to Radial Composite Deviations and Runout Information)

1. 径向综合总偏差(F_i'')(Total radial composite deviation(F_i''))

F_i''是指在径向(双面)综合检验时,被测齿轮的左、右齿面与测量齿轮(基准)接触,并转过一整圈(即转过 360°)时出现的中心距最大值和最小值之差。

在双啮仪上测量画出的 F_i''曲线如图 9.6 所示,横坐标表示齿轮转角,纵坐标表示偏差,过曲线最高、最低点作平行于横坐标轴的两条直线,两平行线间的距离即为 F_i''。

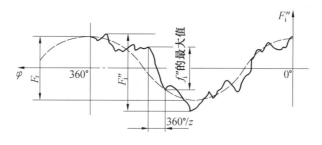

图 9.6　径向综合偏差曲线

2. 一齿径向综合偏差(f_i'')(Tooth-to-tooth radial composite deviation(f_i''))

f_i''是指被测齿轮一转中对应一个齿距角($360°/z$)的径向综合偏差值(取所有齿的最大值),如图 9.6 所示。

3. 齿轮径向跳动(F_r)(Run out(F_r))

F_r 是指测头(球形、圆柱形)相继置于每个齿槽内,从测头到齿轮基准轴线的最大和最小径向距离之差。检查时,侧头在近似齿高中部与左、右齿面接触,根据测量值可画出偏差曲线,如图9.7所示。

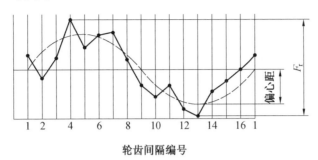

轮齿间隔编号

图9.7 齿轮径向跳动曲线

齿轮径向跳动 F_r 是以齿轮的一转为周期的,因此影响传递运动的准确性。此外,几何偏心引起的齿距偏差,还会使齿轮在转动过程中侧隙发生变化。

9.3 渐开线圆柱齿轮精度标准
(Standard of Involute Cylindrical Gear)

9.3.1 齿轮的精度等级
(Precisiongrade of Gear)

GB/T 10095.1—2008 对切向综合总公差 F_i'、一齿切向综合公差 f_i'、单个齿距偏差 $\pm f_{pt}$、齿距累积偏差 $\pm F_{pk}$、齿距累积总公差 F_p、齿廓总公差 F_α、螺旋线总公差 F_β 和径向跳动公差 F_r 分布规定了13个精度等级,从高到低分别用阿拉伯数字 0、1、2、…、12 表示。

GB/T 10095.2—2008 对径向综合总公差 F_i'' 和一齿径向综合公差 f_i'' 分别规定了9个精度等级,从高到低依次为 4、5、6、…、12 级。

在这些精度等级中,0~2级齿轮要求非常高,目前几乎没有能够制造和测量的手段,因此属于有待发展的展望级;3~5级为高精度等级;6~8级为中等精度等级(使用最多);9级为较低精度等级;10~12级为低精度等级。

9.3.2 齿轮的公差
(Tolerance of Gears)

5级精度是齿轮的基本精度等级,它是计算其他等级偏差允许值的基础,即5级的公差值乘以(或除以)齿轮精度的分级公比 $\sqrt{2}$ 就可得到相邻较低(或较高)等级的公差值,5级精度齿轮各种偏差的计算式见表9.1。

表9.1各计算式中法向模数 m_n、分度圆直径 d 和齿宽 b 按参数范围和圆整规则中的规定,取各分段界限值的几何平均值。如果计算值大于 10 μm,则圆整到接近的整数;如果计算值小于 10 μm,则圆整到最接近的尾数为 0.5 μm 的小数或整数;如果计算值小于 5 μm,则圆整到最接近 0.1 μm 的一位小数或整数。

表 9.1　5 级精度的齿轮偏差允许值的计算公式

序号	齿轮极限偏差	计算式
1	单个齿距极限偏差 $\pm f_{pt}$	$\pm f_{pt} = 0.3(m_n + 0.4\sqrt{d}) + 4$
2	齿距累积极限偏差 $\pm F_{pk}$	$\pm F_{pk} = f_{pt} + 1.6\sqrt{(k-1)m_n}$
3	齿距累积总公差 F_p	$F_p = 0.3m_n + 1.25\sqrt{d} + 7$
4	齿廓总公差 F_α	$F_\alpha = 3.2\sqrt{m_n} + 0.22\sqrt{d} + 0.7$
5	螺旋线总公差 F_β	$F_\beta = 0.1\sqrt{d} + 0.63\sqrt{b} + 4.2$
6	一齿切向综合公差 f_i'	$f_i' = K(9 + 0.3m_n + 3.2\sqrt{m_n} + 0.34\sqrt{d})$ 当 $\varepsilon_i < 4$ 时，$K = 0.2\left(\dfrac{\varepsilon_i + 4}{\varepsilon_i}\right)$；当 $\varepsilon_i \geq 4$ 时，$K = 0.4$
7	切向综合总公差 F_i'	$F_i' = F_p + f_i'$
8	径向综合总公差 F_i''	$F_i'' = 3.2m_n + 1.01\sqrt{d} + 6.4$
9	一齿径向综合公差 f_i''	$f_i'' = 2.96m_n + 0.01\sqrt{d} + 0.8$
10	齿轮径向跳动公差 F_r	$F_r = 0.8F_p = 0.24m_n + 1.0\sqrt{d} + 5.6$

表 9.2 ~ 9.4 分别给出了表 9.1 中各项偏差的 5 ~ 8 级精度的允许值。

表 9.2　$\pm f_{pt}$、F_p、$\pm F_{pk}$、F_α　$\sqrt{f_i'}$、F_i'、F_r、F_w　偏差允许值（摘自 GB/T 10095.1—2008、GB/T 10095.2—2008）

μm

分度圆直径 d/mm	模数 m_n/mm	单个齿距极限偏差 $\pm f_{pt}$				齿距累积总公差 F_p				齿廓总公差 F_α				径向跳动公差 F_r				f_i'/K 值				公法线长度变动公差 F_w			
		\multicolumn{24}{c}{齿轮精度等级}																					
		5	6	7	8	5	6	7	8	5	6	7	8	5	6	7	8	5	6	7	8	5	6	7	8
5~20	0.5~2	4.7	6.5	9.5	13	11	16	23	32	4.6	6.5	9.0	13	9.0	13	18	25	14	19	27	38	10	14	20	29
	2~3.5	5.0	7.5	10	15	12	17	23	33	6.5	9.5	13	19	9.5	13	19	27	16	23	32	45				
20~50	0.5~2	5.0	7.0	10	14	14	20	29	41	5.0	7.5	10	15	11	16	23	32	14	20	29	41	12	16	23	32
	2~3.5	5.5	7.5	11	15	15	21	30	42	7.0	10	14	20	12	17	24	34	17	24	34	48				
	3.5~6	6.0	8.5	12	17	15	22	31	44	9.0	12	18	25	12	17	25	35	19	27	38	54				
50~125	0.5~2	5.5	7.5	11	15	18	26	37	52	6.0	8.5	12	17	15	21	29	42	16	22	31	44	14	19	28	37
	2~3.5	6.0	8.5	12	17	19	27	38	53	8.0	11	16	22	15	21	30	43	18	25	36	51				
	3.5~6	6.5	9.0	13	18	19	28	39	55	9.5	13	19	27	16	22	31	44	20	29	40	57				
125~280	0.5~2	6.0	8.5	12	17	24	35	49	69	7.0	10	14	20	20	28	39	55	17	24	34	49	16	22	31	44
	2~3.5	6.5	9.0	13	18	25	35	50	70	9.0	13	18	25	20	28	40	56	20	28	39	56				
	3.5~6	7.0	10	14	20	25	36	51	72	11	15	21	30	20	29	41	58	22	31	44	62				
280~560	0.5~2	6.5	9.5	13	19	32	46	64	91	8.5	12	17	23	26	36	51	73	19	27	39	54	19	26	37	53
	2~3.5	7.0	10	14	20	33	46	65	92	10	15	21	29	26	37	52	74	22	31	44	62				
	3.5~6	8.0	11	16	22	33	47	66	94	12	17	24	34	27	38	53	75	24	34	48	68				

注：① 本表中 F_w 为根据我国的生产实践提出的，供参考。

② 将 f_i'/K 乘 K 即得到 f_i'。当 $\varepsilon_i<4$ 时，$K=0.2\left(\dfrac{\varepsilon_i+4}{\varepsilon_i}\right)$；当 $\varepsilon_i\geqslant4$ 时，$K=0.4$。

③ $F_i'=F_p+f_i'$。

④ $\pm F_{pk}=f_{pt}+1.6\sqrt{(k-1)m_n}$（5级精度），通常取 $k=z/8$；按相邻两级的公比$\sqrt{2}$，可求得其他级$\pm F_{pk}$值。

表 9.3 F_β 公差值(摘自 GB/T **10095.1—2008**) μm

分度圆直径 d/mm	齿宽b/mm	偏差项目			
		螺旋线总公差 F_β			
		齿轮精度等级			
		5	6	7	8
5 ~ 20	4 ~ 10	6.0	8.5	12	17
	10 ~ 20	7.0	9.5	14	19
20 ~ 50	4 ~ 10	6.5	9.0	13	18
	10 ~ 20	7.0	10	14	20
	20 ~ 40	8.0	11	16	23
50 ~ 125	4 ~ 10	6.5	9.5	13	19
	10 ~ 20	7.5	11	15	21
	20 ~ 40	8.5	12	17	24
	40 ~ 80	10	14	20	28
125 ~ 280	4 ~ 10	7.0	10	14	20
	10 ~ 20	8.0	11	16	22
	20 ~ 40	9.0	13	18	25
	40 ~ 80	10	15	21	29
	80 ~ 160	12	17	25	35
280 ~ 560	10 ~ 20	8.5	12	17	24
	20 ~ 40	9.5	13	19	27
	40 ~ 80	11	15	22	31
	80 ~ 160	13	18	26	36
	160 ~ 250	15	21	30	43

表 9.4 F_i''、f_i'' 公差值（摘自 GB/T 10095.2—2008） μm

分度圆直径 d/mm	模数 m_n/mm	公差项目							
		径向综合总公差 F_i''				一齿径向综合公差 f_i''			
		齿轮精度等级							
		5	6	7	8	5	6	7	8
5~20	0.2~0.5	11	15	21	30	2.0	2.5	3.5	5.0
	0.5~0.8	12	16	23	33	2.5	4.0	5.5	7.5
	0.8~1.0	12	18	25	35	3.5	5.0	7.0	10
	1.0~1.5	14	19	27	38	4.5	6.5	9.0	13
20~50	0.2~0.5	13	19	26	37	2.0	2.5	3.5	5.0
	0.5~0.8	14	20	28	40	2.5	4.0	5.5	7.5
	0.8~1.0	15	21	30	42	3.5	5.0	7.0	10
	1.0~1.5	16	23	32	45	4.5	6.5	9.0	13
	1.5~2.5	18	26	37	52	6.5	9.5	13	19
50~125	1.0~1.5	19	27	39	55	4.5	6.5	9.0	13
	1.5~2.5	22	31	43	61	6.5	9.5	13	19
	2.5~4.0	25	36	51	72	10	14	20	29
	4.0~6.0	31	44	62	88	15	22	31	44
	6.0~10	40	57	80	114	24	34	48	67
125~280	1.0~1.5	24	34	48	68	4.5	6.5	9.0	13
	1.5~2.5	26	37	53	75	6.5	9.5	13	19
	2.5~4.0	30	43	61	86	10	15	21	29
	4.0~6.0	36	51	72	102	15	22	31	44
	6.0~10	45	64	90	127	24	34	48	67
280~560	1.0~1.5	30	43	61	86	4.5	6.5	9.0	13
	1.5~2.5	33	46	65	92	6.5	9.5	13	19
	2.5~4.0	37	52	73	104	10	15	21	29
	4.0~6.0	42	60	84	119	15	22	31	44
	6.0~10	51	73	103	145	24	34	48	68

9.3.3 齿坯的精度
(Precision of Gear Blank)

齿坯是指在齿轮加工前供制造齿轮用的工件。齿坯的精度不仅对齿轮的加工、检验和安装精度影响很大,同时也影响齿轮副的接触条件和运行状况。因此,在一定的加工条件下,用控制齿坯质量的方法来保证和提高齿轮的加工精度,改善齿轮副的接触条件和运行状况是一项有效的措施。

齿坯精度是指在齿坯上,影响轮齿加工和齿轮传动质量的基准表面上的误差,包括尺寸偏差、形状误差、基准面的跳动以及表面粗糙度。

齿轮的加工、检验和装配,应尽量采取基准一致的原则。通常将基准轴线与工作轴线重合,即将安装面作为基准面。

1. 带孔齿轮的齿坯公差(Tolerance of perforated gear blank)

带孔齿轮的常用结构形式如图 9.8 所示,其基准表面包括:齿轮安装在轴上的基准孔(ϕD)、切齿时的定位端面(S_i)、径向基准面(S_r)和齿顶圆柱面(ϕd)。

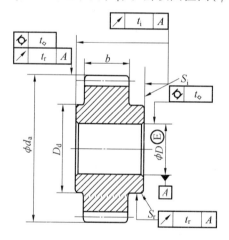

图 9.8　带孔齿轮的齿坯公差

基准孔的尺寸公差(采用包容要求)和齿顶圆的尺寸公差按齿轮精度等级从表 9.5 中选取。基准孔的圆柱度公差$t_\diamond$取下两式中的小值。

$$t_\diamond = 0.04(L/b)F_\beta \tag{9.1}$$

式中　　L——箱体孔跨距;

　　　　b——齿轮宽度;

　　　　F_β——螺旋线总公差。

$$t_\diamond = 0.1F_p \tag{9.2}$$

式中　　F_p——齿距累积总公差。

表 9.5　齿坯尺寸公差（摘自 GB/T 10095.1—2008）

齿轮精度等级		5	6	7	8	9	10	11	12
孔	尺寸公差	IT5	IT6	IT7		IT8		IT9	
轴	尺寸公差		IT5		IT6		IT7		IT8
顶圆直径公差		IT7		IT8			IT9		IT11

注：①齿轮的三项精度等级不同时，齿轮的孔、轴尺寸公差按最高精度等级确定。
②齿顶圆柱面不作基准时，齿顶圆直径公差按 IT11 给定，但不得大于 $0.1m_n$。
③齿顶圆的尺寸公差带通常采用 h11 或 h8。

基准端面 S_i 对基准孔轴线的端面圆跳动公差 t_i 为

$$t_i = 0.2(D_d/b)F_\beta \tag{9.3}$$

式中　D_d——基准端面的直径；

b——同式（9.1）。

基准端面 S_i 对基准孔轴线的径向圆跳动公差 t_r 为

$$t_r = 0.3F_p \tag{9.4}$$

若以齿顶圆柱面作为加工或测量基准面，则除了规定上述尺寸公差外，还需要规定齿顶圆柱面的圆柱度公差和对基准孔轴线的径向圆跳动公差，其公差值分别按式（9.1）或式（9.2）和式（9.4）确定。此时，就不必给出径向基准面对基准孔轴线的径向圆跳动公差 t_r。

齿轮齿面和基准面的表面粗糙度从表 9.6 和表 9.7 中选取。

表 9.6　齿面表面粗糙度推荐极限值（摘自 GB/Z 18620.1—2008）

齿轮精度等级	Ra		Rz	
	$m_n < 6$	$m_n \leqslant 25$	$m_n < 6$	$6 \leqslant m_n \leqslant 25$
5	0.5	0.63	3.2	4.0
6	0.8	1.00	5.0	6.3
7	1.25	1.60	8.0	10
8	2.0	2.5	12.5	16

表 9.7　齿坯各基准面表面粗糙度推荐的 Ra 上限值（摘自 GB/T 10095.2—2008）

各面的粗糙度 Ra	齿轮的精度等级			
	5	6	7	8
齿面加工方法	磨齿	磨或珩齿	剃或珩齿　精插精铣	插齿或滚齿
齿轮基准孔	0.32 ~ 0.63	1.25	1.25 ~ 2.5	
齿轮轴基准轴颈	0.32	0.63	1.25	2.5
齿轮基准端面	2.5 ~ 1.25	2.5 ~ 5		3.2 ~ 5
齿轮顶圆	1.25 ~ 2.5	3.2 ~ 5		

2. 齿轮轴的齿坯公差(Tolerance of gear blank of shaft)

齿轮轴的常用结构形式如图9.9所示。其基准表面包括:安装滚动轴承的两个轴径($2 \times \phi d$)、轴向基准端面($2 \times S_i$)和齿顶圆柱面(ϕd_a)。

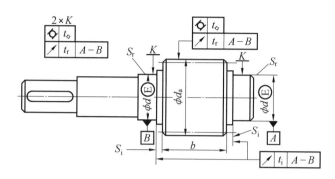

图9.9　齿轮轴的齿坯公差

两个轴径的尺寸公差(采用包容要求)和齿顶圆的尺寸公差按齿轮精度等级从表9.5中选取。两轴径的圆柱度公差t_{o}按式(9.1)或式(9.2)确定;两轴径分别对它们的公共轴线(基准轴线)的径向圆跳动公差t_{r}按式(9.4)确定。

基准端面($2 \times S_i$)对两轴径的公共轴线端面圆跳动公差t_i按式(9.3)确定。

需要指出的是,两个轴径的尺寸公差和几何公差也可按滚动轴承的公差等级确定。

若以齿顶圆柱面作为测量基准面,则除了规定上述尺寸公差外,还需要规定齿顶圆柱面的圆柱度公差和对基准轴线的径向圆跳动公差,其公差值分别按式(9.1)或式(9.2)和式(9.4)确定。

齿轮齿面和基准面的表面粗糙度从表9.6和表9.7中选取。

9.3.4　齿轮精度的标注
(Indication of Gear Precision)

1. 齿轮精度等级的标注(Indication of precision grade of gear)

若齿轮所有偏差项目的公差同为某一公差等级,则在图样上可只标注精度等级和标准号。例如同为7级时,可标注为:

7 GB/T 10095.1~.2—2008 或 7 GB/T 10095.1—2008 或 7 GB/T 10095.2—2001

若齿轮偏差项目的公差的精度等级不同,则在图样上可按齿轮传递运动的准确性、传递运动的平稳性和载荷分布的均匀性的顺序分别标注它们的精度等级及带括号的对应公差符号和标准号。例如齿距累积总公差F_p和单个齿距极限偏差f_{pt}、齿廓总公差F_α同为7级,而螺旋线总公差F_β为6级,可标注为:

7(F_p、f_{pt}、F_α)、6(F_β)GB/T 10095.1—2008

2. 齿厚极限偏差的标注(Indication of tooth thickness limit deviation)

齿厚极限偏差$Sn_{E_{\text{sni}}}^{E_{\text{sns}}}$(或公法线长度极限偏差$Wk_{E_{\text{bni}}}^{E_{\text{bns}}}$)要标注在图样右上角的参数表中(图9.15)。其中S_n(W_k)为法向公称齿厚(跨k个齿数的公法线平均长度),E_{sns}(E_{bns})

为齿厚(公法线长度)的上极限偏差,$E_{sni}(E_{bni})$为齿厚(公法线长度)的下极限偏差。

9.4 齿轮副的精度和齿侧间隙
(Precision of Gear Pair and Gear Pair Backlash)

9.4.1 齿轮副的精度
(Precision of Gear Pair)

由于齿轮副的安装偏差同样会影响齿轮的使用性能,因此必须对齿轮副的偏差加以控制。

1. 齿轮副的中心距极限偏差($\pm f_a$)(Center distance limit deviation for gear pair($\pm f_a$))

$\pm f_a$ 是指在齿轮副齿宽中间平面内,实际中心距(a_a)与公称中心距(a)之差,如图 9.10 所示。齿轮副的中心距偏差的大小不仅会影响齿轮侧隙,而且也会影响齿轮的重合度,所以必须加以控制。中心距极限偏差$\pm f_a$见表 9.8。

表 9.8 中心距极限偏差$\pm f_a$(摘自 GB/T 10095.2—2008)

中心距 a/mm	齿轮精度等级	
	5,6	7,8
6~10	7.5	11
10~18	9	13.5
18~30	10.5	16.5
30~50	12.5	19.5
50~80	15	23
80~120	17.5	27
120~180	20	31.5
180~250	23	36
250~315	26	40.5
315~400	28.5	44.5
400~500	31.5	48.5

2. 轴线平行度极限偏差($f_{\Sigma\delta}$,$f_{\Sigma\beta}$)(Parallelism limit deviation of axis($f_{\Sigma\delta}$,$f_{\Sigma\beta}$))

由于轴线平行度与其向量的方向有关,所以规定了轴线平面内的平行度偏差$f_{\Sigma\delta}$和垂直平面上的平行度偏差$f_{\Sigma\beta}$。如果一对啮合的圆柱齿轮的两条直线不平行,形成了空间的异面(交叉)直线,则将影响齿轮的接触精度,因此必须加以控制,如图 9.10 所示。

轴线平面内的平行度偏差$f_{\Sigma\delta}$是在两轴线的公共平面上测量的,此公共平面是用两轴承跨距中较长的一个 L 和另一根轴上的一个轴承来确定的。如果两个轴承的跨距相同,则用小齿轮轴和大齿轮轴的一个轴承确定。垂直平面上的平行度偏差 $f_{\Sigma\beta}$ 是在与轴线公共平面相垂直的平面上测量的。$f_{\Sigma\delta}$ 和 $f_{\Sigma\beta}$ 均在全齿宽的长度上测量。

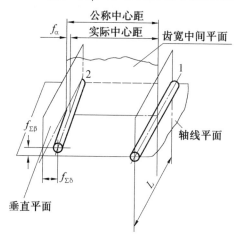

图 9.10　齿轮副轴线平行度偏差和中心距偏差

$f_{\Sigma\delta}$ 和 $f_{\Sigma\beta}$ 的最大推荐值为

$$f_{\Sigma\delta} = (L/b) F_{\beta} \tag{9.5}$$
$$f_{\Sigma\beta} = 0.5(L/b) F_{\beta} = 0.5 f_{\Sigma\delta} \tag{9.6}$$

式中　L——轴承跨距；

　　　b——同式(9.1)。

3. 齿面接触斑点(Tooth contact pattern)

接触斑点是指装配好的齿轮副在轻微制动下,运转后齿面上分布的接触擦亮痕迹,如图 9.11 所示。齿面上分布的接触斑点大小可用于评估齿面接触精度,也可以将被测齿轮安装在机架上与测量齿轮在轻载下测量接触斑点,评估装配后齿轮螺旋线精度和齿廓精度。表 9.9 给出了装配后齿轮副接触斑点的最低要求。

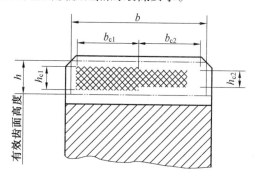

图 9.11　接触斑点分布示意图

表 9.9　齿轮装配后接触斑点(%)(摘自 GB/Z 18620.4—2008)

精度等级	$(b_{c1}/b) \times 100\%$		$(h_{c1}/h) \times 100\%$		$(b_{c2}/b) \times 100\%$		$(h_{c2}/h) \times 100\%$	
	齿轮形式		齿轮形式		齿轮形式		齿轮形式	
	直齿轮	斜齿轮	直齿轮	斜齿轮	直齿轮	斜齿轮	直齿轮	斜齿轮
≥4	50	50	70	50	40	40	50	30
5,6	45	45	50	40	35	35	30	20
7,8	35	35	50	40	35	35	30	20
9 ~ 12	25	25	50	40	25	25	30	20

9.4.2　齿轮副的侧隙
(Gear Pair Backlash)

为保证齿轮润滑,补偿齿轮的制造误差、安装误差以及热变形等造成的误差,必须在非工作齿面留有间隙,即齿轮副的侧隙。轮齿与配对轮齿间的配合相当于圆柱体孔、轴的配合,但这里采用的是"基中心距制",即在中心距一定的情况下,用控制轮齿的齿厚的方法获得必要的侧隙。

1. 齿轮副侧隙的表示法(Indication of gear pair backlash)

齿轮副侧隙有法向侧隙 j_{bn} 和圆周侧隙 j_{wt} 之分,如图 9.12 所示。

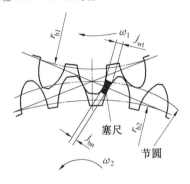

图 9.12　齿轮副侧隙

法向侧隙 j_{bn} 是指当两个齿轮在工作齿面相互接触时,非工作齿面间的最小距离。法向齿侧 j_{bn} 的测量是沿着齿廓的法线,即啮合线方向进行测量。通常可用压铅丝的方法进行,即在齿轮的啮合过程中在非工作齿面的齿间处放入一块铅丝,啮合后取出压扁了的铅丝测量其厚度。也可以用塞尺直接测量 j_{bn}。

圆周侧隙 j_{wt} 是指安装好的齿轮副,当其中一个齿轮固定时,另一个齿轮所能转过的节圆弧长的最大值,即圆周方向的转动量。

法向侧隙 j_{bn} 与圆周侧隙 j_{wt} 之间存在如下关系:

$$j_{bn} = j_{wt} \cos \alpha_{wt} \cdot \cos \beta_b \tag{9.7}$$

式中　α_{wt}——端面工作压力角;

β_b——基圆螺旋角。

2. 最小法向侧隙 j_{bnmin} 的确定(Determination of minimum normal backlash j_{bnmin} of gear pair)

在设计齿轮传动时,必须要保证齿轮副有足够的最小法向间隙 j_{bnmin} 以保证齿轮机构正常工作,避免因温升引起卡死现象,并保证良好的润滑。

对于用黑色金属材料制造的齿轮和箱体,工作时齿轮节圆线速度小于 15 m/s,其箱体、轴和轴承都采用常用的商业制造公差的传动齿轮,j_{bnmin} 可按下式计算:

$$j_{bnmin} = \frac{2}{3}(0.06 + 0.0005a + 0.03m_n)\,\text{mm} \tag{9.8}$$

式中 a——齿轮副中心距;

m_n——齿轮法向模数。

按式(9.8)计算可以得出如表 9.10 所示的推荐数据。

表 9.10　大、中模数齿轮最小侧隙 j_{bnmin} 的推荐数据(摘自 GB/Z 18620.2—2008)　　　mm

模数 m_n	最小中心距 a					
	50	100	200	400	800	1600
1.5	0.09	0.11	—	—	—	—
2	0.10	0.12	0.15	—	—	—
3	0.12	0.14	0.17	0.24	—	—
5	—	0.18	0.21	0.28	—	—
8	—	0.24	0.27	0.34	0.47	—
12	—	—	0.35	0.42	0.55	—
18	—	—	—	0.54	0.67	0.94

3. 齿厚上、下极限偏差的计算(Calculation of upper and lower limit deviation for tooth thickness)

(1)齿厚上极限偏差 E_{sns} 的计算(Calculation of upper limit deviation E_{sns} for tooth thickness)。

齿厚上极限偏差 E_{sns} 即齿厚的最小减薄量,如图 9.13 所示。它除了要保证齿轮副所需的最小法向侧隙 j_{bnmin} 外,还要补偿齿轮和齿轮箱体的加工和安装误差所引起的侧隙减小量 J_{bn}。J_{bn} 的计算公式为

$$J_{bn} = \sqrt{f_{pb_1}^2 + f_{pb_2}^2 + 2F_\beta^2 + (f_{\Sigma\delta}\sin\alpha_n)^2 + (f_{\Sigma\beta}\cos\alpha_n)^2} \tag{9.9}$$

$$f_{pb_1} = f_{pt_1}\cos\alpha_n \tag{9.10}$$

$$f_{pb_2} = f_{pt_2}\cos\alpha_n \tag{9.11}$$

式中 f_{pt_1}——大齿轮单个齿距的极限偏差;

f_{pt_2}——小齿轮单个齿距的极限偏差;

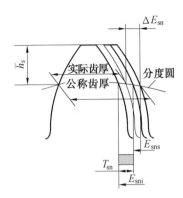

图 9.13　齿厚偏差

$f_{\Sigma\delta}$——轴线平面内的平行度偏差,按式(9.5)计算;

$f_{\Sigma\beta}$——轴线垂直平面上的平行度偏差,按式(9.6)计算;

α_n——齿轮法向压力角,一般 $\alpha_n = 20°$。

将式(9.10)、式(9.11)和 $\alpha_n = 20°$ 代入式(9.9)得

$$J_{bn} = \sqrt{0.88(f_{pt_1}^2 + f_{pt_2}^2) + [2 + 0.34(L/b)^2] F_{\beta}^2} \qquad (9.12)$$

式中符号含义同式(9.9)~(9.11)。

考虑到实际中心距为最小极限尺寸,即中心距实际偏差为下极限偏差($-f_a$)时,会使法向侧隙 j_{bn} 减小 $2f_a \sin \alpha_n$,可得齿厚上极限偏差(E_{sns1}、E_{sns2})与最小法向间隙 j_{bnmin}、侧隙减小量 J_{bn} 和中心距下极限偏差($-f_a$)的关系为

$$(E_{sns1} + E_{sns2}) \cos \alpha_n = -(j_{bnmin} + J_{bn} + 2f_a \sin \alpha_n) \qquad (9.13)$$

通常为了方便设计与计算,令 $E_{sns1} = E_{sns2} = E_{sns}$,于是可得出齿厚上极限偏差为

$$E_{sns} = -\left(\frac{j_{bnmin} + J_{bn}}{2\cos \alpha_n} + |f_a| \tan \alpha_n\right) \qquad (9.14)$$

式中符号含义同前。

(2)齿厚下极限偏差 E_{sni} 的计算(Calculation of lower limit deviation E_{sni} for tooth thickness)。

齿厚下极限偏差 E_{sni} 可由齿厚上极限偏差 E_{sns} 和齿厚公差 T_{sn} 求得,即

$$E_{sni} = E_{sns} - T_{sn} \qquad (9.15)$$

齿厚公差 T_{sn} 的大小与齿轮的精度无关,主要由制造设备控制。齿厚公差 T_{sn} 过小将会增加齿轮的制造成本,齿厚公差 T_{sn} 过大又会使齿轮副侧隙加大,使齿轮正、反转空程过大,造成冲击,因此必须对齿厚公差 T_{sn} 确定一个合理的数值。

齿厚公差 T_{sn} 由齿轮径向跳动公差 F_r 和切齿径向进刀公差 b_r 组成,按下式计算:

$$T_{sn} = \sqrt{b_r^2 + F_r^2} \cdot 2\tan \alpha_n \qquad (9.16)$$

式中,切齿径向进刀公差 b_r 按表 9.11 选取,齿轮径向跳动公差 F_r 按表 9.2 选取。

表 9.11 切齿径向进刀公差 b_r 值

齿轮精度等级	4	5	6	7	8	9
b_r 值	1.26IT7	IT8	1.26IT8	IT9	1.26IT9	IT10

注:IT 值按分度圆直径尺寸从表 3.4 中查取。

4. 公法线长度上、下极限偏差的计算(Calculation of upper and lower limit deviation for base tangent length)

公法线长度上、下极限偏差(E_{bns} 、E_{bni})可由齿厚的上、下极限偏差(E_{sns} 、E_{sni})经换算得到。它们之间的关系为

$$E_{bns} = E_{sns}\cos \alpha_n - 0.72F_r\sin \alpha_n \tag{9.17}$$

$$E_{bni} = E_{sni}\cos \alpha_n - 0.72F_r\sin \alpha_n \tag{9.18}$$

式中符号含义同前。

9.5 圆柱齿轮的精度设计
(Cylindrical Gear Precision Design)

9.5.1 齿轮精度设计方法及步骤
(Methods and Steps of Cylindrical Gear Precision Design)

1. 选择齿轮的精度等级(Selection of cylindrical gear precision grade)

齿轮精度等级的选择依据是齿轮的用途、齿轮的使用要求和齿轮的工作条件。其选择方法主要有计算法和经验法(类比法)两种。

计算法主要用于精密传动锌用齿轮设计,可按精密传动链精度要求首先计算出允许的回转角误差大小,然后根据传递运动的准确性偏差项目,选择适宜的精度等级。

经验法是参考同类产品的齿轮精度,结合所设计齿轮的具体要求来确定精度等级。表 9.12 为从生产实践中搜集到的各种用途齿轮的大致精度等级,可供设计齿轮精度等级时参考。

表 9.12 齿轮精度等级的应用(仅供参考)

齿轮用途	精度等级	齿轮用途	精度等级	齿轮用途	精度等级
测量齿轮	2~5	轻型汽车	5~8	轧钢机	5~10
汽轮机减速器	3~6	机车	6~7	起重机械	6~10
金属切削机床	3~8	通用减速器	6~8	矿山绞车	8~10
航空发动机	3~7	载重汽车、拖拉机	6~9	农业机械	8~10

在机械传动中应用的最多的齿轮是既传递运动又传递动力,其精度等级与圆周速度密切相关,因此可计算出齿轮的最高圆周速度,根据最高圆周速度参考表 9.13 确定齿轮的精度等级。

表 9.13 齿轮平稳性精度等级的选用(仅供参考)

精度等级	圆周速度 /(m·s⁻¹)		齿面的终加工	工作条件
	直齿	斜齿		
3级 (极精密)	到40	到75	特精密的磨削和研齿;用精密滚刀或单边剃齿后的大多数不经淬火的齿轮	要求特别精密的或在最平稳且无噪声的特别高速下工作的齿轮传动;特别精密机构中的齿轮;特别高速传动(透平齿轮);检测5~6级齿轮用的测量齿轮
4级 (特别精密)	到35	到70	精密磨齿;用精密滚刀和挤齿或单边剃齿后的大多数齿轮	特别精密分度机构中或在最平稳且无噪声的极高速下工作的齿轮传动;特别精密分度机构中的齿轮;高速透平传动;检测7级齿轮用的测量齿轮
5级 (高精密)	到20	到40	精密磨齿;大多数用精密滚刀加工,进而挤齿或剃齿的齿轮	精密分度机构中或要求极平稳且无噪声的高速工作的齿轮传动;精密机构用齿轮;透平齿轮;检测8级和9级齿轮用测量齿轮
6级 (高精密)	到16	到30	精密磨齿或剃齿	要求最高效率且无噪声的高速下平稳工作的齿轮传动或分度机构的齿轮传动;特别重要的航空、汽车齿轮;读数装置用特别精密传动的齿轮
7级 (精密)	到10	到15	无须热处理仅用精确刀具加工的齿轮;至于淬火齿轮必须精整加工(磨齿、挤齿、珩齿等)	增速和减速用齿轮传动;金属切削机床送刀机构用齿轮;高速减速器用齿轮;航空、汽车用齿轮;读数装置用齿轮
8级 (中等精密)	到6	到10	不磨齿,必要时光整加工或对研	无须特别精密的一般机械制造用齿轮;包括在分度链中的机床传动齿轮;飞机、汽车制造业中的不重要齿轮;起重机构用齿轮;农业机械中的重要齿轮,通用减速器齿轮
9级 (较低精度)	到2	到4	无须特殊光整工作	用于粗糙工作的齿轮

2. 选择齿轮的检验项目(Select of testing items for cylindrical gear)

影响选择齿轮检验项目的因素主要有:

(1)齿轮的精度等级和用途。

(2)检验的目的(工艺检验、产品检验)。

(3)齿轮的切齿工艺。

(4)齿轮的生产批量。

(5)齿轮的结构形式和尺寸大小。

(6)生产企业现有的检测设备情况。

渐开线圆柱齿轮标准 GB/T 10095.1—2008 中给出的偏差项目虽然很多,但作为评价齿轮质量的客观标准,齿轮质量的检验项目应该以单向指标为主,即齿距偏差(f_p、f_{pt}、F_{pk})、齿廓总偏差 F_α、螺旋线总偏差 F_β 和齿厚极限偏差(E_{sns}、E_{sni})。而标准中的其他参数,一般不是必检项目,而是根据供需双方的具体要求协商确定。

渐开线圆柱齿轮标准 GB/T 10095.2—2008 中给出的径向综合偏差的精度等级,根据需求,可选用与 GB/T 10095.1—2008 中的因素偏差(如齿距、齿廓和螺旋线等)相同或不同的精度等级。径向综合偏差的公差仅适用于产品齿轮与测量齿轮的啮合检验,而不适用于两个产品齿轮啮合的检验。

当文件需要叙述齿轮的精度等级时,应注明齿轮标准号(GB/T 10095.1—2008 或 GB/T 10095.2—2008)。

根据我国多年来的生产实践及目前齿轮生产的质量控制水平,建议供需双方依据齿轮的功能要求、生产批量和检测条件参考表 9.14 推荐的检验组选取一个组来评价齿轮的精度等级。

表 9.14 齿轮检验组(推荐)

检验组	检验项目	适用等级	测量仪器
1	F_p、F_α、F_β、E_{sn}	3～9	齿距仪、齿形仪、齿向仪或导程仪,齿厚卡尺或公法线千分尺
2	F_p、F_{pk}、F_α、F_β、E_{sn}	3～9	齿距仪、齿形仪、齿向仪或导程仪,齿厚卡尺或公法线千分尺
3	F_p、f_{pt}、F_α、F_β、E_{sn}	3～9	齿距仪、齿形仪、齿向仪或导程仪,齿厚卡尺或公法线千分尺
4	F_i'、f_i''、F_β、E_{sn}	6～9	双面啮合测量仪,齿厚卡尺或公法线千分尺,齿向仪或导程仪
5	F_r、f_{pt}、F_β、E_{sn}	8～12	摆差测定仪(用骑架测量)、齿距仪,齿厚卡尺或公法线千分尺,齿向仪或导程仪
6	F_i'、f_i'、F_β、E_{sn}	3～6	单齿仪,齿向仪或导程仪,齿厚卡尺或公法线千分尺
7	F_r、f_{pt}、F_β、E_{sn}	10～12	摆差测量仪,齿距仪,齿向仪,齿厚卡尺或公法线千分尺

3. 选择最小侧隙、计算齿厚极限偏差(Select the minimum normal backlash for cylindrical gear and calculate of its thickness limit deviation)

参照本章 9.3.4 节的内容,依据齿轮副中心距从表 9.10 中确定最小侧隙,按式(9.13)和式(9.14)计算齿厚偏差。

4. 确定齿坯公差和表面粗糙度(Determination of gear tolerance and surface roughness)

根据齿轮的工作条件和使用要求,参照本章 9.3.3 节的内容确定齿坯的尺寸公差、几何公差和表面粗糙度。

5. 绘制齿轮工作图(Drawing gear prat drawing)

绘制齿轮工作图,填写规格数据表,标注相应的技术要求。

9.5.2 齿轮精度设计示例
(Example of Cylindrical Gear Precision Design)

【例9.1】 设有一一级直齿圆柱齿轮减速器如图9.14所示。已知:模数 $m =$ 2.75 mm,输入轴上的小齿轮的齿数 $Z_1 = 22$,与之啮合的输出轴上的大齿轮的齿数 $Z_2 = 82$,齿形角 $\alpha = 20°$,齿宽 $b = 63$ mm,大齿轮孔径 $D = 56$ mm,输出轴转速 $n_2 = 805$ r/min,轴承跨距 $L = 110$ mm,齿轮材料为45号钢,减速器箱体材料为铸铁,齿轮工作温度55 ℃,小批量生产。试确定齿轮的精度等级、检验组、有关侧隙的指标、齿坯公差和表面粗糙度,并绘制齿轮工作图。

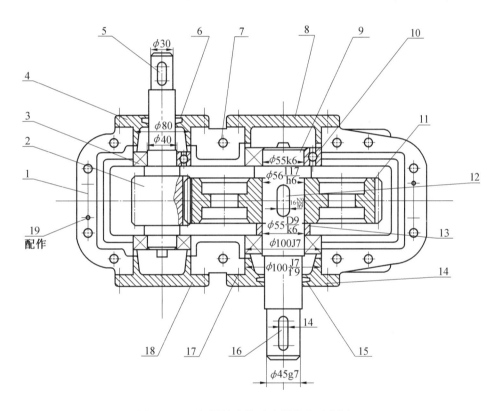

图9.14 一级圆柱齿轮减速器装配示意图

1—箱座;2—输入轴;3、10—轴承;4、8、14、18—端盖;5、12、16—键;6、15—密封圈;7—螺钉;9—输出轴;11—带孔齿轮;13—轴套;17—螺栓垫片;19—定位销

解 (1)确定齿轮的精度等级。

因该齿轮为普通减速器传动齿轮,由表9.12可以大致得出,齿轮精度等级为6~8级。进一步分析该减速器为既传递运动又传递动力,因此可依据齿轮线速度确定其平稳性的精度等级,根据输出轴转速 $n_2 = 805$ r/min,可计算出齿轮的圆周速度

$$v = \frac{\pi dn}{1\,000 \times 60} = \frac{3.14 \times 2.75 \times 82 \times 805}{1\,000 \times 60} = 9.5\,(\text{m/s})$$

查表9.13,可确定该齿轮传动的平稳性精度等级为7级,由于该齿轮传递运动准确

性要求不高,传递的动力也不是很大,故准确性和载荷分布均匀性精度等级也都取7级,则齿轮精度在图样上标注为 7 GB/T 10095. 1 ~ . 2—2008。

(2)确定齿轮精度的检验组及其公差或极限偏差。

参考表9.14,普通减速器齿轮,小批量生产,中等精度,无振动、噪声等特殊要求,所以选择第一检验组,即选择 F_p、F_α、F_β 和 E_{sn}。

因为减速器输出轴上的大齿轮的分度圆直径为

$$d_2 = mz_2 = 2.75 \times 82 = 225.5 (\text{mm})$$

所以,查表9.2得 $F_p = 0.050$ mm,$F_\alpha = 0.018$ mm。

因为齿宽 $b = 63$ mm,所以查表9.3得 $F_\beta = 0.021$ mm。

(3)确定最小法向侧隙和齿厚极限偏差。

减速器中两齿轮的中心距为

$$a = \frac{m}{2}(Z_1 + Z_2) = \frac{2.75}{2}(22 + 82) = 143 (\text{mm})$$

由中心距 a 和齿轮模数 m,按式(9.8)可得最小法向侧隙 j_{bnmin} 为

$$j_{bnmin} = \frac{2}{3}(0.06 + 0.0005a + 0.03m_n)$$

$$= \frac{2}{3}(0.06 + 0.0005 \times 143 + 0.03 \times 2.75) = 0.143 (\text{mm})$$

确定齿厚极限偏差(E_{sns}、E_{sni})时,首先要确定补偿齿轮和齿轮箱体的制造、安装误差所引起侧隙减小量 J_{bn}。按式(9.12),根据轴承跨距 $L = 110$ mm,齿宽 $b = 63$ mm,由表9.2查得 $f_{pt1} = 0.012$ mm,$f_{pt2} = 0.013$ mm,表9.3查得 $F_\beta = 0.021$ mm,可得

$$J_{bn} = \sqrt{0.88(f_{pt1}^2 + f_{pt2}^2) + [2 + 0.34(L/b)^2]F_\beta^2}$$

$$= \sqrt{0.88(0.012^2 + 0.013^2) + [2 + 0.34(110/63)^2] \times 0.021^2} = 0.0401 (\text{mm})$$

按式(9.14),由表9.8查得 $f_a = 0.0315$ mm,则齿厚上极限偏差为

$$E_{sns} = -\left(\frac{j_{bnmin} + J_{bn}}{2\cos\alpha_n} + |f_a|\tan\alpha_n\right) = -\left(\frac{0.143 + 0.0401}{2\cos 20°} + 0.0315 \times \tan 20°\right) = -0.1088 (\text{mm})$$

按式(9.16),由表9.2查得 $F_r = 0.040$ mm,另由表9.11查得 $b_r = IT9 = 0.074$ mm,因此可得齿厚公差为

$$T_{sn} = \sqrt{b_r^2 + F_r^2} \cdot 2\tan\alpha_n = \sqrt{0.074^2 + 0.040^2} \cdot 2\tan 20° = 0.0612 (\text{mm})$$

由此,根据式(9.15)可得齿厚下极限偏差为

$$E_{sni} = E_{sns} - T_{sn} = -0.1088 - 0.0612 = -0.170 (\text{mm})$$

齿轮公称值为

$$S_n = \frac{\pi m}{2} = \frac{3.14 \times 2.75}{2} = 4.32 (\text{mm})$$

(4)齿坯精度和表面粗糙度。

①基准孔的尺寸公差和几何公差。

由表9.5查得,基准孔尺寸公差为IT7级,即

$$\phi 56H7 = \phi 56^{+0.030}_{0}$$

按式(9.1)和式(9.2)计算值中的较小者为基准孔的圆柱度公差。

由式(9.1)可得

$$t_\circ = 0.04(L/b)F_\beta = 0.04(110/63) \times 0.021 = 0.001\ 5$$

由式(9.2)可得

$$t_\circ = 0.1F_p = 0.1 \times 0.05 = 0.005$$

因此基准孔的圆柱度公差取为 $t_\circ = 0.001\ 5$ mm。

②齿顶圆的尺寸公差和几何公差。

齿顶圆的直径为

$$d_{a2} = (Z_2 + 2)m_n = (82 + 2) \times 2.75 = 231(\text{mm})$$

由表9.5查得,齿顶圆的尺寸公差为 IT8 级,即

$$\phi 231H8 = \phi\ 231^{\ 0}_{-0.072}$$

按式(9.1)和式(9.2)计算值中的较小者为齿顶圆的圆柱度公差(同基准孔,略),得齿顶圆的圆柱度公差为 $t_\circ = 0.001\ 5$ mm。

齿顶圆对基准孔轴线的径向圆跳动公差按式(9.4)计算,即

$$t_r = 0.3F_p = 0.3 \times 0.05 = 0.015(\text{mm})$$

得齿顶圆对基准孔轴线的径向圆跳动公差为 $t_r = 0.015$ mm。若齿顶圆柱面不作为基准,则 $t_\circ$ 和 t_r 不必在图样上给出。

③基准孔端面的圆跳动公差。

基准孔端面对基准孔的端面圆跳动公差按式(9.3)计算,即

$$t_i = 0.2(D_d/b)F_\beta = 0.2(231/63) \times 0.021 = 0.015(\text{mm})$$

得基准孔端面对基准孔的端面圆跳动公差 $t_i = 0.015$ mm。

④轮齿齿面和齿坯表面粗糙度。

由表9.6查得齿面表面粗糙度 Ra 的极限值为 1.25 μm。

由表9.7查得齿坯内孔表面粗糙度 Ra 的上限值为 1.25 μm,端面 Ra 的上限值为 2.5 μm,齿顶圆 Ra 的上限值为 3.2 μm,其余表面的 Ra 的上限值为 12.5 μm。

(5)确定齿轮副精度。

①齿轮副中心距极限偏差 $\pm f_a$。

由表9.8查得齿轮副中心距极限偏差 $\pm f_a = 0.031\ 5$ mm。

②轴线平行度公差 $f_{\Sigma\delta}$ 和 $f_{\Sigma\beta}$。

按式(9.5)计算轴线平面内的平行度偏差 $f_{\Sigma\delta}$,即

$$f_{\Sigma\delta} = (L/b)F_\beta = (110/63) \times 0.021 = 0.036\ 7(\text{mm})$$

按式(9.6)计算轴线平面内的平行度偏差 $f_{\Sigma\beta}$,即

$$f_{\Sigma\beta} = 0.5(L/b)F_\beta = 0.5f_{\Sigma\delta} = 0.5 \times 0.036\ 7 = 0.018\ 4(\text{mm})$$

③轮齿接触斑点。

由表9.9查得轮齿接触斑点的要求,在齿长方向上 $b_{c1}/b \geqslant 35\%$ 和 $b_{c2}/b \geqslant 35\%$;在齿高方向上 $h_{c1}/h \geqslant 50\%$ 和 $h_{c2}/h \geqslant 30\%$。

(6)齿轮工作图。

齿轮工作图如图9.15所示。

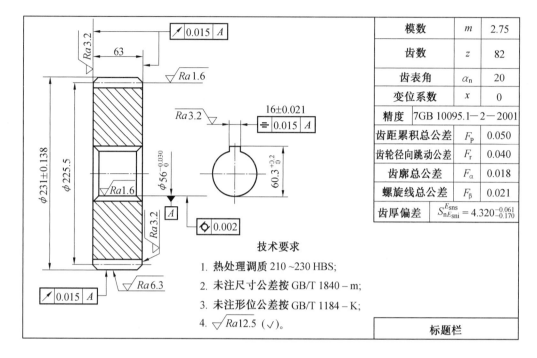

图 9.15 齿轮工作图

模数	m	2.75
齿数	z	82
齿表角	α_n	20
变位系数	x	0
精度	7GB 10095.1—2—2001	
齿距累积总公差	F_p	0.050
齿轮径向跳动公差	F_r	0.040
齿廓总公差	F_α	0.018
螺旋线总公差	F_β	0.021
齿厚偏差	$S_{nE_{sni}}^{E_{sns}} = 4.320_{-0.170}^{-0.061}$	

技术要求

1. 热处理调质 210~230 HBS;

2. 未注尺寸公差按 GB/T 1840 - m;

3. 未注形位公差按 GB/T 1184 - K;

4. $\sqrt{Ra12.5}$ （ $\sqrt{}$ ）。

思考题与习题
(Questions and Exercises)

一、思考题

1. 齿轮传动有哪些使用要求?

2. 产生齿轮偏差的主要原因是什么?

3. 单个齿轮的评定指标有哪些? 这些指标主要影响齿轮传动运动的哪种使用要求? 说明其名称和代号。

4. 齿轮的精度等级分几级? 这些等级是如何分类的?

5. 如何选择精度等级和检验项目?

6. 为何要控制齿坯的精度? 齿坯精度包括哪些方面?

7. 为何要规定齿轮副的精度? 齿轮副的精度由几项指标控制?

8. 齿轮副侧隙的作用是什么? 靠什么指标保证齿轮副侧隙?

二、习题

1. 有一直齿圆柱齿轮, 齿数 $z=40$, 模数 $m=4$ mm, 齿宽 $b=30$ mm, 齿形角 $\alpha=20°$, 其精度标注为 6 GB/T 10095.1—2008, 查出下列公差值:

（1）单个齿距偏差 f_{pt}。

（2）齿距累积总偏差 F_p。

（3）齿廓总偏差 F_α。

（4）螺旋线总偏差 F_β。

2. 某减速器中一对直齿圆柱齿轮副，模数 $m = 6$ mm，齿数 $z_1 = 36$，$z_2 = 84$，齿形角 $\alpha = 20°$，小齿轮结构如习题 2 图所示，其圆周速度 $v = 8$ m/s，批量生产，试对小齿轮进行精度设计：

（1）确定精度等级。

（2）确定检验项目及其公差值。

（3）确定齿厚上、下偏差。

（4）确定齿坯公差。

（5）确定各表明粗糙度值。

（6）将各项技术要求标注在习题 2 图上。

（7）完成齿轮零件工作图。

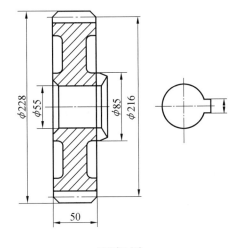

习题 2 图

第 10 章　尺寸链
(Dimensional Chain)

【内容提要】　本章主要介绍尺寸链的基本概念、计算步骤、计算方法及其应用。

【课程指导】　本章要求掌握尺寸链的基本概念,初步掌握尺寸链的建立,理解尺寸链计算的任务,掌握尺寸链的计算方法,学会用极值法和概率法计算尺寸链。

10.1　概　　述
(Overview)

机器是由零部件组成的,只有各个零部件之间保持正确的尺寸、位置关系,才能保证机器能顺利进行装配,并能满足预定功能要求。从机器、仪器的总体装配考虑,可以运用尺寸链理论来协调各个零部件的有关尺寸、位置关系,经济合理地确定有关零部件的尺寸精度和几何精度,进行几何精度综合分析与计算。

本章所涉及的国家标准是《尺寸链　计算方法》(GB/T 5847—2004)。

10.1.1　尺寸链的定义及特点
(Definition and Characteristic of Dimensional Chain)

在机器装配或零件加工过程中,由相互连接的尺寸形成封闭的尺寸组称为尺寸链(Dimensional chain)。

如图 10.1(a)所示的齿轮部件,A_1、A_2、A_3、A_4、A_5 分别为 5 个不同零件的轴向设计尺寸,A_0 是 5 个零件装配后,在齿轮右端面与右挡圈之间形成的间隙,A_0 与 5 个零件轴向设计尺寸 A_1、A_2、A_3、A_4、A_5 形成了一个封闭的尺寸组,该尺寸组反映了齿轮部件装配后形成的间隙与 5 个零件的轴向设计尺寸之间的关系,因此构成了一个装配尺寸链。

如图 10.2(a)所示的齿轮轴,由 4 个端平面的轴向尺寸 A_1、A_2、A_3、A_0 形成了一个封闭的尺寸组,该尺寸组反映了齿轮轴上 3 个台阶设计轴向尺寸之间的关系,因此构成了一个零件尺寸链。

如图 10.3(a)所示的零件在加工过程中,以 B 面为定位基准获得尺寸 A_1、A_2,加工完毕后 A 面到 C 面的距离 A_0 也就随之确定,尺寸 A_1、A_2、A_0 形成了一个封闭的尺寸组,该尺寸组反映了零件上的加工关系,因而构成了一个工艺尺寸链。

综上所述,尺寸链具有如下两个特点:

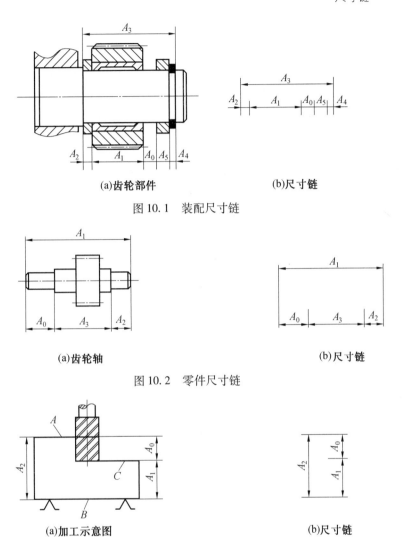

(a)齿轮部件　　　　　　(b)尺寸链

图 10.1　装配尺寸链

(a)齿轮轴　　　　　　(b)尺寸链

图 10.2　零件尺寸链

(a)加工示意图　　　　　　(b)尺寸链

图 10.3　工艺尺寸链

(1)封闭性。组成尺寸链的各个尺寸按一定顺序构成一个封闭系统。

(2)相关性。尺寸链中一个尺寸变动将影响其他尺寸变动。

10.1.2　尺寸链的组成和分类
(Composition and Classification of Dimensional Chain)

1.尺寸链的组成(Composition of dimensional chain)

(1)环(link)。

列入尺寸链中的每一个尺寸称为环。如图 10.1 中的 A_1、A_2、A_3、A_4、A_5、A_0，图 10.2 中的 A_1、A_2、A_3、A_0 以及图 10.3 中的 A_1、A_2、A_0，尺寸链的环分为封闭环和组成环。

(2)封闭环(closing link)。

尺寸链中在装配或加工过程中最后形成的一环称为封闭环(closing link)。如图

10.1～10.3 中的 A_0。

（3）组成环（component link）。

尺寸链中对封闭环有影响的全部环,称为组成环（component link）。如图 10.1 中的 A_1、A_2、A_3、A_4、A_5,图 10.2 中的 A_1、A_2、A_3 以及图 10.3 中的 A_1、A_2,这些环中的任意环的变动必然引起封闭环的变动。

根据组成环对封闭环影响的不同,又可把组成环分为增环和减环。

①增环（increasing link）。

增环是尺寸链中的组成环,该环的变动会引起封闭环的同向变动。同向变动量指该环增大时封闭环也增大,该环减小时封闭环也减小,具有这种性质的组成环称为增环。如图 10.1 中的 A_3、图 10.2 中的 A_1 及图 10.3 中的 A_2。

②减环（decreasing link）。

减环是尺寸链中的组成环,该环的变动会引起封闭环的反向变动。反向变动量指该环增大时封闭环减小,该环减小时封闭环增大,具有这种性质的组成环称为减环。如图 10.1 中的 A_1、A_2、A_4、A_5,图 10.2 中的 A_2、A_3 以及图10.3中的 A_1。

2. 尺寸链的形式（Type of dimensional chain）

尺寸链的形式可以从不同的角度来划分。按应用场合可分为:

（1）装配尺寸链。

全部组成环为不同零件设计尺寸所形成的尺寸链,如图 10.1 所示。

（2）零件尺寸链。

全部组成环为同一零件设计尺寸所形成的尺寸链,如图 10.2 所示。

（3）工艺尺寸链。

全部组成环为同一零件工艺尺寸所形成的尺寸链,如图 10.3 所示。

还可以按照尺寸链各环所在的空间位置划分,如直线尺寸链、平面尺寸链和空间尺寸链;也可以按照尺寸链各环尺寸的几何特性划分,如长度尺寸链和角度尺寸链。

10.1.3 尺寸链的建立、计算与计算方法 （Establishment, Calculation and Calculation Method of Dimensional Chain）

1. 尺寸链的建立（Establishment of dimensional chain）

正确建立和描述尺寸链是进行尺寸链计算的基础,其具体步骤如下。

（1）确定封闭环（Determing the closing ring）。

正确建立和分析尺寸链的首要条件是正确地确定封闭环,一个尺寸链中有且只有一个封闭环。

装配尺寸链中,封闭环就是机器上有装配要求的尺寸,如为了保证机器可靠工作,对机器同一部件中各零件之间相互位置提出的尺寸要求,或为了保证机器中相互配合零件配合性质要求而提出的间隙或过盈量。在建立尺寸链之前,必须查明在机器装配和验收的技术要求中规定的全部几何精度要求项目,这些项目往往就是某些尺寸链的封闭环。

　　零件尺寸链中,封闭环应为公差等级要求最低的环,一般在零件图中不进行标注,以免引起加工中的混乱。例如,如图 10.2(a)所示的尺寸 A_0 是不进行标注的。

　　在工艺尺寸链中,封闭环是在加工中最后自然形成的环,一般为被加工零件要求达到的设计尺寸或工艺过程中需要的余量尺寸。加工顺序不同,封闭环也不同。所以,工艺尺寸链的封闭环必须在加工顺序确定之后才能确定。

　　(2)查找组成环(Finding component ring)。

　　在查找装配尺寸链的组成环时,先从封闭环的任意一端开始,找相邻零件的尺寸,然后再找与第一个零件相邻的第二个零件的尺寸,这样一环接一环,直到封闭环的另一端为止,从而形成一个封闭的尺寸组。

　　如图 10.4 所示,车床主轴轴线与尾架轴线高度差的允许值 A_0 是该车床装配的技术要求,此为封闭环。组成环可以从主轴顶尖开始查找,包括主轴顶尖轴线到床面的高度 A_1、与床面相连的尾架底板的厚度 A_2 以及尾架顶尖轴线到底面的高度 A_3,最后回到封闭环 A_0。A_1、A_2、A_3 均为组成环。

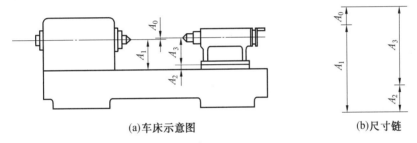

(a)车床示意图　　　　　　　　　(b)尺寸链

图 10.4　车床顶尖高度尺寸链

　　一个尺寸链中最少要有两个组成环。组成环中,可能只有增环而没有减环,但不可能只有减环而没有增环。

　　在封闭环有较高技术要求或几何误差较大的情况下,建立尺寸链时,还要考虑几何误差对封闭环的影响。

　　(3)绘制尺寸链图(Drawing dimensional chain)。

　　要进行尺寸链分析和计算,首先必须绘制出尺寸链图。所谓尺寸链图,就是由封闭环和组成环构成的一个封闭回路图。绘制尺寸链图时,不需要画出零件或部件的具体结构,也不必按照严格比例,只需将尺寸链中各尺寸依次画出即可。如图 10.1 ~ 10.4 所示。

　　为了进行尺寸链计算,在确定了封闭环、组成环以及绘制尺寸链图之后,还要对组成环中的增环和减环做出判断。具体判断方法如下。

　　①按定义判断。根据增环、减环的定义,对逐个组成环,分析其尺寸的增减对封闭环尺寸的影响,以判断其为增环还是减环。

　　②按箭头方向判断(图 10.5)。首先在封闭环符号 A_0 上面按与尺寸平行的任意方向画一箭头,然后在每个组成环符号 A_1、A_2、A_3、A_4 上面各画一箭头,全部箭头要依次首尾相连,组成环中的箭头与封闭环箭头方向相同者为减环,相反者为增环。

　　在建立尺寸链时,应遵循尺寸链组成的最短路线(环数最少)原则,对于某与封闭环,若存在多个尺寸链,则应选取组成环环数最少的那一个尺寸链。这是因为在封闭环精度

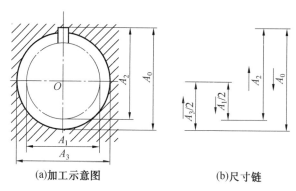

(a)加工示意图   (b)尺寸链

图10.5   尺寸链图

要求一定的条件下,尺寸链中组成环的环数越少,则对组成环的精度要求越低,从而可以降低产品制造成本。

为达到上述要求,在产品结构设计时,在满足产品工作性能要求的前提下,应尽可能使影响封闭环精度有关的零件的数目为最少,做到结构简化。

2. 尺寸链的计算(Calculation of dimensional chain)

尺寸链的计算是为了正确合理地确定尺寸链中各环(包括封闭环和组成环)的尺寸、尺寸公差和极限偏差。根据不同要求,尺寸链的计算有三种类型。

(1)正计算(Position calculation)。

正计算是已知组成环的公称尺寸和极限偏差,求封闭环的公称尺寸和极限偏差。正计算主要用来验证设计的准确性。

(2)反计算(Inverse calculation)。

反计算是已知封闭环的公称尺寸和极限偏差,及各组成环的公称尺寸,求各组成环的极限偏差。反计算常用于设计机器或零件时,合理地确定各部件或零件上各有关尺寸的极限偏差,即根据设计的精度要求,进行公差分配。

(3)中间计算(Intermediate calculation)。

中间计算是已知封闭环和部分组成环的公称尺寸和极限偏差,求某一组成环的公称尺寸和极限偏差。中间计算常用于工艺设计,如基准的换算和工序尺寸的确定等。

通常正计算又称为校核计算,反计算和中间计算又称为设计计算。

3. 尺寸链的计算方法(Calculation methods of dimensional chain)

尺寸链的计算方法主要有两种。

(1)极值法(Extremum method)。

极值法是从尺寸链各环的最大与最小极限尺寸出发进行尺寸链计算,不考虑各环实际尺寸的分布情况。按此法计算出来的尺寸加工各组成环,装配时各组成环不需挑选或辅助加工,装配后即能满足封闭环的公差要求,即可实现完全互换,故极值法又称为完全互换法。

极值法的特点是:装配质量稳定可靠,装配过程简单,生产率高,易于实现装配工作机械化、自动化,便于组织流水作业和零部件的协作和专业化生产。但当装配精度要求较高,尤其是组成环较多时,零件难以按经济精度加工。因此,极值法常用于高精度、少环尺寸链或低精度、多环尺寸链以及大批大量生产中的装配场合。

(2)概率法(Probability method)。

概率法是根据各组成环尺寸分布情况,按统计公差公式进行计算。按此法计算出来的尺寸加工各组成环,在装配时绝大多数的组成环(通常为 99.73%)不需挑选,装配后即能达到封闭环的公差要求。概率法又称为大数互换法。

概率法的装配特点与极值法相同。但由于零件所规定的公差要大于极值法所规定的公差,有利于零件的经济加工。装配过程与极值法一样简单、方便,结果使绝大多数产品能保证装配精度要求。对于极少数不合格的予以报废或采取工艺措施进行修复。

概率法常用于高精度、多环尺寸链以及大批大量生产中的装配场合。

10.2 用极值法计算尺寸链
(Calculation of Dimensional Chain by Extremum Method)

10.2.1 极值法的基本公式
(Basic Formulas of Extremum Method)

设尺寸链的组成环数为 m,其中有 n 个增环,$m - n$ 个减环,A_0、A_{0max}、A_{0min}、ES_0、EI_0 和 T_0 分别为封闭环的基本尺寸、上极限尺寸、下极限尺寸、上极限偏差、下极限偏差和公差,A_i、A_{imax}、A_{imin}、ES_i、EI_i 和 T_i 分别为组成环的公称尺寸、最大极限尺寸、最小极限尺寸、上极限偏差、下极限偏差和公差,则对于直线尺寸链有如下公式。

(1)封闭环的公称尺寸(Nominal size of cosling ring)。

$$A_0 = \sum_{i=1}^{n} A_i - \sum_{i=n+1}^{m} A_i \tag{10.1}$$

即封闭环的公称尺寸等于所有增环的公称尺寸之和减去所有减环的公称尺寸之和。

(2)封闭环的极限尺寸(Limit size of cosling ring)。

$$A_{0max} = \sum_{i=1}^{n} A_{imax} - \sum_{i=n+1}^{m} A_{imin} \tag{10.2}$$

$$A_{0min} = \sum_{i=1}^{n} A_{imin} - \sum_{i=n+1}^{m} A_{imax} \tag{10.3}$$

即封闭环的上极限尺寸等于所有增环的上极限尺寸之和减去所有减环的下极限尺寸之和;封闭环的下极限尺寸等于所有增环的下极限尺寸之和减去所有减环的上极限尺寸之和。

(3)封闭环的极限偏差(Limit deviation of cosling ring)。

$$ES_0 = \sum_{i=1}^{n} ES_i - \sum_{i=n+1}^{m} EI_i \tag{10.4}$$

$$EI_0 = \sum_{i=1}^{n} EI_i - \sum_{i=n+1}^{m} ES_i \tag{10.5}$$

即封闭环的上极限偏差等于所有增环的上极限偏差之和减去所有减环的下极限偏差之和;封闭环的下极限偏差等于所有增环的下极限偏差之和减去所有减环的上极限偏差之和。

（4）封闭环的公差（Tolerance of cosling ring）。

$$T_0 = \sum_{i-1}^{m} T_i \qquad (10.6)$$

即封闭环的公差等于所有组成环公差之和。

10.2.2 正计算（校核计算）
（Positive Calcalation（Check Calulation））

尺寸链的正计算问题就是在已知组成环的公称尺寸和极限偏差的情况下,求封闭环的公称尺寸和极限偏差的问题。

【例10.1】 加工如图 10.6（a）所示的轴套。其径向尺寸加工顺序是: 车外圆 $\phi 70_{-0.08}^{-0.04}$,镗内孔 $\phi 60_{0}^{+0.06}$,同时要保证内孔与外圆的同轴度公差 $\phi 0.02$ mm。求壁厚。

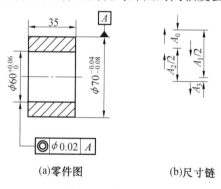

（a）零件图　　　　　（b）尺寸链

图 10.6 轴套尺寸链

解 按尺寸链建立的步骤和极值法的基本公式解题。

（1）确定封闭环。

由于径向尺寸加工后自然形成的尺寸就是壁厚,故壁厚即为封闭环 A_0。

（2）查找组成环。

组成环为外圆尺寸 A_1、内孔尺寸 A_2 和内孔与外圆的同轴度公差 A_3。

（3）绘制尺寸链图。

由于尺寸 A_1、A_2 相对于加工基准具有对称性,故应取半值绘制尺寸链图,同轴度公差 A_3 可做一个线性尺寸处理,如图 10.6（b）所示,根据同轴度公差带对实际被测要素的限定情况,可定 A_3 为 0 ± 0.01。

以外圆圆心 O 为基准,按加工顺序分别绘制出 $A_1/2$、A_3、$A_2/2$ 和 A_0,得到封闭回路,如图 10.6（b）所示。

（4）判断增环和减环。

画出各环箭头方向,如图 10.6（b）所示,依据箭头方向判断法可定 $A_1/2$、A_3 为增环, $A_2/2$ 为减环。

因为 A_1 为 $\phi 70_{-0.08}^{-0.04}$，A_2 为 $\phi 60_{0}^{+0.06}$，故 $A_1/2$ 为 $\phi 35_{-0.04}^{-0.02}$，$A_2/2$ 为 $\phi 30_{0}^{+0.03}$

（5）计算壁厚的公称尺寸和极限偏差。

由式（10.1）得壁厚的公称尺寸为

$$A_0 = \left(\frac{A_1}{2} + A_3\right) - \frac{A_2}{2} = 35 + 0 - 30 = 5(\text{mm})$$

由式（10.4）得壁厚的上极限偏差为

$$\text{ES}_0 = (\text{ES}_{A_1/2} + \text{ES}_{A_3}) - \text{EI}_{A_2/2} = [(-0.02) + (+0.01)] - 0 = -0.01(\text{mm})$$

由式（10.5）得壁厚的下极限偏差为

$$\text{EI}_0 = (\text{EI}_{A_1/2} + \text{EI}_{A_3}) - \text{ES}_{A_2/2} = [(-0.04) + (-0.01)] - (+0.03) = -0.08(\text{mm})$$

（6）校验计算结果。

由公差与极限偏差之间的关系可得壁厚的公差为

$$T_0 = |\text{ES}_0 - \text{EI}_0| = |(-0.01) - (-0.08)| = 0.07(\text{mm})$$

由式（10.6）得壁厚的公差为

$$
\begin{aligned}
T_0 &= T_{A_1/2} + T_{A_3} + T_{A_2/2} = (\text{ES}_{A_1/2} - \text{EI}_{A_1/2}) + (\text{ES}_{A_3} - \text{EI}_{A_3}) + (\text{ES}_{A_2/2} - \text{EI}_{A_2/2}) \\
&= [(-0.02) - (-0.04)] + [(+0.01) - (-0.01)] + [(+0.03) - 0] \\
&= 0.07(\text{mm})
\end{aligned}
$$

校验结果说明计算无误，所以壁厚为

$$A_0 = 5_{-0.08}^{-0.01}$$

需要指出的是，同轴度公差 A_3 如作为减环处理，结果是不变的。

10.2.3　反计算（设计计算）
（Reverse Calculation（Design Calculation））

尺寸链的反计算问题就是在已知封闭环的公称尺寸和极限偏差及各组成环的公称尺寸的情况下，求各组成环的公差和极限偏差的问题。反计算有相等公差法和相同公差等级法两种解法。

（1）相等公差法（Equal tolerance method）。

假定各组成环的公差相等，可将封闭环的公差平均分配给各组成环。即各组成环的公差为

$$T_i = \frac{T_0}{m} \tag{10.7}$$

式（10.7）适用于各组成环的公称尺寸相差不大且加工的难易程度相近的情况。但当各组成环的公称尺寸相差较大且加工的难易程度和功能要求不尽相同时，也可以对式（10.7）的分配结果进行调整，但调整的结果应满足下式：

$$\sum_{i=1}^{m} T_i \leqslant T_0 \tag{10.8}$$

（2）相同公差等级法（Same tolerance grade method）。

假定各组成环的公差等级相同，即各组成环的公差等级系数相等，由式（10.6），有

$$T_0 = ai_1 + ai_2 + \cdots + ai_m$$

$$a = \frac{T_0}{\sum_{i=1}^{m} i_i} \tag{10.9}$$

式中 i——标准公差因子,由第 3 章 3.2 节可知,当公称尺寸 ≤ 500 mm 时, $i = 0.45\sqrt[3]{D} + 0.001D$;

   D——各组成环公称尺寸所在尺寸段的几何平均值,即 $D = \sqrt{D_n \cdot D_{n+1}}$。

为应用方便,将公差等级系数 a 的值和标准公差因子 i 的数值列于表 10.1 和表 10.2 中。

表 10.1　公差等级系数 a 的数值

公差等级	IT8	IT9	IT10	IT11	IT12	IT13	IT14	IT15	IT16	IT17	IT18
系数 a	25	40	64	100	160	250	400	640	1 000	1 600	2 500

表 10.2　标准公差因子 i 的数值

尺寸段 D /mm	1 ~ 3	3 ~ 6	6 ~ 10	10 ~ 18	18 ~ 30	30 ~ 50	50 ~ 80	80 ~ 120	120 ~ 180	180 ~ 250	250 ~ 315	315 ~ 400	400 ~ 500
标准公差因子 i/μm	0.54	0.73	0.90	1.08	1.31	1.56	1.66	2.17	2.52	2.90	3.23	3.54	3.89

由式(10.9)计算出 a 值后,按标准查取与之相近的公差等级系数,进而查表确定各组成环的公差。最后,根据各组成环加工的难易程度和功能要求等因素适当调整,调整后的各组成环公差应满足式(10.8)。

上述两种解法,在确定各组成环公差值以后,一般按"入体原则"确定各组成环的极限偏差。即包容尺寸按基孔制公差带 $H(A_0^{+T})$,被包容尺寸按基轴制公差带 $h(A_{-T}^{0})$,一般长度尺寸用 $js(A \pm \frac{T}{2})$。为使各组成环极限偏差协调,计算时,应留一组成环待定(称之为协调环),用式(10.4)和式(10.5)核算确定其极限偏差。

进行尺寸链的反计算时,最后必须进行校核,以保证设计的正确性。

【例 10.2】　如图 10.7(a)所示齿轮箱,根据使用要求,应保证间隙 A_0 在 1 ~ 1.75 mm 之间。已知各零件的公称尺寸为: $A_1 = 101$ mm, $A_2 = 50$ mm, $A_3 = A_5 = 5$ mm, $A_4 = 140$ mm,试设计各组成环的公差和极限偏差。

解　按尺寸链建立的步骤和极值法的基本公式解题。

(1)确定封闭环。

由于间隙 A_0 是装配后得到的,故间隙 A_0 为封闭环。

(2)查找组成环。

组成环为左箱体结合面到左箱体齿轮孔内侧面尺寸 A_1、右箱体结合面到右箱体齿轮孔内侧面尺寸 A_2、齿轮轴左支撑套定位抬肩厚度 A_3、齿轮轴长度 A_4 和齿轮轴右支撑套定位抬肩厚度 A_5。

(3)绘制尺寸链图。

按图 10.7(a)各零件加工后装配顺序,依次画出 A_1、A_2、A_3、A_4、A_5,最后用 A_0 将其连接

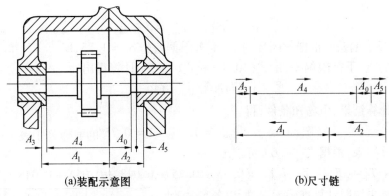

(a)装配示意图 (b)尺寸链

图 10.7 齿轮轴组件尺寸链

成封闭回路,如图 10.7(b) 所示。

(4) 判断增环和减环。

画出各环箭头方向,如图 10.7(b) 所示,依据箭头方向判断法可定 A_1 和 A_2 为增环,A_3、A_4、A_5 为减环。

(5) 确定各组成环的极限偏差。

① 确定"协调环"。理论上,任意组成环均可选为"协调环"但一般情况下选比较容易加工的尺寸作为"协调环",这里选定齿轮轴长度 A_4 为"协调环"。

② 计算封闭环的公称尺寸、极限偏差和公差。由式(10.1) 得封闭环的公称尺寸为

$$A_0 = (A_1 + A_2) - (A_3 + A_4 + A_5) = (101 + 50) - (5 + 140 + 5) = 1(\text{mm})$$

根据公称尺寸和极限偏差及公差之间的关系,有

$$\text{ES}_0 = A_{0\text{max}} - A_0 = 1.75 - 1 = +0.75(\text{mm})$$

$$\text{EI}_0 = A_{0\text{min}} - A_0 = 1 - 1 = 0(\text{mm})$$

$$T_0 = A_{0\text{max}} - A_{0\text{min}} = \text{ES}_0 - \text{EI}_0 = 1.75 - 1 = 0.75 - 0 = 0.75(\text{mm})$$

③ 确定各组成环的公差和极限偏差。

a. 相等公差法。

根据式(10.6) 可知

$$T_0 = T_{A_1} + T_{A_2} + T_{A_3} + T_{A_4} + T_{A_5}$$

根据式(10.7),得各组成环的公差为

$$T_i = \frac{T_0}{m} = \frac{0.75}{5} = 0.15(\text{mm})$$

但如果对构成此部件的零件的公差都定为 0.15 mm,显然是不合理的。由于 A_1、A_2 为箱体内尺寸,不易加工,故应将公差放大,按标准(表 3.3) 取 $T_{A_1} = 0.35$ mm,$T_{A_2} = 0.25$ mm。尺寸 A_3、A_5 为小尺寸,且容易加工,可将公差减小,按标准(表 3.3),取 $T_{A_3} = T_{A_5} = 0.048$ mm。

根据式(8.6) 可推出"协调环" A_4 的公差为

$$T_{A_4} = T_0 - T_{A_1} - T_{A_2} - T_{A_3} - T_{A_5} = 0.75 - 0.35 - 0.25 - 0.048 - 0.048 = 0.054(\text{mm})$$

由图 10.7 可知,A_1 和 A_2 为包容面尺寸,A_3 和 A_5 为被包容面尺寸,按"入体原则"确定

极限偏差,故有

$$A_1 = 101^{+0.35}_{0}, A_2 = 50^{+0.25}_{0}, A_3 = 5^{0}_{-0.048}, A_5 = 5^{0}_{-0.048}$$

A_4 的极限偏差应根据封闭环的上、下极限偏差($ES_0 = 1.75, EI_0 = 1$)和已确定的 A_1、A_2、A_3、A_5 的上、下极限偏差,由式(10.4)和式(10.5)计算得出:

$$A_4 = 140^{-1}_{-1.054} = 139^{0}_{-0.054}$$

校验计算结果,由已知条件,得

$$T_0 = A_{0max} - A_{0min} = 1.75 - 1 = 0.75(\text{mm})$$

由计算结果,根据式(10.6)可求出

$$T_0 = T_{A_1} + T_{A_2} + T_{A_3} + T_{A_4} + T_{A_5} = 0.35 + 0.25 + 0.048 + 0.054 + 0.048 = 0.75(\text{mm})$$

校核结果说明计算准确无误,所以各尺寸为

$$A_1 = 101^{+0.35}_{0}, A_2 = 50^{+0.25}_{0}, A_3 = 5^{0}_{-0.048}, A_4 = 140^{-1}_{-1.054} = 139^{0}_{-0.054}, A_5 = 5^{0}_{-0.048}$$

b. 相同公差等级法。

根据式(10.9)和表10.2可求得公差等级系数为

$$a = \frac{T}{\sum\limits_{i=1}^{m} i_i} = \frac{750}{2.17 + 1.56 + 0.73 + 2.52 + 0.73} \approx 97$$

由表10.1确定各组成环(除"协调环"外)的公差等级为IT11级($a = 100$),查表(表3.3)得 $T_{A_1} = 0.22$ mm,$T_{A_2} = 0.16$ mm,$T_{A_3} = T_{A_5} = 0.075$ mm。

"协调环" A_4 的公差为

$$T_{A_4} = T_0 - T_{A_1} - T_{A_2} - T_{A_3} - T_{A_5} = 0.75 - 0.22 - 0.16 - 0.075 - 0.075 = 0.22(\text{mm})$$

同样,按"入体原则"确定组成环 A_1、A_2、A_3 和 A_5 的极限偏差,其结果为

$$A_1 = 101^{+0.22}_{0}, A_2 = 50^{+0.16}_{0}, A_3 = 5^{0}_{-0.075}, A_5 = 5^{0}_{-0.075}$$

A_4 的极限偏差应根据封闭环的上、下极限偏差($ES_0 = 1.75, EI_0 = 1$)和已确定的 A_1、A_2、A_3、A_5 的上、下极限偏差,由式(10.4)和式(10.5)计算得出:

$$A_4 = 140^{-1}_{-1.022} = 139^{0}_{-0.022}$$

校验计算结果,根据式(10.6)可求出

$$T_0 = T_{A_1} + T_{A_2} + T_{A_3} + T_{A_4} + T_{A_5} = 0.22 + 0.16 + 0.075 + 0.22 + 0.075 = 0.75(\text{mm})$$

校核结果说明计算准确无误。

相同公差等级法除了个别组成环("协调环")外,均为标准公差和极限偏差,方便合理。

10.2.4　中间计算(工艺尺寸计算)
(Intermediate Calculation(Process Dimension Calculation))

尺寸链的中间计算问题就是在已知封闭环和部分组成环的公称尺寸和极限偏差的情况下,求某一组成环的公称尺寸和极限偏差的问题。

【例10.3】　如图10.8(a)所示,在轴上铣一键槽。其径向尺寸加工顺序是:车外圆 $\phi 0.5^{0}_{-0.1}$,铣键槽,磨外圆 $\phi 0^{0}_{-0.06}$。要求磨完外圆后,保证键槽深度尺寸 $62^{0}_{-0.03}$,求铣键槽的深度。

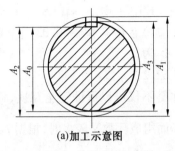 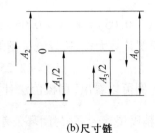

(a)加工示意图　　　　　　　　　(b)尺寸链

图 10.8　铣键槽工艺尺寸链

解　按尺寸链建立的步骤和极值法的基本公式解题。

(1) 确定封闭环。

由于磨完键槽后形成的键槽深度 A_0 为最后自然形成的尺寸,故 A_0 可确定为封闭环。

(2) 查找组成环。

组成环为车外圆尺寸 A_1、铣键槽深度 A_2 和磨外圆尺寸 A_3。

(3) 绘制尺寸链图。

选外圆圆心 O 为基准,按加工顺序分别绘制出 $A_1/2$、A_2、$A_3/2$、A_0,得到封闭回路,如图 10.8(b) 所示。

(4) 判断增环和减环。

画出各环箭头方向,如图 10.8(b) 所示,依据箭头方向判断法可判定 $A_1/2$ 为减环,A_2 和 $A_3/2$ 为增环。

(5) 计算铣键槽的深度 A_2 的公称尺寸和极限偏差。

由式(10.1) 计算 A_2 的公称尺寸,因为

$$A_0 = \left(A_2 + \frac{A_3}{2} \right) - \frac{A_1}{2}$$

则有

$$A_2 = A_0 + \frac{A_1}{2} - \frac{A_3}{2} = 62 + \frac{70.5}{2} - \frac{70}{2} = 62.25 (\mathrm{mm})$$

由式(10.4) 计算 A_2 的上极限偏差,因为

$$\mathrm{ES}_0 = (\mathrm{ES}_{A_2} + \mathrm{ES}_{A_3/2}) - \mathrm{EI}_{A_1/2}$$

则有

$$\mathrm{ES}_{A_2} = \mathrm{ES}_0 + \mathrm{EI}_{A_1/2} - \mathrm{ES}_{A_3/2} = 0 + (- 0.05) - 0 = - 0.05 (\mathrm{mm})$$

由式(10.5) 计算 A_2 的下极限偏差,因为

$$\mathrm{EI}_0 = (\mathrm{EI}_{A_2} + \mathrm{EI}_{A_3/2}) - \mathrm{ES}_{A_1/2}$$

则有

$$\mathrm{EI}_{A_2} = \mathrm{EI}_0 + \mathrm{ES}_{A_1/2} - \mathrm{EI}_{A_3/2} = (- 0.3) + 0 - (- 0.03) = - 0.27 (\mathrm{mm})$$

(6) 校验计算结果。

由已知条件可求出

$$T_0 = | \mathrm{ES}_0 - \mathrm{EI}_0 | = | 0 - (- 0.3) | = 0.3 (\mathrm{mm})$$

由计算结果,根据式(10.6) 可求出

$$T_0 = T_{A_{1/2}} + T_{A_2} + T_{A_{3/2}} = (ES_{A_{1/2}} - EI_{A_{1/2}}) + (ES_{A_2} + EI_{A_2}) + (ES_{A_{3/2}} + EI_{A_{3/2}})$$
$$= [0 - (-0.05)] + [(-0.05) - (-0.27)] + [0 - (-0.03)] = 0.3(\text{mm})$$

校核结果说明计算无误,所以铣键槽的深度 A_2 为

$$A_2 = 62.25_{-0.27}^{-0.05} = 62.2_{-0.22}^{0}$$

通过上述各例可以看出,用极值法计算尺寸链不仅可以保证完全互换,而且计算简便、可靠。但在精度要求较高(封闭环公差较小)而组成环数又较多时,根据 $T_0 = \sum_{i=1}^{m} T_i$ 的关系式分配给各组成环的公差很小,将使加工困难,增加制造成本,很不经济,故用极值法计算尺寸链一般用于 3～4 环尺寸链,或环数虽多但精度要求不高(封闭环公差较大)的场合。对精度要求较高且环数也较多的尺寸链,采用概率法求解比较合理。

10.3　用概率法计算尺寸链
(Calculation of Dimensional Chain by Probability Method)

极值法是按尺寸链中各环的极限尺寸来计算公差和极限偏差的。近年来,生产企业随着全面质量管理工作的开展,积累了大量有关零件尺寸误差与几何误差在其公差带的分别数据。生产实践和大量统计资料表明,在大批量生产中,零件的实际尺寸大多数分布于公差带的中间区域,靠近极限尺寸的尺寸是极少数。在一批产品装配中,尺寸链各组成环恰为两个极限尺寸相结合的情况更少出现,在这种情况下,按极值法计算零件尺寸公差和极限偏差显然是不合理的。而按概率法计算,在相同的封闭环公差条件下,可使各组成环公差扩大,从而获得良好的技术经济效果,也比较科学、合理。

10.3.1　概率法的基本公式
(Basic Formulas of Probability Method)

(1)公称尺寸的计算(Nominal size calculation)。
封闭环与各组成环的公称尺寸关系仍按式(10.1)计算。
(2)公差的计算(Tolerances calculation)。
根据概率论原理,将尺寸链各组成环看成独立的随机变量。如各组成环实际尺寸均按正态分布,则封闭环尺寸也按正态分布。各环取相同的置信概率 $P_c = 99.73\%$,则封闭环和各组成环的公差分别为

$$T_0 = 6\sigma_0 \tag{10.10}$$

式中　σ_0——封闭环的标准偏差。

$$T_i = 6\sigma_i \tag{10.11}$$

式中　σ_i——组成环的标准偏差。

根据正态分别规律,封闭环公差等于各组成环公差平方和的平方根,即

$$T_0 = \sqrt{\sum_{i=1}^{m} T_i^2} \tag{10.12}$$

如果各组成环尺寸为非正态分布(如三角分布、均匀分布、瑞利分布和偏态分布),随

着组成环数的增加(如环数 ≥ 5),而 T_i 又相差不大时,封闭环仍趋向正态分布。

(3)中间偏差的计算(Intermecliate deviation calculation)。

中间偏差用 Δ 表示,其物理意义是上极限偏差与下极限偏差的平均值,即

$$\Delta = \frac{ES + EI}{2} \tag{10.13}$$

当各组成环为对称分布(如正态分布)时,封闭环中间偏差等于增环中间偏差之和减去减环中间偏差之和,即

$$\Delta_0 = \sum_{i=1}^{n} \Delta_i - \sum_{i=n+1}^{m} \Delta_i \tag{10.14}$$

(4)极限偏差的计算(Limit deviation calculation)。

各环上极限偏差等于其中间偏差加 1/2 该环公差;各环下极限偏差等于其中间偏差减 1/2 该环公差,即

$$ES_0 = \Delta_0 + \frac{T_0}{2} \tag{10.15}$$

$$EI_0 = \Delta_0 - \frac{T_0}{2} \tag{10.16}$$

$$ES_i = \Delta_i + \frac{T_i}{2} \tag{10.17}$$

$$EI_i = \Delta_i - \frac{T_i}{2} \tag{10.18}$$

10.3.2　正计算(校核计算)
(Positive Calculation(Check Calculation))

【例 10.4】　试用概率法求解例 10.1 题。

解　(1)确定封闭环。

(2)查找组成环。

(3)绘制尺寸链图。

(4)判断增环和减环。

以上 4 步的解法同例 10.1 题。

(5)计算壁厚的公称尺寸和极限偏差。

①计算壁厚的公称尺寸。

由式(10.1)得壁厚的公称尺寸为

$$A_0 = \left(\frac{A_1}{2} + A_3\right) - \frac{A_2}{2} = 35 + 0 - 30 = 5(\text{mm})$$

②计算壁厚的公差。

由式(10.12)得壁厚的公差为

$$T_0 = \sqrt{T_{A_1/2}^2 + T_{A_2/2}^2 + T_{A_3}^2} = \sqrt{(0.02)^2 + (0.03)^2 + (0.02)^2} \approx 0.04(\text{mm})$$

③计算壁厚的中间偏差。

由式(10.13)和式(10.14)得壁厚的中间偏差为

$$\Delta_0 = \Delta_{A_1/2} + \Delta_{A_3} - \Delta_{A_2/2} = \frac{ES_{A_1/2} + EI_{A_1/2}}{2} + \frac{ES_{A_3} + EI_{A_3}}{2} - \frac{ES_{A_2/2} + EI_{A_2/2}}{2}$$

$$= \frac{(-0.02) + (-0.04)}{2} + \frac{(+0.01) + (-0.01)}{2} - \frac{(+0.03) + 0}{2}$$

$$= -0.045(mm)$$

④ 计算壁厚的极限偏差。

由式(10.15)和式(10.16)得壁厚的极限偏差为

$$ES_0 = \Delta_0 + \frac{T_0}{2} = -0.045 + \frac{0.04}{2} = -0.025(mm)$$

$$EI_0 = \Delta_0 - \frac{T_0}{2} = -0.045 - \frac{0.04}{2} = -0.065(mm)$$

(6)校验计算结果。

由公差与极限偏差之间的关系可得壁厚的公差为

$$T_0 = |ES_0 - EI_0| = |(-0.025) - (-0.065)| = 0.04(mm)$$

由式(10.12)得壁厚的公差为

$$T_0 = \sqrt{T_{A_1/2}^2 + T_{A_2/2}^2 + T_{A_3}^2} =$$

$$\sqrt{(ES_{A_1/2} - EI_{A_1/2})^2 + (ES_{A_2/2} - EI_{A_2/2})^2 + (ES_{A_3} - EI_{A_3})^2} =$$

$$\sqrt{[(-0.02) - (-0.04)]^2 + [(+0.03) - 0]^2 + [(+0.01) - (-0.01)]^2} \approx$$

$$0.04(mm)$$

校验结果说明计算无误,所以壁厚为

$$A_0 = 5^{-0.025}_{-0.065}$$

结果与极值法求得的结果 $5^{-0.01}_{-0.08}$(例10.1)比较,可以看出,在组成环公差未改变的情况下,应用概率法求解尺寸链使封闭环的公差减小了,即提高了使用性能。

10.3.3 反计算(设计计算)
(Reverse Calculation(Design Calculation))

【例10.5】 试用概率法求解例10.2题。

解 (1)确定封闭环。

(2)查找组成环。

(3)绘制尺寸链图。

(4)判断增环和减环。

以上4步的解法同例10.2题。

(5)计算壁厚的公称尺寸和极限偏差。

① 确定"协调环"。

选定齿轮轴长度 A_4 为"协调环"。

② 计算封闭环的公称尺寸、极限偏差和公差。

由式(10.1)得封闭环的公称尺寸为

$$A_0 = (A_1 + A_2) - (A_3 + A_4 + A_5) = (101 + 50) - (5 + 140 + 5) = 1(\text{mm})$$

根据公称尺寸和极限偏差及公差之间的关系,有

$$\text{ES}_0 = A_{0\text{max}} - A_0 = 1.75 - 1 = +0.75(\text{mm})$$

$$\text{EI}_0 = A_{0\text{min}} - A_0 = 1 - 1 = 0(\text{mm})$$

$$T_0 = A_{0\text{max}} - A_{0\text{min}} = \text{ES}_0 - \text{EI}_0 = 1.75 - 1 = 0.75 - 0 = 0.75(\text{mm})$$

③ 确定各组成环的公差和极限偏差。

设备组成环的公差相等,根据式(10.12)得各组成环的平均公差 T_{av} 为

$$T_{\text{av}} = \frac{T_0}{\sqrt{m}} = \frac{0.75}{\sqrt{5}} \approx 0.34(\text{mm})$$

同理,以 T_{av} 为参考,根据各组成环加工的难易程度,参照标准表3.3,调整各组成环公差为

$$T_{A_1} = 0.54 \text{ mm}, T_{A_2} = 0.39 \text{ mm}, T_{A_3} = T_{A_5} = 0.048 \text{ mm}$$

为了满足式(10.12)的要求,对"调整环" A_4 的公差应进行计算,即

$$T_{A_4} = \sqrt{T_0^2 - (T_{A_1}^2 + T_{A_2}^2 + T_{A_3}^2 + T_{A_5}^2)}$$

$$= \sqrt{0.75^2 - (0.54^2 + 0.39^2 + 0.048^2 + 0.048^2)}$$

$$\approx 0.34(\text{mm})$$

④ 确定除"协调环"以外各组成环的极限偏差。

按"入体原则"确定,其结果为

$$A_1 = 101^{+0.54}_{0}, A_2 = 101^{+0.39}_{0}, A_3 = 101^{0}_{-0.048}, A_5 = 101^{0}_{-0.048}$$

⑤ 计算"协调环"的中间偏差。

由式(10.14)得"协调环"的中间偏差为

$$\Delta_{A_4} = \Delta_{A_1} + \Delta_{A_2} - \Delta_{A_3} - \Delta_{A_5} - \Delta_0$$

$$= \frac{\text{ES}_{A_1} + \text{EI}_{A_1}}{2} + \frac{\text{ES}_{A_2} + \text{EI}_{A_2}}{2} - \frac{\text{ES}_{A_3} + \text{EI}_{A_3}}{2} - \frac{\text{ES}_{A_5} + \text{EI}_{A_5}}{2} - \frac{\text{ES}_0 + \text{EI}_0}{2}$$

$$= \frac{+0.54 + 0}{2} + \frac{+0.39 + 0}{2} - \frac{0 + (-0.048)}{2} - \frac{0 + (-0.048)}{2} - \frac{+0.75 + 0}{2}$$

$$= +0.138(\text{mm})$$

⑥ 计算"协调环"的极限偏差。

由式(10.17)和式(10.18)得"协调环"的极限偏差为

$$\text{ES}_{A_4} = \Delta_{A_4} + \frac{T_{A_4}}{2} = +0.138 + \frac{0.34}{2} = +0.308(\text{mm})$$

$$\text{EI}_{A_4} = \Delta_{A_4} - \frac{T_{A_4}}{2} = +0.138 - \frac{0.34}{2} = -0.032(\text{mm})$$

由此,得

$$A_4 = 140^{+0.308}_{-0.032} = 140.308^{0}_{-0.34}$$

（6）校验计算结果。

由已知条件可得

$$T_0 = A_{0max} - A_{0min} = 1.75 - 1 = 0.75(\text{mm})$$

根据确定的结果，由式（10.12）可得

$$T_0 = \sqrt{T_{A_1}^2 + T_{A_2}^2 + T_{A_3}^2 + T_{A_4}^2 + T_{A_5}^2)} =$$

$$\sqrt{(ES_{A_1} - EI_{A_1})^2 + (ES_{A_2} - EI_{A_2})^2 + (ES_{A_3} - EI_{A_3})^2 + (ES_{A_4} - EI_{A_4})^2 + (ES_{A_5} - EI_{A_5})^2} =$$

$$\sqrt{[(+0.54) - 0]^2 + [(+0.39) - 0]^2 + [0 - (-0.048)]^2 + [0 - (-0.34)]^2 + [0 - (-0.048)]^2} \approx$$

$$0.75(\text{mm})$$

校验结果说明计算无误，所以各组成环尺寸为

$$A_1 = 101^{+0.54}_{0}, A_2 = 101^{+0.39}_{0}, A_3 = 101^{0}_{-0.048}, A_4 = 140.308^{0}_{-0.34}, A_5 = 101^{0}_{-0.048}$$

表 10.3 为极值法和概率法计算结果的比较。显然，在满足同一封闭环公差要求的情况下，用概率法相比用极值法放大了各组成环的公差，因此可使加工成本降低，从而获得相当明显的经济效果。

表 10.3　极值法与概率法计算结果比较

各零件公差		T_{A_1}	T_{A_2}	T_{A_3}	T_{A_4}	T_{A_5}	T_0
极值法	相等公差法	0.35	0.25	0.048	0.054	0.048	0.75
	相同等级法	0.22	0.16	0.075	0.22	0.075	0.75
概率法		0.54	0.39	0.048	0.34	0.048	0.75

10.3.4　中间计算（工艺尺寸计算）
（Intermediate Calculation（Process Dimension Calculation））

【例 10.6】　试用概率法求解例 10.3 题。

解　（1）确定封闭环。

（2）查找组成环。

（3）绘制尺寸链图。

（4）判断增环和减环。

以上 4 步的解法同例 10.3 题。

（5）计算铣键槽的深度 A_2 的公称尺寸和极限偏差。

① 计算键的深度 A_2 的公称尺寸。

由式（10.1）得铣键槽的深度的 A_2 公称尺寸为

$$A_2 = A_0 + \frac{A_1}{2} - \frac{A_3}{2} = 62 + \frac{70.5}{2} - \frac{70}{2} = 62.25(\text{mm})$$

② 计算铣键槽的深度 A_2 的公差。

由式（10.12）得铣键槽的深度 A_2 的公差为

$$T_{A2} = \sqrt{T_0^2 - T_{A_1/2}^2 - T_{A_3/2}^2} = \sqrt{0.3^2 - 0.05^2 - 0.03^2} = 0.294(\text{mm})$$

③ 计算铣键槽的深度 A_2 的中间偏差。

由式(10.14)的铣键槽的深度 A_2 的中间偏差为

$$\Delta_{A_2} = \Delta_0 + \Delta_{A_{1/2}} - \Delta_{A_{3/2}}$$

$$= \frac{ES_0 + EI_0}{2} + \frac{ES_{A_{1/2}} + EI_{A_{1/2}}}{2} - \frac{ES_{A_{3/2}} + EI_{A_{3/2}}}{2}$$

$$= \frac{0 + (-0.3)}{2} + \frac{0 + (-0.05)}{2} - \frac{0 + (-0.03)}{2} = -0.16(\text{mm})$$

④ 计算铣键槽的深度 A_2 的极限偏差。

由式(10.17)和式(10.18)得铣键槽的深度 A_2 的极限偏差为

$$ES_{A_2} = \Delta_{A_2} + \frac{T_{A_2}}{2} = -0.16 + \frac{0.294}{2} = -0.013(\text{mm})$$

$$EI_{A_2} = \Delta_{A_2} - \frac{T_{A_2}}{2} = -0.16 - \frac{0.294}{2} = -0.307(\text{mm})$$

由此,得

$$A_2 = 62.25^{-0.013}_{-0.307} = 62.2^{+0.037}_{-0.257}$$

(6)校验计算结果。

由已知条件可得

$$T_0 = |ES_0 - EI_0| = |0 - (-0.3)| = 0.3(\text{mm})$$

根据计算的结果,由式(10.12)可得

$$T_0 = \sqrt{T_{A_{1/2}}^2 + T_{A_2}^2 + T_{A_{3/2}}^2} =$$

$$\sqrt{(ES_{A_{1/2}} - EI_{A_{1/2}})^2 + (ES_{A_2} - EI_{A_2})^2 + (ES_{A_{3/2}} - EI_{A_{3/2}})^2} =$$

$$\sqrt{[0 - (-0.05)]^2 + [(+0.037) - (-0.257)]^2 + [0 - (-0.03)]^2} =$$

$$0.3(\text{mm})$$

校验结果说明计算无误,所以铣键槽的深度为

$$A_2 = 62.2^{+0.037}_{-0.257}$$

以上结果与极值法求得的结果62.2$^{0}_{-0.22}$(例10.3)比较,可以看出,在相同条件下,应用概率法进行尺寸链计算,使组成环的公差扩大了,便于加工。

思考题与习题
(Questions and Exercises)

一、思考题

1. 什么是尺寸链?尺寸链由哪些环组成,它们之间有何关系?

2. 尺寸链图应如何确定?

3. 在建立尺寸链时应遵循什么原则?为什么要遵循这个原则?

4. 按尺寸链的应用场合,尺寸链分哪几类?各是什么尺寸链?有什么特点?

5. 尺寸链的计算类型有几种?都应用于什么场合?

6. 尺寸链反计算有等公差法和相同公差等级法两种解法,这两种解法各有什么特点?

7. 尺寸链的计算方法有几种? 各有什么特点?

二、习题

1. 如习题 1 图所示零件,已知尺寸 $A_1 = 16_{-0.043}^{0}$ mm,$A_2 = 6_{0}^{+0.046}$ mm,试用极值法求封闭环的公称尺寸和极限偏差。

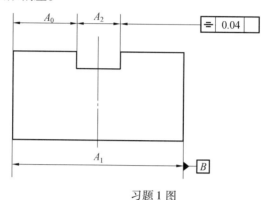

习题 1 图

2. 某尺寸链如习题 2 图所示,封闭环尺寸 A_0 应为 19.7 ~ 20.3 mm,试校核各组成环公差、极限偏差的正确性。

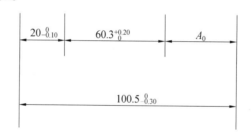

习题 2 图

3. 如习题 3 图所示零件,$A_1 = 30_{-0.053}^{0}$ mm,$A_2 = 16_{-0.043}^{0}$ mm,$A_3 = (14 \pm 0.021)$ mm,$A_4 = 6_{0}^{+0.048}$ mm,$A_5 = 24_{-0.084}^{0}$ mm,试分析图(a) ~ (c)三种尺寸标注中,哪种尺寸标注法可使 A_0 变动范围最小。

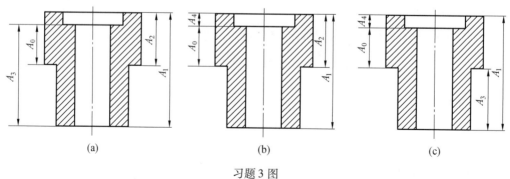

习题 3 图

4. 如习题 4 图所示零件,按图样注出的尺寸 A_1 和 A_3 加工时不易测量,现改为按尺寸

A_1 和 A_2 加工,为了保证原设计要求,试计算 A_2 的公称尺寸和偏差。

5. 如题 5 图所示为曲轴、连杆和衬套等零件装配图,装配后要求间隙为 $A_0 = 0.1 \sim 0.2$ mm,而图样设计时,$A_1 = 150^{+0.019}_{0}$ mm,$A_2 = A_3 = 75^{-0.02}_{-0.06}$ mm,试验算设计图样给定零件的极限尺寸是否合理。

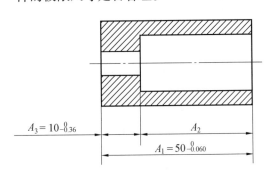

$A_3 = 10^{0}_{-0.36}$

A_2

$A_1 = 50^{0}_{-0.060}$

习题 4 图

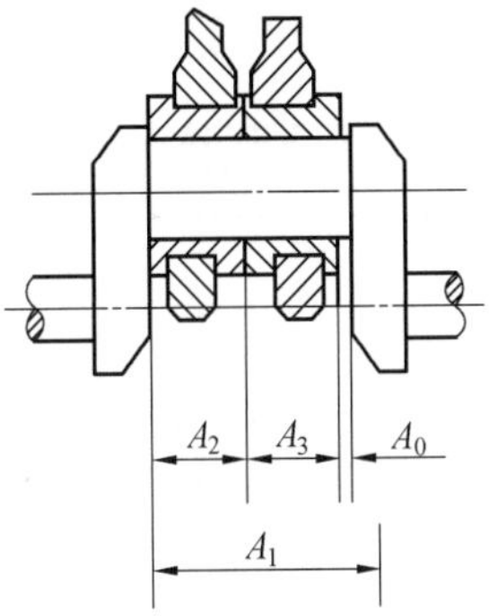

A_2 A_3 A_0

A_1

习题 5 图

6. 习题 6 图所示为机床部件装配图,要求保证间隙 $A_0 = 0.25$ mm,若给定尺寸 $A_1 = 25^{+0.100}_{0}$ mm,$A_2 = (25 \pm 0.100)$ mm,$A_3 = (0 \pm 0.005)$ mm,试校核这几项的偏差能否满足装配要求,并分析产生原因及应采取的对策。

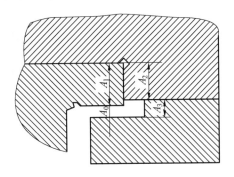

A_1 A_2

A_0 A_3

习题 6 图

7. 如习题 7 图所示某齿轮机构,已知 $A_1 = 30^{0}_{-0.06}$ mm,$A_2 = 5^{0}_{-0.04}$ mm,$A_3 = 38^{+0.16}_{+0.10}$ mm,$A_4 = 3^{0}_{-0.06}$ mm,试计算齿轮右端面与挡圈左端面的轴向间隙 A_0 的变动范围。

8. 如习题 8 图所示齿轮内孔,加工工艺过程为:先粗镗孔至 $\phi 84.80^{+0.07}_{0}$ mm,插键槽后,再精镗孔尺寸至 $\phi 85.00^{+0.036}_{0}$ mm,并同时保证键槽深度尺寸为 $87.90^{+0.28}_{0}$ mm。试求插键槽工序中的工序尺寸 A 及其误差。

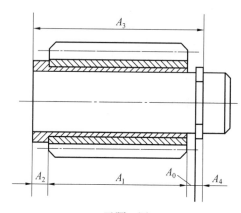

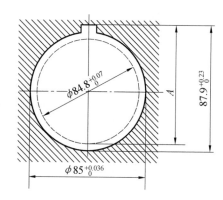

习题 7 图 习题 8 图

9. 如习题 9 图所示花键套筒,其加工工艺过程为:先粗、精车外圆至尺寸 $\phi24.4_{-0.050}^{0}$ mm,再按工序尺寸 A_2 铣键槽,热处理,最后粗、精磨外圆至尺寸 $\phi24_{-0.013}^{0}$ mm,完工后要求键槽深度为 $21.5_{-0.100}^{0}$ mm。试画出尺寸链简图,并区分封闭环、增环、减环,计算工序尺寸 A_2 及其极限偏差。

10. 如习题 10 图所示镗活塞销孔,要求保证尺寸 $A=(61\pm0.05)$ mm,在前工序中得到 $C=103_{-0.98}^{0}$ mm。镗孔时需按尺寸 B 确定镗杆位置,试计算尺寸 B 的大小。

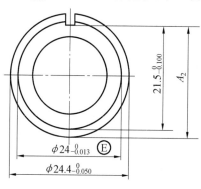

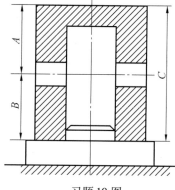

习题 9 图 习题 10 图

11. 如习题 11 图所示,两个孔均以底面为定位和测量基准,求孔 1 到底面的尺寸 A 应控制在多大范围内才能保证尺寸 (60 ± 0.060) mm。

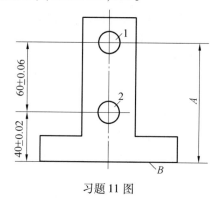

习题 11 图

参 考 文 献

［1］ 中华人民共和国国家质量监督检验检疫总局,中国国家标准化管理委员会.标准化工作指南　第1部分:标准化和相关活动的通用词汇:GB/T 20000.1—2014［S］.北京:中国标准出版社,2015.

［2］ 中华人民共和国国家质量监督检验检疫总局,中国国家标准化管理委员会.优先数与优先数系:GB/T 321—2005［S］.北京:中国标准出版社,2005.

［3］ 国家质量监督检验检疫总局.通用计量术语及定义:JJF 1001—2011［S］.北京:中国标准出版社,2012.

［4］ 国家市场监督管理总局,国家标准化管理委员会.产品几何技术规范(GPS)　线性尺寸公差ISO代号体系　第1部分:公差、偏差和配合的基础:GB/T 1800.1—2020［S］.北京:中国标注出版社,2020.

［5］ 国家市场监督管理总局,国家标准化管理委员会.产品几何技术规范(GPS)　线性尺寸公差ISO代号体系　第2部分:标准公差带代号和孔、轴极限偏差表:GB/T 1800.2—2020［S］.北京:中国标准出版社,2020.

［6］ 中华人民共和国国家质量监督检验检疫总局,中国国家标准化管理委员会.产品几何技术规范(GPS)　极限与配合　公差带和配合的选择:GB/T 1801—2009［S］.北京:中国标准出版社,2009.

［7］ 中华人民共和国国家质量监督检验检疫总局.极限与配合　尺寸至18mm孔、轴公差带:GB/T 1803—2003［S］.北京:中国标准出版社,2003.

［8］ 国家质量技术监督局.一般公差　未注公差的线性和角度尺寸公差:GB/T 1804—2000［S］.北京:中国标准出版社,2000.

［9］ 中华人民共和国国家质量监督检验检疫总局,中国国家标准化管理委员会.标准尺寸:GB/T 2822—2005［S］.北京:中国标准出版社,2005.

［10］ 中华人民共和国国家质量监督检验检疫总局,中国国家标准化管理委员会.产品几何技术规范(GPS)　光滑工件尺寸的检验:GB/T 3177—2009［S］.北京:中国标准出版社,2009.

［11］ 中华人民共和国国家质量监督检验检疫总局.几何量技术规范(GPS)　长度标准量块:GB/T 6093—2001［S］.北京:中国标准出版社,2001.

［12］ 中华人民共和国国家质量监督检验检疫总局,中国国家标准化管理委员会.光滑极限量规技术条件:GB/T 1957—2006［S］.北京:中国标准出版社,2006.

［13］国家质量技术监督局.功能量规:GB/T 8069—1998［S］.北京:中国标准出版社,1998.

［14］中华人民共和国国家质量监督检验检疫总局.产品几何量技术规范(GPS) 几何要素 第1部分:基本术语和定义:GB/T 18780.1—2002［S］.北京:中国标准出版社,2002.

［15］中华人民共和国国家质量监督检验检疫总局,中国国家标准化管理委员会.产品几何技术规范(GPS) 几何公差 基准和基准体系:GB/T 17851—2010［S］.北京:中国标准出版社,2010.

［16］国家市场监督管理总局,中国国家标准化管理委员会.产品几何技术规范(GPS) 几何公差 形状、方向、位置和跳动公差标注:GB/T 1182—2018［S］.北京:中国标准出版社,2018.

［17］国家技术监督局.形状和位置公差未注公差值:GB/T 1184—1996［S］.北京:中国标准出版社,1996.

［18］国家市场监督管理总局,中国国家标准化管理委员会.产品几何技术规范(GPS) 基础概念、原则和规则:GB/T 4249—2018［S］.北京:中国标准出版社,2019.

［19］国家市场监督管理总局,中国国家标准化管理委员会.产品几何技术规范(GPS) 几何公差 最大实体要求(MMR)、最小实体要求(LMR)和可逆要求(RPR):GB/T 16671—2018［S］.北京:中国标准出版社,2019.

［20］中华人民共和国国家质量监督检验检疫总局,中国国家标准化管理委员会.产品几何技术规范(GPS) 检测与验证:GB/T 1958—2017［S］.北京:中国标准出版社,2018.

［21］国家市场监督管理总局,中国国家标准化管理委员会.产品几何技术规范(GPS) 几何公差 轮廓度和公差注法:GB/T 17852—2018［S］.北京:中国标准出版社,2019.

［22］国家市场监督管理总局,国家标准化管理委员会.产品几何技术规范(GPS) 几何公差 成组(要素)与组合几何规范:GB/T 13319—2020［S］.北京:中国标准出版社,2020.

［23］中华人民共和国国家质量监督检验检疫总局,中国国家标准化管理委员会.产品几何技术规范(GPS) 平面度 第2部分:规范操作集:GB/T 24630.2—2009［S］.北京:中国标准出版社,2010.

［24］中华人民共和国国家质量监督检验检疫总局,中国国家标准化管理委员会.产品几何技术规范(GPS) 圆柱度 第2部分:规范操作集:GB/T 24633.2—2009［S］.北京:中国标准出版社,2009.

［25］中华人民共和国国家质量监督检验检疫总局,中国国家标准化管理委员会.产品几何技术规范(GPS) 技术产品文件中表面结构的表示法:GB/T 131—2006［S］.北

京:中国标准出版社,2007.

［26］中华人民共和国国家质量监督检验检疫总局,中国国家标准化管理委员会.产品几何技术规范(GPS) 表面结构轮廓法 术语、定义及表面结构参数:GB/T 3505—2009［S］.北京:中国标准出版社,2009.

［27］中华人民共和国国家质量监督检验检疫总局,中国国家标准化管理委员会.产品几何技术规范(GPS) 表面结构 轮廓法表面粗糙度参数及其数值:GB/T 1031—2009［S］.北京:中国标准出版社,2009.

［28］中华人民共和国国家质量监督检验检疫总局,中国国家标准化管理委员会.产品几何技术规范(GPS) 表面结构 轮廓法接触(触针)式仪器的标称特性:GB/T 6062—2009［S］.北京:中国标准出版社,2009.

［29］中华人民共和国国家质量监督检验检疫总局,中国国家标准化管理委员会.产品几何技术规范(GPS) 表面结构 轮廓法评定表面结构的规则和方法:GB/T 10610—2009［S］.北京:中国标准出版社,2009.

［30］中华人民共和国国家质量监督检验检疫总局,中国国家标准化管理委员会.滚动轴承 向心轴承产品几何技术规范(GPS)和公差值:GB/T 307.1—2017［S］.北京:中国标准出版社,2018.

［31］中华人民共和国国家质量监督检验检疫总局,中国国家标准化管理委员会.滚动轴承 通用技术规则:GB/T 307.3—2017［S］.北京:中国标准出版社,2017.

［32］中华人民共和国国家质量监督检验检疫总局.滚动轴承 公差 定义:GB/T 4199—2003［S］.北京:中国标准出版社,2004.

［33］中华人民共和国国家质量监督检验检疫总局,中国国家标准化管理委员会.滚动轴承 游隙 第1部分:向心轴承的径向游隙:GB/T 4604.1—2012［S］.北京:中国标准出版社,2013.

［34］中华人民共和国国家质量监督检验检疫总局,中国国家标准化管理委员会.滚动轴承 配合:GB/T 275—2015［S］.北京:中国标准出版社,2015.

［35］中华人民共和国国家质量监督检验检疫总局,中国国家标准化管理委员会.螺纹 术语:GB/T 14791—2013［S］.北京:中国标准出版社,2014.

［36］中华人民共和国国家质量监督检验检疫总局.普通螺纹 基本牙型:GB/T 192—2003［S］.北京:中国标准出版社,2004.

［37］中华人民共和国国家质量监督检验检疫总局.普通螺纹 直径与螺距系列:GB/T 193—2003［S］.北京:中国标准出版社,2004.

［38］中华人民共和国国家质量监督检验检疫总局.普通螺纹 基本尺寸:GB/T 196—2003［S］.北京:中国标准出版社,2004.

［40］中华人民共和国国家质量监督检验检疫总局、中国国家标准化管理委员会.普通螺纹 公差:GB/T 197—2018［S］.北京:中国标准出版社,2018.

［41］中华人民共和国国家质量监督检验检疫总局.普通螺纹 极限偏差:GB/T 2516—2003［S］.北京:中国标准出版社,2004.

［42］中华人民共和国国家质量监督检验检疫总局.普通螺纹 优选系列:GB/T 9144—2003［S］.北京:中国标准出版社,2004.

［43］中华人民共和国国家质量监督检验检疫总局.普通螺纹 中等精度、优选系列的极限尺寸:GB/T 9145—2003［S］.北京:中国标准出版社,2003.

［44］中华人民共和国国家质量监督检验检疫总局.普通螺纹 粗糙精度、优选系列的极限尺寸:GB/T 9146—2003［S］.北京:中国出标准版社,2003.

［45］中华人民共和国国家质量监督检验检疫总局.普通螺纹量规 技术条件:GB/T 3934—2003［S］.北京:中国标准出版社,2003.

［46］中华人民共和国国家质量监督检验检疫总局.平键 键槽的剖面尺寸:GB/T 1095—2003［S］.北京:中国标准出版社,2003.

［47］中华人民共和国国家质量监督检验检疫总局.普通型 平键:GB/T 1096—2003［S］.北京:中国标准出版社,2004.

［48］中华人民共和国国家质量监督检验检疫总局.矩形花键的尺寸、公差和检验:GB/T 1144—2001［S］.北京:中国标准出版社,2001.

［49］中华人民共和国国家质量监督检验检疫总局,中国国家标准化管理委员会.花键基本术语:GB/T 15758—2008［S］.北京:中国标准出版社,2009.

［50］中华人民共和国国家质量监督检验检疫总局,中国国家标准化管理委员会.齿轮术语和定义 第1部分:几何学定义:GB/T 3374.1—2010［S］.北京:中国标准出版社,2010.

［51］中华人民共和国国家质量监督检验检疫总局,中国国家标准化管理委员会.圆柱齿轮 精度制 第1部分:轮齿同侧齿面偏差的定义和允许值:GB/T 10095.1—2008［S］.北京:中国标准出版社,2008.

［52］中华人民共和国国家质量监督检验检疫总局,中国国家标准化管理委员会.圆柱齿轮 精度制 第2部分:径向综合偏差和径向跳动的定义和允许值:GB/T 10095.2—2008［S］.北京:中国标准出版社,2008.

［53］中华人民共和国国家质量监督检验检疫总局,中国国家标准化管理委员会.圆柱齿轮 检验实施规范 第1部分:轮齿同侧齿面的检验:GB/Z 18620.1—2008［S］.北京:中国标准出版社,2008.

［54］中华人民共和国国家质量监督检验检疫总局,中国国家标准化管理委员会.圆柱齿轮 检验实施规范 第2部分:径向综合偏差、径向跳动、齿厚和侧隙的检验:GB/Z 18620.3—2008［S］.北京:中国标准出版社,2008.

［55］中华人民共和国国家质量监督检验检疫总局,中国国家标准化管理委员会.圆柱齿轮 检验实施规范 第3部分:齿轮坯、轴中心距和轴线平行度的检验:GB/Z

18620.3—2008［S］.北京:中国标准出版社,2008.

［56］中华人民共和国国家质量监督检验检疫总局,中国国家标准化管理委员会.GB/Z 18620.4—2008 圆柱齿轮　检验实施规范　第 4 部分:表面结构和轮齿接触斑点的检验［S］.北京:中国标准出版社,2008.

［57］中华人民共和国国家质量监督检验检疫总局,中国国家标准化管理委员会.尺寸链计算方法:GB/T 5847—2004［S］.北京:中国标准出版社,2004.

［58］孙全颖,唐文明,鄂蕊,等.机械精度设计与质量保证［M］.哈尔滨:哈尔滨工业大学出版社,2014.

［51］刘丽华,李争平,关晓东,等.机械精度设计与检测基础［M］.哈尔滨:哈尔滨工业大学出版社,2012.

［52］马惠萍,刘永猛,张也晗,等.互换性与测量技术基础案例教程［M］.北京:机械工业出版社,2018.

［54］王伯平.互换性与测量技术基础［M］.北京:机械工业出版社,2018.

［55］周兆元,李翔英.互换性与测量技术基础［M］.北京:机械工业出版社,2011.

［56］赵则祥,崔江红,陈亚维.互换性与测量技术基础［M］.北京:机械工业出版社,2014.